国家 CAD 应用工程师等级考试指定教材
全国职业能力培训课程指定教材

CAXA 实体设计 2007 案例教程

国家 CAD 考试中心　组　编

胡　炜　袁　巍　主　编

北京大学出版社
PEKING UNIVERSITY PRESS

内 容 简 介

本书根据作者多年的实际设计经验，从工程实用性的角度出发，通过大量的工程实例，详细讲解了 CAXA 实体设计 2007 软件进行工业零件设计的流程、方法和技巧。主要内容包括 CAXA 实体设计软件概述、基本零件设计、基于二维草图的零件设计、曲面设计、工程图、钣金零件设计、装配设计、渲染设计、动画设计和球阀综合实例的设计等。通过对本书的学习，读者可以快速、有效地掌握 CAXA 实体设计 2007 的设计方法、设计思路和技巧。

本书附光盘 1 张，内容包括书中所举实例图形的源文件及多媒体语音教学录像。

本书教学重点明确、结构合理、语言简明、实例丰富，具有很强的实用性，适用于 CAXA 实体设计中高级用户使用。除作为工程技术人员的技术参考用书外，既可以用于自学，同时也可以作为大、中专院校师生及社会培训班的实例教材。

图书在版编目（CIP）数据

CAXA 实体设计 2007 案例教程/胡炜，袁巍主编. —北京：北京大学出版社，2009.3
（国家 CAD 应用工程师等级考试指定教材. 全国职业能力培训课程指定教材）

ISBN 978-7-301-14948-5

Ⅰ. C… Ⅱ. ①胡…②袁… Ⅲ. 自动绘图－软件包，CAXA2007－教材 Ⅳ. TP391.72

中国版本图书馆 CIP 数据核字（2009）第 017432 号

书　　名：	CAXA 实体设计 2007 案例教程
著作责任者：	胡　炜　袁　巍　主编
责任编辑：	成　淼　刘晶平
标准书号：	ISBN 978-7-301-14948-5/TH・0125
出　版　者：	北京大学出版社
地　　址：	北京市海淀区成府路 205 号　100871
电　　话：	邮购部 62752015　发行部 62750672　编辑部 62765126　出版部 62754962
网　　址：	http://www.pup.cn
电子信箱：	xxjs@pup.pku.edu.cn
印　刷　者：	北京飞达印刷有限责任公司
发　行　者：	北京大学出版社
经　销　者：	新华书店
	787 毫米×980 毫米　16 开本　24.5 印张　534 千字
	2009 年 3 月第 1 版　2009 年 3 月第 1 次印刷
定　　价：	48.00 元（附多媒体光盘 1 张）

未经许可，不得以任何方式复制或抄袭本书之部分或全部内容。
版权所有，侵权必究
举报电话：010－62752024；电子信箱：fd@pup.pku.edu.cn

丛 书 序

很高兴有机会为这套丛书作序，CAD 对于各位读者来说，不知道是否熟悉，但对我而言，则贯穿了我全部工作的始末。从一开始接触到 CAD，到现在已经有 10 年了，在这 10 年中，CAD 在我们的学校、企业中也得到了快速的普及。

谈到 CAD，我可能不会很客观，因为它已成为我生活、工作的一部分。如今，国家 CAD 等级考试中心的建立，为我们提升自己的 CAD 水平，鉴定自己的 CAD 应用能力提供了一个标准和平台，相信这正是我们这些老 CAD 人的期望。

关于 CAD，相信大家从网络、书本上都能看到很多关于它的概念与定义、历史、应用领域等相关信息，在这里我就不赘述了。

这套书凝结了多位 CAD 界内资深的教师与工程师的心血，它的出版，也将成为我们学习 CAD 技术的一个福音。"书中自有黄金屋"，真正的黄金在书里面，而此套丛书的含金量更大。在这里，我就多年学习的心得、体会，与各位读者简单沟通一下，共勉之。

1. CAD 是什么

CAD 究竟是什么？为什么我们要学习 CAD？下面是我的几点体会。

（1）CAD 是一种工具，而创新是由我们来完成的。

大家肯定最关心 CAD 是什么。虽然它有那么多的定义，可是多数过于学术化。就我而言，CAD 就是一个工具，是马良的神笔，是战士的枪，是侠客的剑。所以，CAD 软件再好，它也仅仅是一种工具，而如何用好这个工具才是高手与常人的区别！正如金庸大侠笔下的屠龙刀一样，宝刀屠龙，武林至尊。可是现实中呢，得到它的人非死即伤，就连谢逊这样的高手也落得个双目失明，独守孤岛。原因其实很简单，因为刀是死的，而刀法才是活的，是灵魂。记得有一次我的一个师兄找到我师傅，说花了 2000 多块钱买了一把剑，我师傅撇了撇嘴说："剑法不成，再好的剑有什么用。"学习 CAD 也是一样，千万不要说自己用什么什么软件，软件之间的确有一些区别，但在实际应用中，CAD 软件就是一把剑，而能不能把这把剑的威力发挥到极致，还要看此剑客的剑术。

CAD 是一种工具，是我们在工作、学习中创新的一种工具，所以大家在学习 CAD 的时候，不要过度迷恋于 CAD 的内容，而应利用它为我们的工作带来切实的效果，协助我们来完成本职工作，并为我们带来创新的灵感与艺术。与其学 CAD，不如说玩 CAD，通过它，在一个虚拟的空间中构造我们的创意与想法，构筑我们心中的理想王国！

(2) CAD 是一种语言，而沟通是由我们来完成的。

看到这个标题，大家肯定觉得很怪，也许会说："我们知道有 C 语言、B 语言，可是从来没有听说过 CAD 语言，你是不是又在玩概念啊。"呵呵，非也非也。世界因为有了沟通、有了交流才多姿多彩。不知道大家英语学得怎么样，英语学好了，日语呢，CAD 其实就如同我们大家学习的英语、日语一样，它也是一种语言，也用于表达、沟通我们 CAD 人的创意与灵感。

就在 2006 年，我国从波音公司订购了波音 787 飞机。波音 787 可是与我们 CAD 人很有关系的，它是一种完全用 CAD 技术完成设计及制造监控流程的飞机。大家可以想象一下，设计一架飞机究竟有多少工作量，据说，是由 1600 个工作站的 4000 多名工程师同时使用 CAD 软件来协同设计的。这些工程师来自不同的国家，有着不同的语种，它们之间肯定存在一个沟通问题，而沟通手段就是通过 CATIA——一个法国的 CAD 软件来完成的。

所以我们说 CAD 是一种语言，它在未来全球一体化的进程中，将成为我们 CAD 人工作中的一种新的语言。

(3) CAD 是一个机会，而成功是由我们来创造的。

自古祸福相倚，用现代的话来说，就是机会与风险并存。CAD 同样如此，它在给了我们一个机会的同时，还给我们带来了一定的工作压力。在这里先给大家一个统计数据，在台湾，一个普通的二维 CAD 绘图师的工资是 5000 元，而一个普通的三维 CAD 工程师的工资是 20 000 元，一个高级三维 CAD 工程师的工资是 100 000 元，当然，是月薪。我们学习 CAD，自然希望它能够对我们的事业助一臂之力。

我们是利用它来提升自己的工作能力及相应的收入水平，还是坐等其他人来超越我们，就看我们自己了。CAD，它可以让我们的工作效率加倍，但同时，也让其他人拥有了相同的机会，我们自然不会再用大刀去对抗洋枪。所以，我们一定要把 CAD 技术掌握好，这样，在未来的工作竞争中，它才可以助我们一臂之力，把我们推上事业的顶峰！

2. CAD 的学习

关于 CAD 的学习，其具体内容在本套书的正文中已有详细介绍，在此，我只针对学习中的习惯性问题，特别是时间安排上，谈一下我的看法。CAD 毕竟是一个工具，一门技术，实际上在学习中与学习驾驶、烹饪等其他技术是很相似的。

(1) 专注。

"专注"这个词，就我理解，是有两方面意思的。一是在一段时间内，集中精力做一件事；二是在做一件事的时候，不要分心。

首先就集中精力来说，在一段时间内，我们不可以分散我们的精力的，我们能在一个月内，把一个软件掌握好，本身已是一件不容易的事情。这就需要我们根据实际工作，合理安排我们的时间。如时间为半个月，我们就安排每天 3 小时，早八点半到十一点半；如时间是 40 天，我们就安排每天两小时，晚八点到十点。而且，就在每两个小时内也不能跳来跳去，比如说今天学草图设计，明天就学零件设计，后天又学曲面设计。总之，在一个特定的时间段内，一定要把精力集中在一个点，这个时间段，根据我们自己的学习安排来自由调整。其实道理很简单，比如说我现在在写这个丛书序，如果我每天花 10 分钟，我想两个月也写不出来。而我现在专门挑一个没事儿的下午，估计一会儿就可以写完了，也就花了 3 个小时。

其次，不分心实际上是比较难的，因为大脑是非常灵活的。大脑总想在一个时间内干许多事情，这样才符合我们这个效率时代嘛。实际上大家千万不要上这个当。我们还是做个笨人好一些，做一件事的时候只做一件事，千万别想着今天晚上我还有什么什么安排，明天还有一个数学考试，更不要想家里的液化气又该灌了。唯有在一个时间，将我们全部的精力聚焦到一个点上，才能形成聚焦效应，才能在一个点上吃透，才能在一个点上产生能量。生命在于集中，绝非在于分散，所以大家选择学习时间的时候，千万不要选一个总有人打扰的时间，其实最好的时间就是半夜三更，别人都睡了的时候。事实上你想想，真正的大作家、大艺术家都是晚上工作的。丹麦的夜特别长，外面还冷，所以那里文豪特别多。我们也一样，做任何事情都是如此，一定要专注。

（2）数量。

第二个标题我写的是数量，与数量相伴的自然是质量，大家一定想知道为什么用数量这个词呢。其实原因很简单，在一个技能的掌握上，永远要经过实践，永远要达到一定数量，才能见效果。在学习 CAD 的过程中，千万不要把时间都浪费在寻找正确的方法上，而是要做，要做到一定的数量。没有数量，其实也就没有质量。书读千遍，其义自现，就是这个意思。小孩学说话，也是一样，唯有不停地说，最后才会说，而不是要把每一个字都说清楚，才继续向下学。

所以，在学习 CAD 的过程中，一定要注重数量，通过大量的操作，自然会快速地掌握 CAD 技术。

（3）递进。

任何一门技术的学习，都是循序渐进的。CAD 技术也是如此，CAD 技术的学习同样是一个逐步前进的过程。大家在学习的时候，要根据自己的实际需要，有一个自己的渐进办法。具体来说，有以下几种：一是沿着书本一章一章向前走，这是最基本的办法，因为书的知识点，老师们在编写的时候已经将它们整理过一次了；二是根据自己的实际需要出发，寻找自己感兴趣的部分，比如说有人喜欢渲染，就可以先学渲染，有人喜欢模具，就可以先学模具设计；三是根据难易，不同的知识点的难度是不一样的，可以根据自己实际的水平，来选择容易的知识点起步。至于具体到每个人来说，那就要根据个人的实际情况了。就我而言，我一般是从头开始的。

在实际应用中，如果是学生的话，最好老老实实地从头开始，把 CAD 的基本知识点都学习一下。如果已经参加工作的话，就根据自己的实际需要，把对自己工作最有帮助的那一部分先学会，这样是最容易见效果的，也可以促使我们进一步的学习。

（4）团结。

"团结就是力量"。虽说那些大师们都提倡"甜蜜的孤独"这一爱默生似的生活方式，但在实际中，我们还是需要学习伙伴的，一个人做事，遇到问题总是比较多的，而且也不容易坚持。如果可以，大家在实际学习中，最好找一两个学习的伙伴，或者组织一个CAD学习小组。大家可能对这个感觉比较陌生甚至于觉得有些迂腐，但是一个学习小组，绝对是学习技术的一个非常好的办法。

对于技术而言，每个人学习的时候都是有盲区的，你的盲区也许就是你伙伴的亮点。这样可以避免在一个知识点上浪费过多的时间。而且两个人一起研究总是会相互启发的。另外，人最容易原谅的就是自己，没人监督的事情，总是不容易坚持下去。如有两个人，总觉得有一个人在看着你，也不失为调整自我行为的一个好的方法。

我认为，最好的办法是给自己找一个讲台、一件事，如果你可以向他人讲清楚了，你自己想不清楚都不行。

3. 丛书特色及学习指南

上面说了许多心得，下面就此套丛书向大家做一介绍。

（1）时间规划。

本套丛书最大的特色在于它在时间上的安排，每本书都根据自己的知识点，并结合实例进行了统一的时间安排，以供读者参考。

大家看了前面的各种原则，其实都是针对时间的。从长远来看，一个杰出的人物最大的力量是建立在对自己时间的安排之上的。我们每个人都是懒的，我们从来不愿意自己安排时间，所以各位老师们就给我们安排好了时间，让我们可以懒懒地掌握CAD技术。

另外，我们对各个知识点及实例都不是很了解，通过时间，我们可以判断知识点的难易程度以及实例的复杂程度。这对我们学习是非常有帮助的。

在每本书的前言中，各位老师不辞劳苦，针对每一本具体的书也提了具体的时间安排及学习顺序。在此各位读者可真的有福了，这就叫懒人有懒福。

（2）知识全面。

本套丛书的规划和安排都是比较系统化的。

首先从丛书来看，它涵盖了当前所有的主流CAD软件，也就是说你无论用的是哪种武器，在这里你都可以找到你的秘籍。

其次，针对不同的软件，有基础教程还有实例教程，所以，无论你的实际需要是什么，都可以找到你想要的。

再次，就每本书而言，针对知识点的覆盖也是非常到位的，并且对一些展示部分即动画、渲染等模块都有详细的介绍，这对我们实际工作的人员来说是非常有益的。因为这样一来，老师们制作课件、学生们完成作业、工程师展示产品，都有一个非常好的、直观形象的途径了。

另外，每一本书还配有多媒体教学光盘，对CAD的学习是一个十分有益的补充。

4. 注意事项

写到这里，忽然间想到了一个问题，就是 CAD 的范围，需要着重讲一下，大家的意识中，CAD 不会还是 AutoCAD 的代名词吧。

（1）CAD 是二维、三维、多维的。

一提起 CAD，大家总认为 CAD 是二维的还是三维的，实际上，CAD 早已经进入了三维的世界了。我们平时所熟悉的软件中，UG、Pro/E、CATIA 都是三维 CAD。在这套丛书中，大家就会感受到，三维 CAD 已经成为 CAD 应用中的主流。

（2）CAD 是制造业、工业设计业、建筑业、服装业等行业的工具。

一般来讲，人们都习惯性地认为 CAD 是制造业的，因为 CAD 最开始应用的领域是航空业，后来才逐步走入到了汽车业、家电业等。实际上 CAD 早已成为制造业、建筑业、娱乐业、工业设计业、服装设计业等多个行业的工具。

原因也很简单，因为 CAD 是计算机辅助设计，而不是制造业计算机辅助设计，在工作中，但凡需要设计的行业，都会用到 CAD。

（3）CAD 是设计人员、制造人员、销售人员、营销人员、管理人员、顾客都要学习的。

我们一般认为只有高级工程师才应该学习 CAD，实际上，从上面的介绍中，大家应该可以看出，CAD 技术作为一种沟通手段，但凡与产品接触的人，都需要掌握它。

原因也很简单，现在是信息时代，我们每个人的时间越来越有限。在有限的时间里，我们必须借助一个新的工具即 CAD 来沟通我们对产品的看法，而这个世界的营销也进入了精准营销、定位营销的时代，这样，我们每一个人都要针对我们将来使用的产品来发表意见。也就是现在常说的，我的地盘我做主。

因此，在实际的产品设计中，我们肯定不会再走福特的老路，我们做产品设计的人，一定要让我们的上级、我们的合作伙伴、我们的营销单位、我们的销售单位、我们的代理商、我们的顾客都对我们设计的产品发表意见。而在产品没有大批量生产之前，CAD 是让他们参与意见的最好方法。

5. 结束语

最后，我对国家 CAD 等级考试中心对我的信任表示感谢，感谢你们为 CAD 的学员们提供了如此丰厚的礼物。

同时，我也祝各位读者，能够早日掌握你的 CAD 之剑，早日用它和全世界的合作伙伴来沟通，早日用它来获得自己事业的成功。本套丛书的真金就在这后面的章节，那是多位老师的心血，希望我们共同珍惜各位老师的劳动，好好分享各位老师的成果，成为一名真正的 CAD 应用工程师。国家 CAD 等级考试中心的目标是"为中国造就百万 CAD 应用工程师"，希望你们通过本套丛书的学习，早日成为百万"雄师"中的一员！

资深 CAD 培训师

王　锦

前　言

◇ **编写目的**

　　CAXA 是我国开发的拥有自主知识产权的软件，包括 9 大系列 30 多种 CAD、CAPP、CAM、DNC、PDM、MPM 和 PLM 软件产品和解决方案，覆盖了制造业信息化设计、工艺、制造和管理 4 大领域。其中 CAXA 实体设计 2007 是一个全新的三维 CAD 创新设计软件，它具有独特的三维球功能、专业的渲染功能和强大的动画制作功能，而且操作简单灵活、内容丰富、方法先进。

　　本书作者结合多年实际设计经验，内容安排上采用由浅入深、循序渐进的方式，详细的介绍了 CAXA 实体设计软件在工业设计的具体应用；并结合工程实践中的典型应用实例，详细讲解工业设计的思路、设计流程及详细的操作过程。

　　希望通过本书的学习，使读者能掌握工业设计方法和思路，提高读者使用 CAXA 实体设计软件的设计水平，对有 CAXA 实体设计基础或没有 CAXA 实体设计基础的读者，在设计水平和设计思路的提高上都能起到一定的帮助作用。

◇ **内容简介**

　　全书采用大量的工程实例，详细介绍 CAXA 实体设计进行设计流程、方法和技巧。全书共包括 9 章，主要内容安排如下：

　　第 1 章为 CAXA 实体设计 2007 软件概述，主要包括 CAXA 实体设计模块、CAXA 实体设计的安装、CAXA 实体的设计环境、CAXA 实体设计的视向功能、三维球的应用等。该章为使用 CAXA 实体设计软件的基础，即使没有 CAXA 实体设计基础的读者，也可以通过对该章的学习，掌握 CAXA 实体设计软件的基本用法。

　　第 2 章为基本零件设计，主要通过传动轴、轴承座、机盖、齿轮泵盖四个工程中常见的机械零件的创建实例介绍了 CAXA 实体设计中基础零件设计的方法和技巧。

　　第 3 章为基于二维草图的零件设计，主要通过蜗轮、曲轴、花瓶、日本娃娃四个工业造型的创建实例介绍了 CAXA 实体设计中通过二维草图进行零件、造型设计的方法和技巧。

　　第 4 章为曲面设计，主要通过花朵、棒球帽、鸡蛋盒、沐浴乳瓶四个常见的生活造型设计的创建实例介绍了 CAXA 实体设计中曲面设计的方法和技巧。

　　第 5 章为工程图，主要通过传动轴、仪表机架、夹线体、减速器等四个典型零件的工程图的创建实例介绍了 CAXA 实体设计中工程图的设计方法和技巧。

第 6 章为钣金零件设计，主要通过台钳外壳、仪表箱、电源盒等三个典型的钣金零件的设计介绍了 CAXA 实体设计中钣金零件设计的设计方法和技巧。

第 7 章为装配设计，主要通过中轴组件、减震器、滚轮、换向变速机构等四个个典型的装配零件的设计介绍了 CAXA 实体设计中装配设计的设计方法和技巧。

第 8 章为渲染设计，主要通过桌面、圆珠笔等两个典型零件的渲染实例介绍了 CAXA 实体设计中渲染设计的方法和技巧。

第 9 章为动画设计，主要通过风车、陀螺运动、产品装配、齿轮运动、机械手等五个典型机构的动画设计的创建实例介绍了 CAXA 实体设计中动画设计的方法和技巧。

第 10 章为综合应用篇，通过球阀这一具体的大型工业设计产品，详细的介绍了应用 CAXA 实体设计软件进行复杂产品设计、装配和仿真动画的方法和技巧。

◇ 特色说明

本书作者结合多年实际设计经验，内容安排上采用由浅入深、循序渐进的方式，详细的介绍了 CAXA 实体设计软件在工业设计的具体应用；并结合工程实践中的典型应用实例，详细讲解工业设计的思路、设计流程及详细的操作过程。本书主要特色如下：

（1）语言简洁易懂、层次清晰明了、步骤详细实用，对于无 CAXA 实体设计基础的初学者也适用；

（2）案例经典丰富、技术含量高，具有很高的实用性，对工程实践有一定的指导作用；

（3）技巧提示实用方便，是作者多年实践经验的总结，使读者快速掌握 CAXA 实体设计软件的应用。

（4）光盘容量大，1 张光盘，囊括了书中部分经典的实例的源文件，以及老师详细讲解的多媒体教学录像。方便读者举一反三学习，快速提高设计水平。

◇ 使用说明

本书另附光盘 1 张，内容包括实例与练习题图形的源文件以及多媒体助学课件。

◇ 专家团队

本书由苏州工业职业技术学院胡炜和北京理工大学袁巍任主编。内容提要、前言、第 1 章、第 2 章、第 3 章、第 5 章、第 8 章、第 9 章由胡炜编写，第 4 章、第 6 章、第 7 章、第 10 章由袁巍编写，参与本书编写的还有刘路、孙蕾、和庆娣、王军等。

由于时间仓促、作者水平有限，书中疏漏之处在所难免，欢迎广大读者批评指正。

目 录

第1章 CAXA 实体设计 2007 概述 ·· 1
  1.1 CAXA 实体设计模块 ·· 1
    1.1.1 二维草图 ·· 1
    1.1.2 设计元素模块 ·· 2
    1.1.3 装配模块 ·· 2
    1.1.4 工程图模块 ·· 2
  1.2 CAXA 实体设计 2007 安装 ·· 2
  1.3 CAXA 实体设计 2007 的设计环境 ······································ 5
    1.3.1 主菜单 ·· 6
    1.3.2 工具条 ·· 7
    1.3.3 绝对坐标系 ·· 8
    1.3.4 设计环境工作区 ·· 8
    1.3.5 设计元素库 ·· 8
  1.4 CAXA 实体设计 2007 的视向设置 ····································· 10
  1.5 三维球的应用 ··· 11
    1.5.1 三维球的组成及功能介绍 ·· 11
    1.5.2 三维球的配置选项 ·· 12
    1.5.3 三维球的移动操作 ·· 13
    1.5.4 三维球的旋转操作 ·· 14
    1.5.5 三维球的定位控制 ·· 15
    1.5.6 三维球的阵列操作 ·· 16

第2章 基本零件设计 ·· 20
  2.1 传动轴 ··· 20
    2.1.1 案例预览 ··· 20
    2.1.2 案例分析 ··· 20
    2.1.3 常用命令 ··· 21
    2.1.4 设计步骤 ··· 21
  2.2 轴承座 ··· 28
    2.2.1 案例预览 ··· 28

        2.2.2 案例分析 28
        2.2.3 常用命令 29
        2.2.4 设计步骤 29
    2.3 机盖 38
        2.3.1 案例预览 38
        2.3.2 案例分析 39
        2.3.3 常用命令 39
        2.3.4 设计步骤 39
    2.4 齿轮泵盖 48
        2.4.1 案例预览 48
        2.4.2 案例分析 49
        2.4.3 常用命令 49
        2.4.4 设计步骤 49
    2.5 课后练习 61
第 3 章 基于二维草图的零件设计 62
    3.1 蜗轮 62
        3.1.1 案例预览 62
        3.1.2 案例分析 63
        3.1.3 常用命令 63
        3.1.4 设计步骤 63
    3.2 曲轴 71
        3.2.1 案例预览 71
        3.2.2 案例分析 71
        3.2.3 常用命令 71
        3.2.4 设计步骤 71
    3.3 花瓶 89
        3.3.1 案例预览 89
        3.3.2 案例分析 89
        3.3.3 常用命令 89
        3.3.4 设计步骤 89
    3.4 日本娃娃 96
        3.4.1 案例预览 96
        3.4.2 案例分析 96
        3.4.3 常用命令 97
        3.4.4 设计步骤 97

- 3.5 课后练习 105
- 第4章 曲面设计 106
  - 4.1 花朵 106
    - 4.1.1 案例预览 106
    - 4.1.2 案例分析 107
    - 4.1.3 常用命令 107
    - 4.1.4 设计步骤 107
  - 4.2 棒球帽 114
    - 4.2.1 案例预览 114
    - 4.2.2 案例分析 114
    - 4.2.3 常用命令 115
    - 4.2.4 设计步骤 115
  - 4.3 鸡蛋盒 127
    - 4.3.1 案例预览 127
    - 4.3.2 案例分析 127
    - 4.3.3 常用命令 127
    - 4.3.4 设计步骤 127
  - 4.4 沐浴乳瓶 136
    - 4.4.1 案例预览 136
    - 4.4.2 案例分析 136
    - 4.4.3 常用命令 136
    - 4.4.4 设计步骤 137
  - 4.5 课后练习 146
- 第5章 工程图 147
  - 5.1 传动轴 147
    - 5.1.1 案例预览 147
    - 5.1.2 案例分析 148
    - 5.1.3 常用命令 148
    - 5.1.4 设计步骤 149
  - 5.2 仪表机架 156
    - 5.2.1 案例预览 156
    - 5.2.2 案例分析 157
    - 5.2.3 常用命令 157
    - 5.2.4 设计步骤 158
  - 5.3 夹线体 173

5.3.1　案例预览 173
　　　5.3.2　案例分析 173
　　　5.3.3　常用命令 173
　　　5.3.4　设计步骤 174
　5.4　减速器 181
　　　5.4.1　案例预览 181
　　　5.4.2　案例分析 182
　　　5.4.3　常用命令 182
　　　5.4.4　设计步骤 182
　5.5　课后练习 189
第6章　钣金零件设计 190
　6.1　台钳外壳 190
　　　6.1.1　案例预览 190
　　　6.1.2　案例分析 191
　　　6.1.3　常用命令 191
　　　6.1.4　设计步骤 191
　6.2　仪表箱 200
　　　6.2.1　案例预览 200
　　　6.2.2　案例分析 201
　　　6.2.3　常用命令 201
　　　6.2.4　设计步骤 201
　6.3　电源盒 212
　　　6.3.1　案例预览 213
　　　6.3.2　案例分析 213
　　　6.3.3　常用命令 213
　　　6.3.4　设计步骤 213
　6.4　课后练习 224
第7章　装配设计 225
　7.1　中轴组件 225
　　　7.1.1　案例预览 225
　　　7.1.2　案例分析 226
　　　7.1.3　常用命令 226
　　　7.1.4　设计步骤 226
　7.2　减震器 235
　　　7.2.1　案例预览 235

  7.2.2 案例分析 236
  7.2.3 常用命令 236
  7.2.4 设计步骤 236
 7.3 滚轮 245
  7.3.1 案例预览 245
  7.3.2 案例分析 245
  7.3.3 常用命令 246
  7.3.4 设计步骤 246
 7.4 换向变速机构 254
  7.4.1 案例预览 254
  7.4.2 案例分析 254
  7.4.3 常用命令 254
  7.4.4 设计步骤 255
 7.5 课后练习 262

第8章 渲染设计 263
 8.1 桌面 263
  8.1.1 案例预览 263
  8.1.2 案例分析 264
  8.1.3 常用命令 264
  8.1.4 设计步骤 264
 8.2 圆珠笔 273
  8.2.1 案例预览 273
  8.2.2 案例分析 273
  8.2.3 常用命令 274
  8.2.4 设计步骤 274
 8.3 课后练习 282

第9章 动画设计 283
 9.1 风车 283
  9.1.1 案例预览 283
  9.1.2 案例分析 284
  9.1.3 常用命令 284
  9.1.4 设计步骤 284
 9.2 陀螺运动 288
  9.2.1 案例预览 288
  9.2.2 案例分析 288

  9.2.3 常用命令 289
  9.2.4 设计步骤 289
 9.3 产品装配 292
  9.3.1 案例预览 292
  9.3.2 案例分析 292
  9.3.3 常用命令 293
  9.3.4 设计步骤 293
 9.4 齿轮传动 305
  9.4.1 案例预览 305
  9.4.2 案例分析 305
  9.4.3 常用命令 306
  9.4.4 设计步骤 306
 9.5 机械手 312
  9.5.1 案例预览 312
  9.5.2 案例分析 312
  9.5.3 常用命令 312
  9.5.4 设计步骤 313
 9.6 课后练习 318

第10章 综合实例——球阀 319
 10.1 创建球阀零件 319
  10.1.1 案例预览 319
  10.1.2 案例分析 320
  10.1.3 建立阀芯、密封圈 320
  10.1.4 建立阀体、阀盖 325
  10.1.5 建立填料压盖、阀杆 341
  10.1.6 建立扳手 348
 10.2 装配球阀 354
  10.2.1 案例预览 354
  10.2.2 案例分析 354
  10.2.3 装配步骤 355
 10.3 球阀爆炸动画 365
  10.3.1 案例预览 365
  10.3.2 案例分析 366
  10.3.3 装配步骤 366
 10.4 课后练习 375

第1章 CAXA 实体设计 2007 概述

【本章导读】

CAXA 是我国开发的拥有自主知识产权的软件,包括 9 大系列 30 多种 CAD、CAPP、CAM、DNC、PDM、MPM 和 PLM 软件产品和解决方案,覆盖了制造业信息化设计、工艺、制造和管理 4 大领域。其中 CAXA 实体设计 2007 是一个全新的三维 CAD 创新设计软件,它具有独特的三维球功能、专业的渲染功能和强大的动画制作功能,而且操作简单灵活、内容丰富、方法先进。主要内容包括三维设计环境、设计元素、标准智能图素、三维球、基准面与坐标系、零件设计与装配设计及渲染与动画的概念等。

本章主要介绍 CAXA 实体设计 2007 的设计环境以及设计树和三维球操作功能。重点让读者掌握设计元素库的功能和建模基本操作,以便在今后的学习中熟练应用。

序号	章节名称	参考学时(分钟)
1.1	CAXA 实体设计模块	5
1.2	CAXA 实体设计 2007 安装	9
1.3	CAXA 实体设计 2007 的设计环境	8
1.4	CAXA 实体设计 2007 的视向设置	8
1.5	三维球的应用	30

1.1 CAXA 实体设计模块

(参考用时:5 分钟)

CAXA 实体设计软件具有多个功能强大的应用模块,每个模块都具有独立的功能,而且模块之间具有一定的关联性。因此,设计师可以根据工作的需要将产品调入到不同的模块中进行设计,下面简要介绍常用的几个模块。

1.1.1 二维草图

二维草图工作界面是用于绘制和编辑二维草图的操作平台。在进行三维零件设计的过程中,一般先设计二维草图或曲线轮廓,然后通过三维建模的成形特征功能创建三维零件。例如,一个 U 形的零件,应该先设计二维的 U 形轮廓曲线,然后再使用拉伸功能创建三维实体。用户可以根据实际的设计需要对零件的二维草图轮廓进行编辑，从而生成满足用户要求的零件模型。

1.1.2 设计元素模块

设计元素模块包括图素、高级图素、钣金和工具图库等，每一图库都适用于不同的设计，而且图素之间存在着相互关联性，方便了用户修改零件模型，减少重复劳动，保证了零件设计的一致性和时效性。

通过设计元素模块，不但可以逐步实现设计的要求，还可以与软件中的其他模块功能进行交互。因为 CAXA 实体设计软件各模块的功能是相互混合和相互关联的，可以在模块间进行切换，以增加产品设计的可行性。

1.1.3 装配模块

CAXA 实体设计软件提供的装配模块功能用于模拟实际机械装配过程，利用约束将各个零件装配成一个完整的机械结构。由于其功能的扩展与延伸，已广泛应用于各个设计领域。因其操作简单、方便易用，模具设计人员常用该模块进行模具装配和模具零部件间的配合分析等。

1.1.4 工程图模块

工程图就是用于指导实际生产的三视图图样。工程图的制作是将零件或装配模型设计归档的过程，其正确与否将直接影响到生产部门的实际生产制造。

CAXA 实体设计软件提供的制图模板并不是单纯的二维空间制图，它与三维模型零件有着密切的相关性。二维工程图的制作是通过投影模型空间的三维零件完成的，用户只需通过投影视图来表达零件的特征信息。

由于制图模板与设计元素模块的相关性，用户修改模型特征后，系统会根据对应关系更新制图模板中的视图特征，从而满足不断变化的工作流程需求，方便快捷地绘制出合理、正确的工程图图样。

1.2 CAXA 实体设计 2007 安装

（参考用时：9分钟）

CAXA 实体设计 2007 的软件安装比较简单，只需按照安装过程中的提示即可完成安装。下面将介绍 CAXA 实体设计 2007 的安装。

（1）将 CAXA 实体设计 2007 的安装光盘放入光驱，然后打开 Autorun.exe 文件，弹出【CAXA 实体设计 2007】安装界面，如图 1-1 所示。

（2）单击【实体设计安装】选项，弹出【选择安装程序的语言】对话框，在下拉列表中选择"中文（简体）"选项，如图 1-2 所示。

图 1-1 CAXA 实体设计 2007 安装界面

图 1-2 【选择安装程序的语言】对话框

（3）单击【确定】按钮，进入【正在准备安装】界面，如图 1-3 所示。

（4）准备安装过程完成后，系统进入【欢迎使用 CAXA 实体设计 2007 安装向导】界面，如图 1-4 所示。

图 1-3 【正在准备安装】界面   图 1-4 【欢迎使用 CAXA 实体设计 2007 安装向导】界面

（5）单击【下一步】按钮，进入【许可证协议】对话框，选中【我接受该许可证协议中的条款（A）】单选按钮，如图 1-5 所示。

（6）单击【下一步】按钮，进入【用户信息】对话框，在此对话框中可以输入使用者姓名和公司名称，如图 1-6 所示。

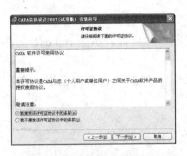

图1-5 【许可证协议】对话框　　图1-6 【用户信息】对话框

（7）单击【下一步】按钮，进入【目的地文件夹】对话框，在此对话框中设置安装路径，如图1-7所示。

（8）单击【下一步】按钮，进入【安装类型】对话框，选中【完整安装】单选按钮，如图1-8所示。

图1-7 【目的地文件夹】对话框　　图1-8 【安装类型】对话框

（9）单击【下一步】按钮，进入【缺省几何核心】对话框，选中【ACIS】单选按钮，如图1-9所示。

（10）单击【下一步】按钮，进入【缺省模板】对话框，选中【公制】和【ISO】单选按钮，如图1-10所示。

图1-9 【缺省几何核心】对话框　　图1-10 【缺省模板】对话框

第 1 章　CAXA 实体设计 2007 概述

（11）单击【下一步】按钮，进入【已做好安装程序的准备】对话框，如图 1-11 所示。
（12）单击【下一步】按钮，进入【正在安装 CAXA 实体设计 2007】界面，如图 1-12 所示。

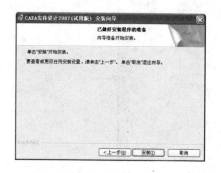
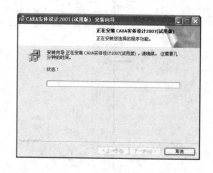

图 1-11　【已做好安装程序的准备】对话框　　图 1-12　【正在安装 CAXA 实体设计 2007】界面

（13）安装完成后进入【安装向导完成】对话框，如图 1-13 所示。
（14）单击【完成】按钮，弹出【CAXA 实体设计 2007 安装程序信息】对话框，单击【是】按钮重新启动系统完成 CAXA 实体设计 2007 的安装，如图 1-14 所示。

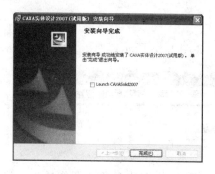

图 1-13　【安装向导完成】对话框　　图 1-14　【安装程序信息】对话框

1.3　CAXA 实体设计 2007 的设计环境

（参考用时：8 分钟）

CAXA 实体设计 2007 的设计环境是指在进行产品设计时的窗口、工具与属性设置等，如图 1-15 所示。由于产品造型、外观渲染和动画制作等多项工作都是在设计环境中处理和完成的，所以设计环境在产品设计中是非常重要的。

图 1-15　设计环境

1.3.1　主菜单

下拉菜单也称为主菜单，它位于窗口的顶部，如图 1-16 所示。

图 1-16　主菜单

主菜单中各项菜单的内容和名称如下。

【文件】文件菜单包括设计环境调入、保存、打印、模型或对象的图像插入、模型输入、模型输出等命令，还包括定义特定的文件属性或通过电子邮件发送设计环境文件的命令等。

【编辑】编辑菜单除包含取消操作、重复操作、剪切、复制、粘贴和删除等传统命令外，还包括设计对象显示和编辑时所需要的一些附加命令。

【显示】显示菜单是所有菜单中命令内容最多的一个。它包括查看有关设计环境窗口的一些命令，如工具条、状态条和设计元素库、设计树等；还包括查看设计环境中的光源、视向、智能动画、附着点和基准面等命令；通过【显示】菜单，也可以显示智能标注、约束、包围盒尺寸、关联标示和约束标示等。

【生成】生成菜单可以生成自定义智能图素，可以向设计环境中添加文字或生成曲面，还可以利于添加新的光源或视向；其附加命令还能够生成智能渲染、智能动画、智能标注、文字注释和附着点等内容。

【修改】修改菜单的命令包括图素或零件模型的边过渡、边倒角及对表面进行修改，如表面移动、拔模斜度、表面匹配、表面等距等。此外，该菜单还可以对图素或零件模型实施镜像、抽壳和分裂等操作。

【工具】工具菜单上的命令包括三维球、无约束装配、选择纹理、凸痕、贴图、视向等工具以及用来分析对象、显示统计信息或检查干涉的工具。对于钣金件设计，有钣金展开和展开复原等命令。除此以外，工具菜单中还包括一些重要的命令和工具，如提供了多种属性表。在这些属性表中，可以定义设计环境及其组件的多方面参数。工具菜单还包括自定义工具条和自定义菜单命令。工具菜单上的其他工具可供设计过程中及添加新的工具和利用 Visual Basic 编辑器生成自定义宏。

【设计工具】设计工具菜单包括组合操作、移动锚点、重置包围盒、重新生成、压缩和解压缩对象、布尔运算等命令。设计工具菜单的其他命令还包括组合图素、利用选定的"面"生成新的"智能图素"等。

【装配】装配菜单包括将图素、零件模型、装配件装配成一个新的装配件或拆开已有的装配件命令，以及在装配件中插入零件和装配、解除外部链接、将零件装配保存到文件中、访问"装配路径"对话框等。

【设置】设置菜单包括指定设计单位、基准面参数、默认尺寸和密度的命令，以及可以用来定义渲染、背景、雾化、曝光度、视向等的属性命令。还包括访问智能渲染属性、访问智能渲染向导，可以利用【提取效果】和【应用效果】将表面属性从一个对象转换到另一个对象，访问图素的形状属性并生成配置文件的命令等。

【设计元素】设计元素菜单包括设计元素的新建、打开和关闭等功能命令以及允许激活或禁止设计元素库的【自动隐藏】命令。还包括设计元素的保存和设计元素库的访问等命令。

【窗口】窗口菜单的命令包括用来生成新窗口、层叠或平铺窗口以及排列图标的窗口等命令。菜单底部用以显示所有已打开的设计环境或绘图文件的文件名，在当前显示的设计环境或绘图文件的文件名前边有一个复选框。

【帮助】帮助菜单包含标准【帮助】功能命令，它提供访问有关 CAXA 实体设计 2007 及其在线帮助系统的信息。

1.3.2 工具条

快捷工具条是设计环境的重要组成部分，它为设计者提供了快捷的操作方式。快捷工具条中的工具在主菜单中都可以找到，它最主要的作用就是能够提高设计者的工作效率。

在以后的实例中会具体介绍工具条中各项工具的功能及操作。

1.3.3 绝对坐标系

在设计环境的左下角有一个三维坐标系，称为绝对坐标系，用红、绿、蓝三色分别表示 X 轴、Y 轴、Z 轴。该坐标系可以设置为可见状态或不可见状态。这个坐标系只是一个"视觉"坐标系，它与设计对象的大小、位置没有关系。该坐标系的功能是为显示设计对象提供定性的视觉观察效果。当使用旋转工具将设计对象进行旋转时，操作者会看到随着设计对象的旋转，坐标系也同时旋转，并且坐标轴的方向与观察设计对象的方向相同。

1.3.4 设计环境工作区

设计环境工作区位于设计环境窗口的中央位置，被四周的菜单和工具条所包围。所有的创新设计操作都在设计环境工作区内进行。

1.3.5 设计元素库

设计元素库是将不同类型的设计元素集中并按顺序排列放在一起，以方便设计者的操作，提高工作效率。下面介绍设计元素库的操作方法。

1. 元素库中元素的拖放

CAXA 实体设计 2007 所独有的设计元素库给设计者带来了极大的方便。它为设计者提供了一种简单便捷的"拖放"式操作方法，使设计者可以大大提高工作效率，当光标移动到设计环境的右侧时，就会出现如图 1-17 所示的窗口。

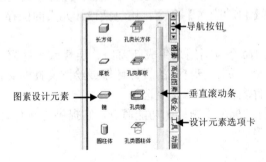

图 1-17 设计元素库

拖放式操作的具体步骤为：把光标移动到设计环境的右侧，则会自动展开相应的设计元素库，选中自己想要的图素，按住鼠标左键不放，然后将其拖入设计环境中，松开鼠标左键，这样该图素就出现在设计环境中了。

另外，CAXA 实体设计 2007 的图素库非常丰富，包括了一些特殊形状的图素、颜色、纹理等设计资源。也可以利用"拖放"的形式使用这些图素，并且可以为图素做一些渲染处理。

2. 各设计元素库的介绍

【图素】由基本几何形体构成的标准设计元素称为基本图素，简称图素。图素中的实体是一些常见的几何实体形状，如长方体、圆柱体、球体等，也可以去除实体形成孔或槽（去除实体必须在实体上进行）。

【高级图素】高级图素中出现一些经过一定变形或加工的图素形状，如管状体、星形体、锯齿条、部分圆锥体等，这些图素都是在设计过程中经常用到的图素。

【钣金】钣金图素中包含一些专门用于钣金件设计的标准设计元素，如板料、弯曲板料、卷边、各类孔和凸起等。

【工具】工具图素中包括国标中的标准设计元素，如齿轮、轴承、弹簧、紧固件等。动画、表面光泽、材质、凸痕、颜色这些图素都是对设计实体进行渲染和修饰的，这里不再一一介绍。这些图素也是通过"拖放"方式来操作的。

3. 添加设计元素库

除了上述的那些设计元素外，系统还有其他一些附加的设计元素，比如金属、阀体、电子、石头、管道、织物等，为设计者提供了很大的方便。

选择菜单【设计元素】|【打开】命令，在安装目录下找到"\CAXA\CAXASOLID\Catalogs"，然后选择自己需要的图素，如图1-18 所示。

选中【金属】图素，单击【打开】按钮，此时，在设计元素选项卡中就多了一个【金属】选项卡，如图1-19 所示。

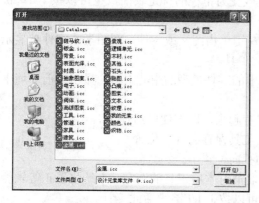

图1-18 【打开】对话框

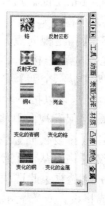

图1-19 附加元素【金属】图库

1.4 CAXA 实体设计 2007 的视向设置

（参考用时：8 分钟）

在三维设计环境中，对操作对象的观察是通过可完全自由移动的视向来实现的。在使用视向工具时，移动的是视向，而设计环境中的零件对象并未移动，视向或目标点重新定位，显示视图也就改变了。【视向】工具条各项工具的图标如图 1-20 所示。

图 1-20 【视向】工具条

【视向】工具条各项功能如下所述。

【显示平移】在三维设计环境中，利用显示平移工具可以上下、左右地移动显示设计对象，也可以按下 F2 键来激活此工具。

【动态旋转】可以从任意角度观察三维设计环境，也可以按下 F3 键或鼠标中键来激活此工具。

【前后缩放】可以使显示对象做向前或向后的移动，并改变、调整显示对象的大小，也可以按下 F4 键来激活此工具。

【任意视向】可以模拟任意视向进入设计环境，用以改变观察角度，也可以按下 Ctrl+F2 组合键来激活此工具。

【动态缩放】可以将零件模型移近或移开，也可以按下 F5 键来激活此工具。

【局部放大】以设定窗口的方式将显示对象进行放大，也可以按下 Ctrl+F5 组合键来激活此工具。

【指定面】可以快速地将观察角度改变为正视的特定表面，也可以按下 F7 键激活此工具。

【指定视向点】单击此按钮，然后左键单击图素或零件，则图素或零件被显示在场景中心，也可以按下 Ctrl+F7 组合键激活此工具。

【显示全部】将观察点与设计环境中的零件模型的中心对齐，显示当前环境下的全部内容，也可以按下 F8 键激活此工具。

【保存视向】将当前的视向位置保存起来，以方便以后使用。

【恢复视向】恢复用【保存视向】工具保存的视向位置。

【恢复从前】恢复前次显示状态的视向位置。

【透视】此选项为默认选项。如果取消对本项工具的选定，系统将以正等轴侧投影的方式将设计对象显示在设计环境中，也可以按下 F9 键激活此工具。

1.5 三维球的应用

☀（参考用时：30 分钟）

三维球是一个功能非常强大而且灵活的三维空间定位工具，被称为 CAD 历史上最具特色、最有用的工具，在今后的设计中，三维球是最常用的工具之一。读者可以通过本节快速了解三维球的功能。

1.5.1 三维球的组成及功能介绍

三维球在空间有 3 个轴。内、外分别有 3 个控制柄。使得可以沿任意一个方向移动物体，也可以约束实体在某个固定方向移动，绕某固定轴旋转，如图 1-21 所示。

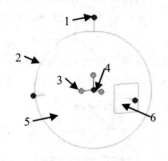

图 1-21 三维球的组成

图中序号说明如下。

（1）外控制柄。左键单击它可用来对轴线进行暂时的约束，使三维物体只能进行沿此轴线上的线性平移，或绕此轴线进行旋转。

（2）圆周。拖动这里，可以围绕一条从视点延伸到三维球中心的虚拟轴线旋转。

（3）定向控制柄。用来将三维球中心作为一个固定的支点，进行对象的定向。主要有 2 种使用方法：①拖动控制柄，使轴线对准另一个位置；②右键单击，然后从弹出的快捷菜单中选择一个命令进行移动和定位。

（4）中心控制柄。主要用来进行点到点的移动。使用的方法是将它直接拖至另一个目标位置，或右键单击，然后从弹出的快捷菜单中选择一个命令。它还可以与约束的轴线配合使用。

（5）内侧。在这个空白区域内侧拖动进行旋转。也可以右键单击这里，在弹出的快捷菜单中，对三维球进行设置。

（6）二维平面。拖动这里，可以在选定的虚拟平面中自由移动。

1.5.2 三维球的配置选项

三维球拥有 3 个外部控制手柄（长轴）、3 个内部控制手柄（短轴）和一个中心点。在软件的应用中它主要的功能是解决软件的应用中元素、零件、以及装配体的空间点定位、空间角度定位的问题。

其中：

长轴是解决空间点定位、空间角度定位。短轴是解决元素、零件、装配体之间的相互关系。中心点是解决重合问题。

一般的条件下，三维球的移动、旋转等操作中，鼠标的左键不能实现复制的功能；鼠标的右键可以实现元素、零件、装配体的复制功能和平移功能。

在软件的初始化状态下，三维球最初是附着在元素、零件、装配体的定位锚上的。特别对于智能图素，三维球与智能图素是完全相符的，三维球的轴向与图素的边、轴向完全是平行或重合的。三维球的中心点与智能图素的中心点是完全重合的。三维球与附着图素的脱离通过单击空格键来实现。三维球脱离后，移动到规定的位置，一定要再一次按空格键，附着三维球。

以上是在默认状态下三维球的设置，还可以通过右键单击三维球内侧时出现的快捷菜单对三维球进行其他设置，如图 1-22 所示。

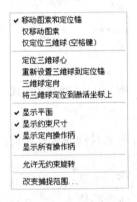

图 1-22 右键快捷菜单

【移动图素和定位锚】如果选择了此命令，三维球的动作将会影响选定操作对象及其定位锚。此命令为默认选项。

【仅移动图素】如果选择了此命令，三维球的动作将仅影响选定操作对象；而定位锚的位置不会受到影响。

【仅定位三维球（空格键）】选择此命令可使三维球本身重定位，而不移动操作对象。此命令将在下一节中详述。

【定位三维球心】选择此命令可把三维球的中心重定位到操作对象上的指定点。

【重新设置三维球到定位锚】选择此命令可使三维球恢复到默认位置,即操作对象的定位锚上。

【三维球定向】选择此命令可使三维球的方向轴与整体坐标轴(L,W,H)对齐。

【显示平面】选择此命令可在三维球上显示二维平面。

【显示约束尺寸】选定此命令时,CAXA 实体设计 2007 将报告图素或零件移动的角度和距离。

【显示定向操作柄】选择此命令时,将显示附着在三维球中心点上的方位手柄。此命令为默认选项。

【显示所有操作柄】选择此命令时,三维球轴的两端都将显示出方位手柄和平移手柄。

【允许无约束旋转】欲利用三维球自由旋转操作对象,则可选择此命令。

【改变捕捉范围】利用此命令,可设置操作对象重定位操作中需要的距离和角度变化增量。增量设定后,可在移动三维球时按下 Ctrl 键激活此功能选项。

1.5.3 三维球的移动操作

移动操作是三维球的最基本的操作。三维球上的 3 个外手柄和 3 个平面可用于移动操作。

1. 直线平移

单击左键选择某一个外控制手柄,则在该外控制手柄上出现一条过球心并与外控制手柄相连的黄色线段。此时将光标移动到变成黄色的外控制手柄上,光标变成小手状和双向箭头时,按住鼠标左键拖动该手柄,即实现了三维球的平移操作。在拖动手柄时,手柄旁边还会出现一个数值,该数值表示的是操作对象离开其原位置的距离。

若要精确编辑平移距离,可在距离值上单击右键,从弹出的快捷菜单中选择【编辑值】命令,然后在弹出的对话框中输入相应的距离数值,如图 1-23 所示。

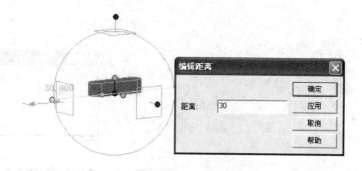

图 1-23 编辑平移距离

2. 平面移动

将光标放置在三维球的某个平面内，光标显示为 4 个箭头，拖动鼠标，此时图素可以沿着该二维平面进行上下、左右地平移，如图 1-24 所示。

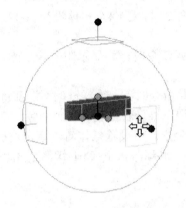

图 1-24 二维平面的移动

1.5.4 三维球的旋转操作

左键单击某一个外控制手柄，则该外控制手柄上出现一条过球心并和外控制手柄相连的黄色线段，该线段即为旋转轴。把光标放置在三维球内部空白处，光标变成半握的小手状和一个旋转的箭头时，按住鼠标左键并拖动就可以实现绕该轴的旋转操作，如图 1-25 所示。

若要精确编辑旋转角度，则可以在角度数值上单击右键，在弹出的快捷菜单中选择【编辑值】命令，然后在出现的对话框中输入相应的角度数值，如图 1-26 所示。

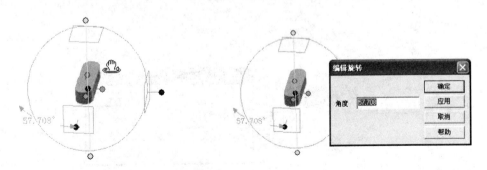

图 1-25 旋转操作　　　　　　　图 1-26 精确编辑旋转角度

1.5.5 三维球的定位控制

1. 定向控制柄操作

定向控制柄可对操作对象进行位置的编辑，并提供操作对象的反转和镜像功能。利用定位控制手柄进行定位操作，就像移动外控制手柄一样，操作十分简单。选定某个定位控制手柄以后，控制手柄黄色加亮显示。在该定位控制手柄上单击右键，弹出快捷菜单，如图 1-27 所示。

菜单中各命令如下所述。

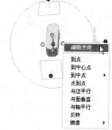

图 1-27　右键快捷菜单

【编辑方向】如果选择了此命令，可设置 X、Y、Z 值来定义三维球相对于背景栅格的中心位置。

【到点】选择此命令，可以使被选定的定位控制手柄方向与从三维球中心延伸到第二个操作对象上选定点（被捕捉到的点）之间的一条虚拟线平行对齐。

【到中心点】选择此命令，可以使三维球上选定的定位控制手柄方向与从三维球中心延伸到圆柱体（或旋转特征形成的实体）操作对象的一端或侧面中心位置的一条虚拟线平行对齐。

【点到点】选择此命令，可以使三维球上选定的定位控制手柄方向与在第二个操作对象上选定的两个点之间的一条虚拟线平行对齐。

【与边平行】选择此命令，可以使三维球上选定的定位控制手柄方向与在第二个操作对象上选定的一条边平行对齐。

【与面垂直】选择此命令，可以使三维球上选定的定位控制手柄方向与在第二个操作对象上选定的某个平面垂直。

【与轴平行】选择此命令，可以使三维球上选定的定位控制手柄方向与在圆柱形（或旋转特征形成的实体）操作对象的轴线平行对齐。

【反转】选择此命令，可以使三维球连同操作对象与选定的定位控制手柄的垂直位置为基准，从当前位置逆时针反转 90°。

【镜像】选择下述命令定义"镜像"操作。

（1）【移动】选择此命令，可使三维球的当前位置相对于指定轴镜像，并移动操作对象。镜像后，原位置上的操作对象消失。

（2）【复制】选择此命令，可使三维球的当前位置相对于指定轴镜像，并生成操作对象的备份。镜像后，原位置上的操作对象保留不变。

（3）【链接】选择此命令，可使三维球的当前位置相对于指定轴镜像，并生成操作对象的链接复制。

2. 中心控制柄操作

中心控制柄为三维球的中心手柄,也可以利用中心控制手柄来编辑三维球或选定对象的位置。右键单击中心手柄,中心手柄黄色加亮显示,弹出一右键快捷菜单,如图 1-28 所示。

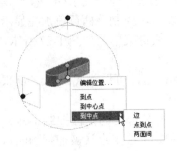

图 1-28　右键快捷菜单

菜单中各命令如下所述。

【编辑位置】选择此命令,可设置(L、W、H)来定义三维球相对于背景栅格的中心位置。如果通过编辑中心点的位置值来重新定位中心点,则应确保在三维球中心点上右击之前未选定任何轴。

【到点】选择此命令,可以使三维球的中心与第二个操作对象上的选定点重合。

【到中心点】选择此命令,可以使三维球的中心与圆柱体操作对象的一端或侧面的中心点重合。

【到中点】此命令的子菜单的命令如下:

(1)【边】选择此命令,可使三维球的中心与第二个操作对象上一边的中点重合。

(2)【点到点】选择此命令,可使三维球的中心与第二个操作对象上两点连成的一条虚线的中点重合。

(3)【两面间】选择此命令,可使三维球的中心与两平面之间的中心点重合。

1.5.6　三维球的阵列操作

三维球不仅有以上提到的定位功能,还可以完成零件阵列的操作功能。阵列图素通过完全参数化获得高效而精确的定义。

1. 直线阵列

(1)打开一个新的设计环境,从元素库中拖入一个圆柱体图素。

(2)在零件编辑状态下选定该图素,然后打开三维球工具。

（3）左键单击一外控制手柄，一条黄色加亮显示的线段穿过此控制手柄，单击右键，此时弹出一快捷菜单，如图1-29所示。

（4）选择【生成线性阵列】命令，弹出"阵列"对话框，在该对话框中输入相应的值，如图1-30所示。

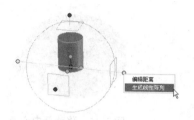

图1-29 快捷菜单

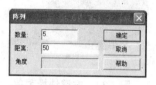

图1-30 编辑值

（5）单击【确定】按钮，出现如图1-31所示的结果。

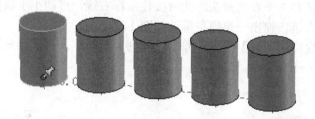

图1-31 直线阵列的结果

2. 环形阵列

（1）打开一个新的设计环境，从元素库中拖入一个圆柱体图素。编辑圆柱体的尺寸为长200，宽200，高15。然后再从元素库中拖入一球体，系统自动捕捉圆柱体上的点，把球体放置到如图1-32所示的位置。

（2）选中球体，此时球体进入智能图素状态，打开三维球工具，如图1-33所示。

图1-32 组合图素

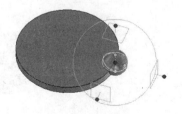

图1-33 打开三维球

（3）按下空格键，使三维球和球体暂时分离开，此时三维球变成白色，然后右键单击三维球的中心控制手柄，弹出一快捷菜单，选择【到中心点】命令，如图 1-34 所示。

（4）选择圆柱体端面的中心点，该点绿色加亮显示，释放鼠标，此时三维球的位置如图 1-35 所示。

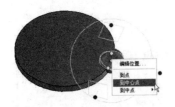

图 1-34 右键快捷菜单　　　　　　　　图 1-35 移动至中心点

（5）按下空格键，此时三维球由灰色变为绿色，单击垂直于圆柱体表面方向上的外控制手柄，一条黄色加亮的线段通过此外手柄垂直于圆柱体表面，把光标移到三维球圆周里，光标变成小手半握状和一个双向箭头。此时按住鼠标右键，移动小手状按钮，会出现一个角度值，然后松开右键，弹出一快捷菜单，如图 1-36 所示。

（6）选择【生成圆形阵列】命令，弹出【阵列】对话框。将【数量】改为 6，【角度】为 60，如图 1-37 所示。

图 1-36 右键快捷菜单　　　　　　　　图 1-37 【阵列】对话框

（7）单击【确定】按钮，则环形阵列结果如图 1-38 所示。

图 1-38 环形阵列的结果

3. 矩形阵列

(1) 打开一个新的设计环境,从元素库中拖入一个圆柱体图素。

(2) 在零件编辑状态下选定该图素,然后打开三维球工具。

(3) 左键单击一外控制手柄,确定其中一个阵列方向,再右键单击另一外手柄,确定另一个阵列方向。

(4) 松开鼠标,在弹出的快捷菜单中选择【生成矩形阵列】命令,如图 1-39 所示。

(5) 弹出【矩形阵列】对话框,在【方向 1 数量】和【方向 2 数量】文本框中输入 3,在【方向 1 距离】和【方向 2 距离】文本框中输入 100,如图 1-40 所示。

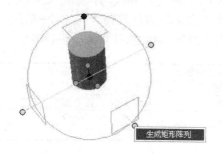

图 1-39 选择阵列方向

图 1-40 【矩形阵列】对话框

(6) 单击【确定】按钮,则矩形阵列结果如图 1-41 所示。

图 1-41 矩形阵列的结果

第 2 章　基本零件设计

【本章导读】

本章通过对传动轴、轴承座、机盖及齿轮泵盖等实例的讲解，让读者通过 3 个小时的实例学习掌握 CAXA 实体设计中基本零件的实体建模的方法和技巧，熟悉 CAXA 实体设计 2007 的界面、显示控制方法以及智能图素的使用和编辑方法等内容，在本章的最后通过 1 个小时的课后练习，使读者熟练应用 CAXA 实体设计 2007 的基本零件设计方法。

序号	实例名称	参考学时（分钟）	知识点
2.1	传动轴	30	元素库、智能图素组合
2.2	轴承座	40	编辑截面、智能图素定位
2.3	机盖	40	三维球、镜像命令
2.4	齿轮泵盖	70	拔模、自定义孔

2.1　传　动　轴

零件源文件——见光盘中的"\源文件\第 2 章\ 2.1 传动轴.ics"文件。

2.1.1　案例预览

☀（参考用时：30 分钟）

本节将介绍一个传动轴的设计过程。在设计过程中，不仅要进一步练习三维球的操作方法，同时还将使用 CAXA 实体设计的元素库功能设计实体模型，并掌握智能图素的组合方法，最终的设计结果如图 2-1 所示。

图 2-1　传动轴

2.1.2　案例分析

传动轴是机械产品中最常见的零件之一，其主体结构为若干段相互连接的圆柱体，各圆柱体的直径、长度各不相同。所以，设计传动轴最简单的方法就是调用设计元素库中的"圆柱体"图素和"孔键类"图素，将其组合成传动轴。

2.1.3 常用命令

【元素库】图素的拖放方法，图素、高级图素、钣金、工具等。
【包围盒】编辑包围盒的方法。
【线性标注】利用线性标注，为图素定位。
【圆角过渡】实体倒圆角操作。

2.1.4 设计步骤

1. 新建绘图文件

（参考用时：1 分钟）

（1）启动 CAXA 实体设计 2007 软件，进入三维设计环境。
（2）执行菜单命令【文件】|【新文件】，弹出【新建】对话框，选择"设计"选项，如图 2-2 所示，单击【确定】按钮，弹出【新的设计环境】对话框，如图 2-3 所示，选择"Blank Scene"新建绘图文件，或者单击【标准】工具栏的【默认模板设计环境】按钮，进入默认设计环境。

图 2-2 【新建】对话框　　　　图 2-3 【新的设计环境】对话框

2. 创建轴体

（参考用时：10 分钟）

（1）从设计环境右侧的【设计元素库】中的【图素】中选择【圆柱体】图素，按住鼠标左键将其拖入设计环境中,此时可以按住鼠标中键旋转圆柱体,使其处于便于操作的视向,如图2-4所示。

(2)在圆柱体上单击鼠标左键两次,使圆柱体切换到智能图素状态,将光标移动到包围盒的操作手柄上,光标变成一个小手状和双向箭头时,单击右键则弹出一快捷菜单,如图2-5所示。

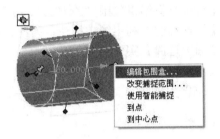

图2-4 调用【圆柱体】图素　　　　　　　图2-5 切换到【智能图素】状态

(3)在快捷菜单中选择【编辑包围盒】命令,则弹出【编辑包围盒】对话框,在【长度】、【宽度】和【高度】文本框中分别输入55、55和16,单击【确定】按钮完成尺寸的编辑,如图2-6所示。

(4)尺寸编辑后的圆柱体如图2-7所示。

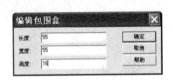

图2-6 【编辑包围盒】对话框　　　　　　图2-7 完成尺寸编辑

(5)再次从设计环境右侧的【设计元素库】中的【图素】中选择【圆柱体】图素,用鼠标左键拖入设计环境中时,利用智能捕捉功能,捕捉到第一个圆柱体的端面圆心点时,圆心将变为高亮"绿色"圆点,如图2-8所示。

(6)捕捉到此圆心点后,松开鼠标左键,完成第二个圆柱体的定位,如图2-9所示。

(7)参照第一个圆柱体的编辑包围盒方法,继续编辑第二个圆柱体的包围盒尺寸。将包围盒尺寸修改为长度66、宽度66、高度12,完成后的实体如图2-10所示。

(8)继续调用圆柱体图素,重复上述操作步骤,再调入4个圆柱体,使用智能捕捉功能,使其各端面相接,以端面中心定位。4个圆柱体图素的尺寸由左至右分别为:直径58、55、50、45;长度80、30、80、60。单击【显示全部】按钮,或按F8键,显示三维实体全景，如图 2-11 所示。

图 2-8　捕捉圆心点

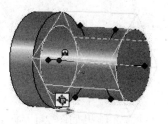

图 2-9　完成圆柱体定位

图 2-10　编辑包围盒

图 2-11　传动轴主体

（9）执行菜单命令【修改】|【边倒角】或者单击【面/边编辑】工具条中的【边倒角】按钮，鼠标拾取传动轴两端的边线，如图 2-12 所示，拾取的边线呈亮绿色，同时在该边线上显示出轴向和径向两个方向默认的倒角距离值。

图 2-12　选择轴端边线

（10）修改轴向和径向的倒角距离值为 2，如图 2-13 所示，然后单击【确定】按钮，完成两端边线的倒角设置，结果如图 2-14 所示。

图 2-13　设定倒角距离值

（11）执行菜单命令【修改】|【圆角过渡】或者单击【面/边编辑】工具条中的【圆角过渡】按钮，鼠标依次拾取传动轴各个台阶的交线，如图 2-15 所示，拾取的边线呈亮绿色。

　　图 2-14　完成倒角　　　　　　　图 2-15　选择圆角过渡边

　　（12）修改圆角半径值为"1"，如图 2-16 所示，然后单击【确定】按钮，完成台阶轴的圆角过渡，结果如图 2-17 所示。

图 2-16　设定圆角半径

图 2-17　完成圆角过渡

　　3．创建键槽

（参考用时：19 分钟）

　　（1）从设计环境右侧的【设计元素库】中的【图素】中选择【孔键类】图素，按住鼠标左键将其拖入设计环境中，将其放在轴端圆柱面上，如图 2-18 所示。

　　（2）在智能图素的编辑状态下，在包围盒手柄上单击鼠标右键，在弹出的快捷菜单中选择【编辑包围盒】命令，在弹出的【编辑包围盒】对话框中选择键槽的尺寸为长度 70、宽度 16、高度 6，如图 2-19 所示。

图 2-18　调用【孔键类】图素　　　　图 2-19　设定键的尺寸

　　（3）在智能图素的编辑状态下，执行菜单命令【工具】|【三维球】或者单击【标准】工具栏中的【三维球】按钮，激活三维球，如图 2-20 所示。

（4）单击三维球的轴、径向的外控制手柄，该手柄方向的轴线颜色变为黄色。在三维球内部，当鼠标变为小手形状和一个旋转箭头时，可以拖动键槽沿所选轴线旋转，如图 2-21 所示。

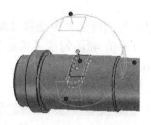
图 2-20　激活三维球

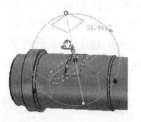
图 2-21　设定键的尺寸

（5）右键单击出现的角度值，从弹出的快捷菜单中选择【编辑值】命令，在弹出的【编辑旋转】对话框中输入旋转角度为 90，如图 2-22 所示。单击【确定】按钮，完成编辑。

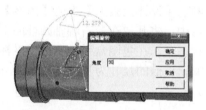
图 2-22　编辑旋转角度

> 注释：调整键槽的方向，还可以采用下面的方法：
> 在智能图素编辑状态下，激活三维球，右键单击与轴垂直的定向控制手柄，在弹出的快捷菜单中选择【与轴平行】命令，如图 2-23 所示。然后拾取任意一段轴外表面，键槽即可自动与轴线平行，如图 2-24 所示。

图 2-23　右键快捷菜单

图 2-24　键槽与轴线平行

（6）在智能图素编辑状态下，执行菜单命令【生成】|【智能标注】|【线性标注】，或者单击【智能标注】工具条中的【线性标注】按钮 。按下 Ctrl 键，捕捉键槽的中心点作为线性标注的第一点，松开 Ctrl 键，选择左侧的台阶轴端面，待面呈亮绿色时，单击鼠标即可拾取线性标注的第二点，如图 2-25 所示。

（7）将尺寸拖动到适当的位置，右击此尺寸，在弹出的快捷菜单中选择【编辑智能尺寸】命令，在出现的【编辑智能标注】对话框中，输入尺寸值 42，勾选【锁定】复选框，单击【确定】按钮，完成键槽在轴上的定位，如图 2-26 所示。

图 2-25　线性标注　　　　　　　　　　图 2-26　修改尺寸

（8）再次从设计环境右侧的【设计元素库】中的【图素】中选择【孔键类】图素，按住鼠标左键将其拖入设计环境中，将其放在最右端轴圆柱面上，如图 2-27 所示。

（9）在智能图素的编辑状态下，在包围盒手柄上单击鼠标右键，在弹出的快捷菜单中选择【编辑包围盒】命令，编辑键槽的尺寸为长度 43、宽度 14、高度 5，如图 2-28 所示。

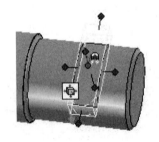 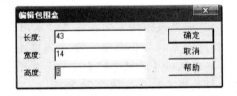

图 2-27　调用【孔键类】图素　　　　　图 2-28　【编辑包围盒】对话框

（10）激活【三维球】 ，参照（4）～（7）步骤，将键槽旋转 90°，并设定键槽中点与右侧轴端面距离为 26.5，如图 2-29 所示。

（11）在设计过程中，两个键槽在圆周上不一定处于同一个角度，需要调整键槽在圆周表面上的位置，使其处于同一角度。激活小键槽智能图素编辑状态，激活其三维球，按下空格键，使其三维球状态处于仅移动三维球状态，即三维球颜色变为白色，如图 2-30 所示。

第 2 章 基本零件设计

图 2-29 键槽定位

图 2-30 仅移动三维球

（12）右击三维球中心手柄，在弹出的快捷菜单中选择【到中心点】命令，然后单击拾取端面的边线，如图 2-31 所示。

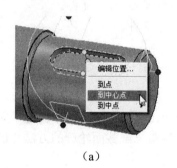

（a）

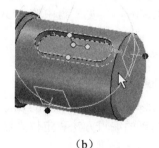

（b）

图 2-31 移动三维球至中心点

（13）按下空格键，恢复三维球与图素的锁定状态。拾取与键槽底面垂直的定向控制手柄，单击右键，在弹出的快捷菜单中选择【与面垂直】命令，如图 2-32 所示。

（14）单击拾取左侧大键槽的底面，该面变为绿色，如图 2-33 所示，则小键槽与大键槽处于同一圆周角度上。

图 2-32 编辑三维球方向

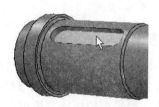

图 2-33 选择大键槽底面

（15）至此，传动轴实体造型设计完毕，按【保存】按钮 ![img], 文件命名为"传动轴"，完成效果如图 2-34 所示。

图 2-34　传动轴

2.2　轴承座

零件源文件——见光盘中的"\源文件\第 2 章\ 2.2 轴承座.ics"文件。
录像演示——见光盘中的"\avi\第 2 章\轴承座.avi"文件。

2.2.1　案例预览

（参考用时：40 分钟）

本节将介绍一个轴承座的设计过程。在设计过程中，要进一步练习设计元素库的使用方法及图素的编辑方法和定位方法，并学习编辑智能图素二维截面轮廓的方法。最终的设计结果如图 2-35 所示。

图 2-35　轴承座

2.2.2　案例分析

轴承座是机械零件中的典型零件。首先建立轴承座底板，然后利用【厚板】图素建立支撑板基本造型，【孔类圆柱体】图素建立轴孔，接下来利用已有的底板和孔类圆柱体的尺寸和位置，编辑支撑板的二维截面轮廓，形成支撑板的完整造型。最后，利用【厚板】图素建立肋板特征。

2.2.3 常用命令

【长方体】长方体图素,生成底座。
【孔类圆柱体】圆孔图素,生成轴孔和安装孔。
【圆角过渡】生成圆角过渡,倒圆角。
【厚板】厚板图素,生成支撑板。
【旋转】旋转零件,调整可视方向。
【编辑截面】编辑所选的二维截面。

2.2.4 设计步骤

1. 新建绘图文件

(参考用时:1 分钟)

(1) 启动 CAXA 实体设计 2007 软件,进入三维设计环境。
(2) 执行菜单命令【文件】|【新文件】,弹出【新建】对话框,选择"设计"选项,如图 2-36 所示,单击【确定】按钮,弹出【新的设计环境】对话框,如图 2-37 所示,选择"Blank Scene"新建绘图文件,或者单击【标准】工具栏的【默认模板设计环境】按钮,进入默认设计环境。

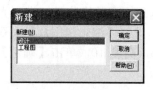

图 2-36 【新建】对话框

图 2-37 【新的设计环境】对话框

2. 创建轴承座底板

(参考用时:8 分钟)

(1) 从设计环境右侧的【设计元素库】中的【图素】中选择【长方体】图素,按住鼠标左键将其拖入设计环境中,此时可以按住鼠标中键旋转长方体,使其处于便于操作的视向，如图 2-38 所示。

（2）在长方体上单击左键两次，使长方体切换到智能图素状态，将光标移动到包围盒的操作手柄上，光标变成一个小手状和双向箭头时，单击右键则弹出一快捷菜单，选择【编辑包围盒】命令，在弹出的【编辑包围盒】对话框中输入尺寸为长度 60、宽度 22、高度 6，单击【确定】按钮完成编辑，如图 2-39 所示。

图 2-38　【长方体】图素　　　　　　图 2-39　编辑包围盒尺寸

（3）执行菜单命令【修改】|【圆角过渡】或者单击【面/边编辑】工具条中的【圆角过渡】按钮，单击拾取所需倒圆角的边 1 和边 2，如图 2-40 所示。

（4）在圆角过渡编辑框中输入过渡半径值 6，单击【确定】按钮，完成圆角过渡特征的创建，如图 2-41 所示。

图 2-40　拾取圆角过渡边线　　　　　图 2-41　完成圆角过渡

（5）从设计环境右侧的【设计元素库】中的【图素】中选择【孔类圆柱体】图素，按住鼠标左键将其拖放至圆角圆心处，该圆心点绿色亮显，如图 2-42 所示。

（6）将该孔切换到智能图素状态，将光标移动到包围盒的操作手柄上，光标变成一个小手状和双向箭头时，单击右键则弹出一快捷菜单，选择【编辑包围盒】命令，在弹出的【编辑包围盒】对话框中输入尺寸为长度 6，宽度 6，高度 10，单击【确定】按钮完成编辑，如图 2-43 所示。

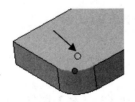

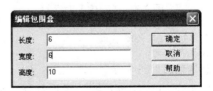

图 2-42　选择圆角圆心放置圆孔　　　　图 2-43　编辑包围盒尺寸

> 注释：标准智能图素的尺寸调整也可由"包围盒属性表"上的"调整尺寸"选项确定。确定方法是：在激活图素上右击，在弹出的快捷菜单中选择【智能图素属性】命令，在弹出的对话框的【包围盒】选项卡的调整尺寸选项框中选择相应的选项即可，如图 2-44 所示。

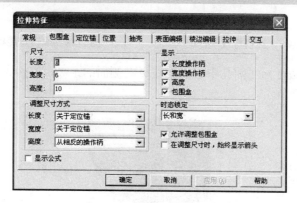

图 2-44 编辑智能图素属性

（7）在圆孔图素上的定位锚上右击鼠标，并拖动图素沿着底板顶面向另一侧移动，到达其大概位置后释放，在弹出的快捷菜单中选择【链接到此】命令，出现第二个孔，如图 2-45 所示。

图 2-45 链接到此

图 2-46 生成另一个孔

> 注释：移动（拷贝）到此是指将图素移动（复制）到新位置；链接到此是指生成与原造型始终相同的复制造型。修改原造型时，连接造型将自动更新。

（8）在智能图素编辑状态下，执行菜单命令【生成】|【智能标注】|【线性标注】，或者单击【智能标注】工具条中的【线性标注】按钮 ，按下 Ctrl 键，捕捉圆孔的中心点作为线性标注的第一点，松开 Ctrl 键，选择底板前侧面，待面呈亮绿色时，单击鼠标即可拾取线性标注的第二点，如图 2-47 所示。

（9）将尺寸拖动到适当的位置，右击此尺寸，在弹出的快捷菜单中选择【编辑智能尺寸】命令，在出现的【编辑智能标注】对话框中，输入尺寸值为 6，勾选【锁定】复选框，单击【确定】按钮，如图 2-48 所示。

 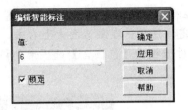

图 2-47　线性标注　　　　　　图 2-48　编辑智能标注值

（10）用同样方法可标注圆孔中心点到底板右侧面的距离，编辑该距离值为 6，完成圆孔的定位，如图 2-49 所示。

图 2-49　孔定位

3．支撑板基本造型

（参考用时：7 分钟）

（1）单击【视向】工具条中的【动态旋转】按钮，将底板旋转至背面可见。

（2）从设计环境右侧的【设计元素库】中的【图素】中选择【厚板】图素，按住鼠标左键将其拖放至底板背面，直到图素背面绿色亮显，释放鼠标，拖动包围盒操作手柄，调整包围盒尺寸至支撑板大概尺寸，单击拾取厚板底面的包围盒操作手柄，再按住 Shift 键选择轴承座底板底面，当该面变为绿色后，释放鼠标，则厚板底面与底板底面处于同一平面上，如图 2-50 所示。

（3）在【厚板】图素上单击右键，在弹出的快捷菜单中选择【切换拉伸方向】命令，如图 2-51 所示。

（4）在设计环境中单击右键，在弹出的快捷菜单中选择【显示…】命令，弹出【设计环境属性】对话框，在【显示】选项卡上，勾选【包围盒尺寸】复选框，单击【确定】按钮结束设置，如图 2-52 所示。

（5）在支撑板处于智能图素状态下，将光标移动到包围盒的操作手柄上，光标变成一个小手状和双向箭头时，单击右键则弹出一快捷菜单，选择【编辑包围盒】命令，在弹出的对话框中输入尺寸为长度 42、宽度 26、高度 6，单击【确定】按钮完成编辑，如图 2-53 所示。

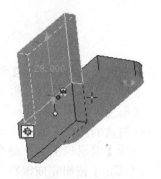
图 2-50 底面重合

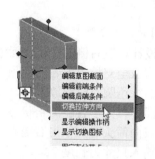
图 2-51 切换拉伸方向

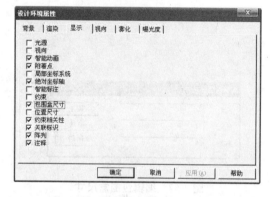
图 2-52 【设计环境属性】对话框

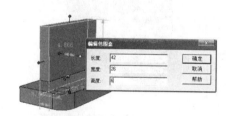
图 2-53 编辑包围盒尺寸

（6）在智能图素编辑状态下，执行菜单命令【生成】|【智能标注】|【线性标注】，或者单击【智能标注】工具条中的【线性标注】按钮 ，捕捉支撑板顶面线 1 的中点位置，直至出现浅绿色圆点，单击并拖动鼠标到底板左侧面，待面呈亮绿色时，单击鼠标即可拾取线性标注的第二点，如图 2-54 所示。

（7）右击此尺寸，在弹出的快捷菜单中选择【编辑智能尺寸】命令，在出现的【编辑智能标注】对话框中，输入尺寸值 30，勾选【锁定】复选框，单击【确定】按钮，完成效果如图 2-55 所示。

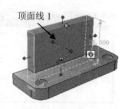
图 2-54 拾取顶面线中点

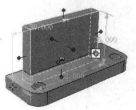
图 2-55 线性标注

4. 创建孔类图素

（参考用时：7分钟）

（1）从设计环境右侧的【设计元素库】中的【图素】中选择【圆柱体】图素，按住鼠标左键将其拖放至支撑板前表面的顶面线中点位置，出现绿点，调整位置，直至在绿点后面出现更大的绿色圆点时释放鼠标，将圆柱体附着在支撑板上，如图 2-56 所示。

（2）在圆柱体处于智能图素状态下，将光标移动到包围盒的操作手柄上，光标变成一个小手状和双向箭头时，单击右键则弹出一快捷菜单，选择【编辑包围盒】命令，在弹出的对话框中输入尺寸为长度 22、宽度 22、高度 24，单击【确定】按钮完成编辑，如图 2-57 所示。

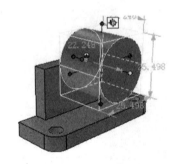

图 2-56　调入【圆柱体】图素

图 2-57　编辑包围盒尺寸

（3）在智能图素编辑状态下，执行菜单命令【生成】|【智能标注】|【线性标注】，或者单击【智能标注】工具条中的【线性标注】按钮。捕捉圆柱体前表面，待面呈亮绿色时，单击并拖动鼠标到支撑板前表面，出现智能标注，如图 2-58 所示。

（4）右击此尺寸，在弹出的快捷菜单中选择【编辑智能尺寸】命令，在【编辑智能标注】对话框中，输入尺寸值 12，勾选【锁定】复选框，单击【确定】按钮，如图 2-59 所示。

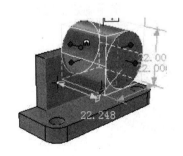

图 2-58　线性标注

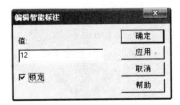

图 2-59　编辑智能标注值

(5)在智能图素编辑状态下,在圆柱体上单击右键,在弹出的快捷菜单中选择【智能图素属性】命令,在出现的【拉伸特征】对话框中选择【抽壳】选项卡,选中【对该图素进行抽壳】复选框,并确认选中【打开终止截面】和【打开起始截面】复选框,编辑壁厚为"(22-14)/2",单击【确定】按钮,生成抽壳特征,如图2-60所示。

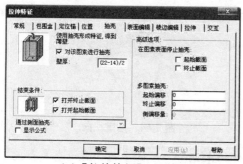
(a)【拉伸特征】对话框

(b)抽壳特征

图 2-60 抽壳操作

(6)旋转零件至底面可见,从设计环境右侧的【设计元素库】中的【图素】中选择【孔类厚板】图素,按住鼠标左键将其拖放至底面的中心位置,直到在深绿色点后出现更大更亮的圆点后释放鼠标,完成图素放置,如图2-61所示。

(7)在孔类厚板处于智能图素状态下,将光标移动到包围盒的顶端操作手柄上,光标变成一个小手状和双向箭头时,单击右键则弹出一快捷菜单,选择【编辑包围盒】命令,在弹出的对话框中输入尺寸为长度36、宽度30、高度2,单击【确定】按钮完成编辑,如图2-62所示。

图 2-61 选择放置中心点

图 2-62 编辑包围盒尺寸

5. 编辑二维截面

(参考用时:9分钟)

(1)在支撑板处于智能图素编辑状态下,单击右键,在弹出的快捷菜单中选择【编辑草图截面】命令,如图 2-63 所示,出现构成图素的二维截面轮廓。

(2)单击【指定面】按钮,或按下 F7 键,单击绘图曲面上任一点,将视角正对二维截面轮廓的绘制平面。单击【指定视向点】按钮,在二维截面轮廓的中心位置单击,以使二维截面轮廓处于屏幕中央,如图 2-64 所示。

图 2-63 编辑草图截面

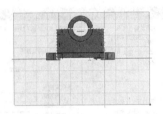
图 2-64 指定视向

注释:若发现在【指定面】后,零件仍未完全与屏幕平行,则检查是否按下了【透视】按钮,此时须保持该按钮未被按下。

(3)单击【投影】按钮,点选圆柱体外表面与支撑板交线,再次单击该按钮或按 Esc 键退出,如图 2-65 所示。

注释:【投影】功能可将实体的三维棱边投影到二维绘图平面上。鼠标左键点选时,生成非关联投影,使用鼠标右键点选时,生成关联投影,即当三维棱边更新时,投影线自动更新。

(4)右击支撑板顶面线,该曲线黄色亮显,在弹出的右键快捷菜单中选择【删除】命令或直接按 Del 键删除该曲线,此时截面轮廓的断点处以红色亮点指示,如图 2-66 所示。

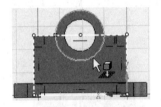
图 2-65 【投影】三维轮廓

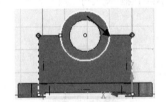
图 2-66 删除曲线

(5)将光标移至断点处,当变为小手形状时,单击并拖动红色断点至与圆相切的位置,当出现一对深蓝色的平行线时,释放鼠标,直线与圆就在交叉点处相切,利用同样的方法调整另一条直线,如图 2-67 所示。

(6)单击【裁剪曲线】按钮,将光标移至圆的顶部,待该段曲线绿色亮显时,单击即可裁剪该段曲线,在【编辑草图截面】对话框中,单击【完成造型】按钮,完成对支撑板截面轮廓的编辑,如图 2-68 所示。

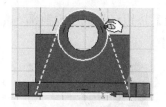 

图 2-67　移动直线至与圆相切　　　　　图 2-68　完成造型

6. 创建肋板

（参考用时：8 分钟）

（1）从设计环境右侧的【设计元素库】中的【图素】中选择【厚板 2】图素，按住鼠标左键将其拖放至底板顶面，调整厚板厚度为 6，如图 2-69 所示。

（2）在厚板处于智能图素状态下，执行菜单命令【生成】|【智能标注】|【线性标注】，或者单击【智能标注】工具条中的【线性标注】按钮 。捕捉肋板前表面，待面呈亮绿色时，单击并拖动鼠标到圆柱体前表面，出现智能标注，编辑距离为 2，如图 2-70 所示。

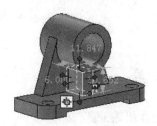 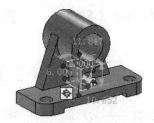

图 2-69　调入厚板 2 图素　　　　　　　图 2-70　编辑厚度与距离

（3）继续执行【线性标注】命令 。捕捉肋板前表面中心位置，待中心点呈亮绿色时，单击并拖动鼠标到底板左侧面，出现智能标注，编辑距离为 30，并锁定，如图 2-71 所示。

（4）再次激活该图素，在其背面操作手柄上单击右键，在弹出的快捷菜单中选择【到点】命令，单击支撑板前表面任何位置即可使肋板后表面与支撑板接触，如图 2-72 所示。

（5）从设计环境右侧的【设计元素库】中的【图素】中选择【厚板】图素，按住鼠标左键将其拖放至肋板的左侧面，在该图素上单击右键，在弹出的快捷菜单中选择【切换拉伸方向】命令。利用相应操作手柄的【到点】功能，使该图素的右面、前面分别与肋板后部的右面、底板的前面对齐。利用顶部操作手柄，调整包围盒的宽度为 9，如图 2-73 所示。

（6）在该图素处于智能图素编辑状态下，单击右键，在弹出的快捷菜单中选择【编辑草图截面】命令，出现构成图素的二维截面轮廓。

（7）删除二维截面顶部直线或右侧直线，拖拽右侧断点至左侧直线顶端，当出现绿色十字的捕捉反馈后，释放鼠标，如图 2-74 所示。

（8）在【编辑草图截面】对话框中单击【完成造型】按钮，生成肋板前部。至此整个轴承座绘制完成，如图 2-75 所示。

图 2-71　智能标注　　　　　　　图 2-72　肋板后表面到点

图 2-73　调入【厚板】　　图 2-74　编辑截面　　图 2-75　轴承座

2.3　机　　盖

零件源文件——见光盘中的"\源文件\第 2 章\ 2.3 机盖.ics"文件。

2.3.1　案例预览

（参考用时：40 分钟）

本节将介绍一个机盖的设计过程。在设计过程中，需要练习图素定位、各种图素类型的调入及图素组合方法，同时通过本例还要学习利用三维球进行镜像操作的基本步骤，最终的设计结果如图 2-76 所示。

图 2-76　机盖

2.3.2 案例分析

机盖零件特征比较简单基本,主要由长方体图素、圆柱体图素及孔类圆柱体图素组成。首先利用【长方体】图素建立机盖板,然后利用【圆柱体】图素及【孔类圆柱体】图素创建轴孔及安装孔,在创建对称安装孔的过程中可以利用【镜像】操作来复制孔特征。

2.3.3 常用命令

【长方体】长方体图素,生成底座。
【孔类圆柱体】圆孔图素,生成轴孔和安装孔。
【圆角过渡】生成圆角过渡,倒圆角。
【镜像】将特征相对与选定轴垂直的面进行复制操作。

2.3.4 设计步骤

1. 新建绘图文件

(参考用时:1分钟)

(1)启动 CAXA 实体设计 2007 软件,进入三维设计环境。

(2)执行菜单命令【文件】|【新文件】,弹出【新建】对话框,选择"设计"选项,如图 2-77 所示,单击【确定】按钮,弹出【新的设计环境】对话框,如图 2-78 所示,选择"Blank Scene"新建绘图文件,或者单击【标准】工具栏的【默认模板设计环境】按钮 ,进入默认设计环境。

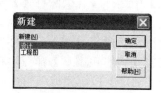

图 2-77 【新建】对话框

图 2-78 【新的设计环境】对话框

2. 创建机盖板

（参考用时：12分钟）

（1）从设计环境右侧的【设计元素库】中的【图素】中选择【长方体】图素，按住鼠标左键将其拖入设计环境中，此时可以按住鼠标中键旋转长方体，使其处于便于操作的视向，如图2-79所示。

（2）在长方体上单击左键两次，使长方体切换到智能图素状态，将光标移动到包围盒的操作手柄上，光标变成一个小手状和双向箭头时，单击右键则弹出一快捷菜单，选择【编辑包围盒】命令，在弹出的对话框中输入尺寸为长度240、宽度140、高度32，单击【确定】按钮完成编辑，如图2-80所示。

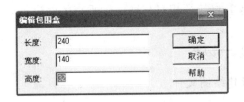

图2-79 【长方体】图素　　　　　图2-80 编辑包围盒尺寸

（3）执行菜单命令【修改】|【圆角过渡】或者单击【面/边编辑】工具条中的【圆角过渡】按钮 ，单击拾取长方体的4条侧棱边作为倒圆角边，如图2-81所示。

（4）在圆角过渡编辑框中输入过渡半径值24，单击【确定】按钮 ，完成圆角过渡特征的创建，如图2-82所示。

图2-81 拾取圆角过渡边　　　　　图2-82 完成圆角过渡

（5）从设计环境右侧的【设计元素库】中的【图素】中选择【孔类圆柱体】图素，按住鼠标左键将其拖放至圆角圆心处，该圆心点绿色亮显，如图2-83所示。

（6）将该孔切换到智能图素状态，将光标移动到包围盒的操作手柄上，光标变成一个小手状和双向箭头时，单击右键则弹出一快捷菜单，选择【编辑包围盒】命令，在弹出的对话框中输入尺寸为长度20、宽度20、高度35，单击【确定】按钮完成编辑，如图2-84所示。

第 2 章 基本零件设计　　41

图 2-83　选择圆角圆心放置圆孔

图 2-84　编辑包围盒尺寸

（7）在圆孔处于智能图素的编辑状态下，执行菜单命令【工具】|【三维球】或者单击【标准】工具栏中的【三维球】按钮，激活三维球，按下空格键，使其三维球状态处于仅移动三维球状态，即三维球颜色变为白色，如图 2-85 所示。

（8）右键单击三维球的中心控制手柄，在弹出的快捷菜单中选择【到中点】|【边】命令，如图 2-86 所示。

图 2-85　激活三维球

图 2-86　三维球快捷菜单

（9）单击拾取机盖板顶面边线，出现亮绿色中点，单击鼠标，完成三维球移动，如图 2-87 所示。按下空格键，使圆孔重新附着在三维球上。

（10）右键单击与镜像面垂直的内侧控制手柄，在弹出的快捷菜单中选择【镜像】|【链接】命令，完成圆孔的镜像操作，如图 2-88 所示。

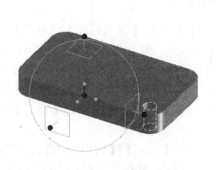
图 2-87　移动三维球

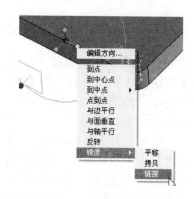
图 2-88　镜像操作

（11）重复上述镜像操作，对机盖板的安装继续进行镜像操作，创建其余两个圆孔，如

图 2-89 所示。

（12）从设计环境右侧的【设计元素库】中的【图素】中选择【孔类长方体】图素，按住鼠标左键将其拖放至盖板表面边线中点处，该圆心点绿色亮显，如图 2-90 所示。

图 2-89 镜像圆孔

图 2-90 调入孔类长方体图素

（13）在智能图素状态下，将光标移动到包围盒的操作手柄上，光标变成一个小手状和双向箭头时，单击右键则弹出一快捷菜单，选择【编辑包围盒】命令，在弹出的对话框中输入尺寸为长度 40、宽度 15、高度 250，单击【确定】按钮完成编辑。

（14）拖动高度方向操作手柄，并按下 Shift 键，当鼠标靠近盖板侧面时，该面变为绿色，释放鼠标则此时包围盒此面与盖板侧面重合。继续拖动高度方向另一操作手柄，使该槽贯通整个盖板，如图 2-91 所示。

（a）包围盒到面

（b）拖拽操作手柄

图 2-91 调整包围盒

（15）在智能图素编辑状态下，执行菜单命令【生成】|【智能标注】|【线性标注】，或者单击【智能标注】工具条中的【线性标注】按钮 。捕捉长方体槽的底面作为线性标注的第一点，再选择盖板顶面，待面呈亮绿色时，单击鼠标即可拾取线性标注的第二点。

（16）将尺寸拖动到适当的位置，右击此尺寸，在弹出的快捷菜单中选择【编辑智能尺寸】命令，在出现的【编辑智能标注】对话框中，输入尺寸值 15，勾选【锁定】复选框，单击【确定】按钮，完成长方体槽的定位，如图 2-92 所示。

（17）继续在智能图素编辑状态下，执行菜单命令【生成】|【智能标注】|【线性标注】，或者单击【智能标注】工具条中的【线性标注】按钮 。捕捉长方体槽的底面边线中点作为线性标注的第一点，再选择盖板前侧面，待面呈亮绿色时，单击拾取线性标注的第二点。锁定只能标注距离为 70，如图 2-93 所示。

图 2-92 智能标注深度

图 2-93 智能标注槽位置

3. 创建圆柱体及孔类圆柱体

（参考用时：14 分钟）

（1）从设计环境右侧的【设计元素库】中的【图素】中选择【圆柱体】图素，按住鼠标左键将其拖放至盖板底面边线的中点处，当该点绿色亮显时，释放鼠标，完成圆柱体放置，如图 2-94 所示。

（2）在圆柱体上单击左键两次，使圆柱体切换到智能图素状态，将光标移动到包围盒的操作手柄上，光标变成一个小手状和双向箭头时，单击右键则弹出一快捷菜单，选择【编辑包围盒】命令，在弹出的对话框中输入尺寸为长度140、宽度140、高度160，单击【确定】按钮完成编辑，并在该图素上右击，在弹出的快捷菜单中选择【切换拉伸方向】命令，如图 2-95 所示。

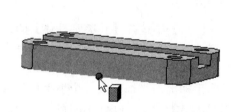
图 2-94 选择底边中点为放置点

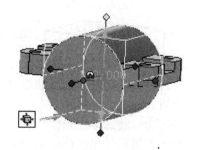
图 2-95 编辑包围盒

（3）在圆柱体处于智能图素编辑状态下，单击右键，在弹出的快捷菜单中选择【编辑草图截面】命令，单击【指定面】按钮 或按下 F7 键，单击绘图曲面上任一点，将视角正对二维截面轮廓的绘制平面。单击【指定视向点】按钮 ，在二维截面轮廓的中心位置单击，以使二维截面轮廓处于屏幕中央，如图 2-96 所示。

（4）单击【二维绘图】工具栏中的【两点线】按钮 ，绘制一条连接圆与底边两交点的直线，该直线以黄色亮显，如图 2-97 所示。

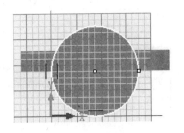 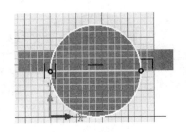

图 2-96 编辑草图截面　　　　　　　　图 2-97 绘制直线

（5）单击【裁剪曲线】按钮，将光标移至圆的下半部分，待该段曲线绿色亮显时，单击即可裁剪该段曲线，在【编辑草图截面】对话框中，单击【完成造型】按钮，完成对支撑板截面轮廓的编辑，如图 2-98 所示。

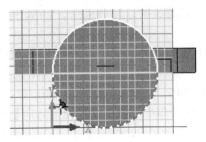　　

（a）裁剪曲线　　　　　　　　　　　（b）完成造型

图 2-98 完成草图截面编辑

（6）从设计环境右侧的【设计元素库】中的【图素】中选择【孔类圆柱体】图素，按住鼠标左键将其拖放至盖板底面边线的中点处，当该点绿色亮显时，释放鼠标，完成孔类圆柱体放置。

（7）编辑包围盒。将光标移动到包围盒的操作手柄上，光标变成一个小手状和双向箭头时，单击右键则弹出一快捷菜单，选择【编辑包围盒】命令，在弹出的对话框中输入尺寸为长度 80、宽度 80、高度 170，单击【确定】按钮完成编辑，如图 2-99 所示。

（8）从设计环境右侧的【设计元素库】中的【图素】中选择【孔类长方体】图素，按住鼠标左键将其拖放至圆柱端面边线中点，并拖拽其长度、高度和宽度方向上的操作手柄，使其尺寸足够大，如图 2-100 所示。

（9）在智能图素编辑状态下，执行菜单命令【生成】|【智能标注】|【线性标注】，或者单击【智能标注】工具条中的【线性标注】按钮，捕捉图 2-101 中的面 1 与盖板底面进行智能标注，锁定标注值为 55。

（10）继续进行智能标注，捕捉图 2-102 中的面 2 与圆柱体端面进行智能标注，锁定标注值为 60。

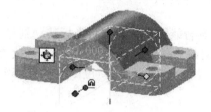

图 2-99　调入孔类圆柱体

图 2-100　调入孔类长方体

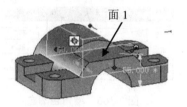

图 2-101　智能标注 1

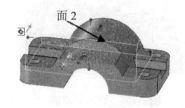

图 2-102　智能标注 2

（11）从设计环境右侧的【设计元素库】中的【图素】中选择【孔类长方体】图素，按住鼠标左键将其拖放至上一孔类长方体边线中点，并拖拽其长度、高度和宽度方向上的操作手柄至大概尺寸，如图 2-103 所示。

（12）在孔类长方体上单击左键两次，切换到智能图素状态，将光标移动到包围盒的操作手柄上，光标变成一个小手状和双向箭头时，单击右键则弹出一快捷菜单，选择【编辑包围盒】命令，在弹出的对话框中输入尺寸为长度 32、宽度 60、高度 30，单击【确定】按钮完成编辑，如图 2-104 所示。

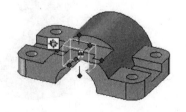

图 2-103　调入孔类长方体

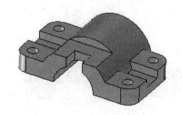

图 2-104　编辑包围盒

4．绘制顶部实体

（参考用时：13 分钟）

（1）从设计环境右侧的【设计元素库】中的【图素】中选择【长方体】图素，按住鼠标左键将其拖放至圆柱体端面边线中点，并拖拽其长度、高度和宽度方向上的操作手柄至大概尺寸，右键单击图素，在弹出的快捷菜单中选择【切换拉伸方向】命令，如图 2-105 所示。

（2）在长方体上单击左键两次，使长方体切换到智能图素状态，将光标移动到包围盒的高度方向操作手柄上，光标变成一个小手状和双向箭头时，单击右键则弹出一快捷菜单，选择【编辑包围盒】命令，在弹出的对话框中输入尺寸为长度 60、宽度 50、高度 50，单击【确定】按钮完成编辑，如图 2-106 所示。

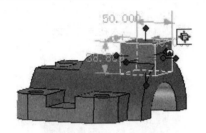

图 2-105　调入长方体

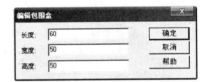

图 2-106　编辑包围盒

（3）在智能图素编辑状态下，执行菜单命令【生成】|【智能标注】|【线性标注】，或者单击【智能标注】工具条中的【线性标注】按钮。捕捉长方体顶面与盖板底面进行智能标注，锁定标注值为 110。如图 2-107 所示。

（4）从设计环境右侧的【设计元素库】中的【图素】中选择【圆柱体】图素，按住鼠标左键将其拖放至长方体边线的中点处，当该点绿色亮显时，释放鼠标，完成圆柱体放置，单击右键，在弹出的快捷菜单中选择【切换拉伸方向】命令，编辑包围盒，使其长度 60、高度 50，如图 2-108 所示。

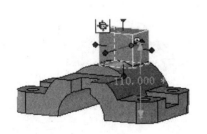

图 2-107　智能标注

图 2-108　调入圆柱体

（5）从设计环境右侧的【设计元素库】中的【图素】中选择【孔类圆柱体】图素，按住鼠标左键将其拖放至上步创建的圆柱体端面圆心点处，当该点绿色亮显时，释放鼠标，完成孔类圆柱体放置。

（6）编辑包围盒。将光标移动到包围盒的操作手柄上，光标变成一个小手状和双向箭头时，单击右键则弹出一快捷菜单，选择【编辑包围盒】命令，在弹出的对话框中输入尺寸为长度 32、宽度 32、高度 60，单击【确定】按钮完成编辑，如图 2-109 所示。

（7）再次从设计环境右侧的【设计元素库】中的【图素】中选择【孔类圆柱体】图素，按住鼠标左键将其拖放至圆柱体端面边线中点处，当该点绿色亮显时，释放鼠标，完成孔类圆柱体放置，如图 2-110 所示。

图 2-109　创建孔类圆柱体

图 2-110　放置于中点

（8）在智能图素的编辑状态下，在包围盒手柄上单击鼠标右键，在弹出的快捷菜单中选择【编辑包围盒】命令，编辑圆孔的尺寸为长度 16、宽度 16、高度 20，如图 2-111 所示。

（9）在智能图素的编辑状态下，执行菜单命令【工具】|【三维球】或者单击【标准】工具栏中的【三维球】按钮 ，激活三维球，单击三维球的轴、径向的外控制手柄，该手柄方向的轴线颜色变为黄色。在三维球内部，当鼠标变为小手状和一个旋转箭头时，可以拖动键槽沿所选轴线旋转，如图 2-112 所示。

图 2-111　编辑包围盒

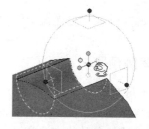

图 2-112　激活三维球

（10）鼠标右键单击出现的角度值，在弹出的快捷菜单中选择【编辑值】命令，在弹出的【编辑旋转】对话框中输入旋转角度为 90，单击【确定】按钮，完成编辑，如图 2-113 所示。

（11）在智能图素编辑状态下，执行菜单命令【生成】|【智能标注】|【线性标注】，或者单击【智能标注】工具条中的【线性标注】按钮 。捕捉孔类圆柱体端面圆心与圆柱体背面进行智能标注，锁定标注值为 –25，如图 2-114 所示。

图 2-113 旋转圆孔

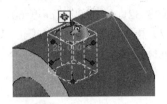
图 2-114 智能标注圆孔位置

（12）至此整个机盖零件绘制完毕，如图 2-115 所示。

图 2-115 机盖

2.4 齿轮泵盖

零件源文件——见光盘中的"\源文件\第 2 章\ 2.4 齿轮泵盖.ics"文件。

2.4.1 案例预览

（参考用时：70 分钟）

本节将介绍一个齿轮泵盖的设计过程。在设计过程中，需要练习自定义智能图素的生成，零件设计的参数化方法和利用背景栅格定位图素及零件的方法，并介绍学习特征树的操作技巧，最终的设计效果如图 2-116 所示。

图 2-116 齿轮泵盖

2.4.2 案例分析

齿轮泵盖零件主要由底板和凸台以及一系列的轴孔和螺栓孔构成。设计过程首先利用自定义智能图素，绘制图素的二维轮廓，建立参数关联，拉伸建立底板。使用三维球工具复制底板，利用参数关联调整尺寸，经图素侧面拔模生成凸台的实体造型。利用【自定义孔】建立轴孔及螺栓孔特征实体，完成整个齿轮泵盖零件的设计。

2.4.3 常用命令

【自定义智能图素】用户根据需要自定义图素截面，经拉伸成形。
【参数化】建立尺寸驱动，形成关联尺寸。
【背景栅格】定位图素及零件的方法。
【特征树】利用特征树来绘制及编辑实体。

2.4.4 设计步骤

1. 新建绘图文件

（参考用时：1 分钟）

（1）启动 CAXA 实体设计 2007 软件，进入三维设计环境。
（2）执行菜单命令【文件】|【新文件】，弹出【新建】对话框，选择"设计"选项，如图 2-117 所示，单击【确定】按钮，弹出【新的设计环境】对话框，如图 2-118 所示，选择"Blank Scene"新建绘图文件，或者单击【标准】工具栏的【默认模板设计环境】按钮 ，进入默认设计环境。

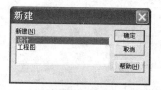

图 2-117 【新建】对话框

图 2-118 【新的设计环境】对话框

2. 创建底板

（参考用时：15分钟）

（1）单击【显示设计树】按钮，在设计环境的左侧出现设计树。单击【拉伸特征】按钮，出现【拉伸特征向导】对话框，单击两次【下一步】按钮进入第3步，调整拉伸距离为10，如图2-119所示。

（2）再次单击【下一步】按钮进入第4步，选择显示栅格，单击【完成】按钮，进入二维截面设计环境，如图2-120所示。

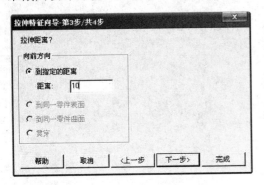

图2-119 指定拉伸距离

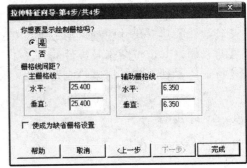

图2-120 选择显示栅格

（3）单击【二维绘图】工具栏中的【矩形】按钮，用鼠标拖出一个长约40、宽80的矩形，矩形线框以黄色显示，如图2-121所示。

（4）单击【圆弧：2端点】按钮，分别选择矩形左、右两侧边线的上、下端点绘制圆弧，再次单击该按钮或按Esc键结束圆弧绘制，如图2-122所示。

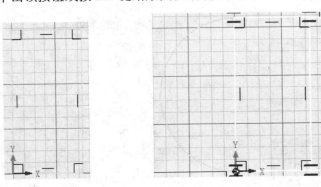

图2-121 绘制矩形　　　　图2-122 绘制圆弧

（5）单击【二维编辑】工具栏中的【裁剪曲线】按钮，拾取两条竖直线，将其删除。单击【二维约束】工具栏中的【水平约束】按钮，拾取两条水平线，锁定直线为水平线，单击【等长度约束】按钮 ≡ ，约束两条水平线的长度相等。如图 2-123 所示。

（6）单击【二维约束】工具栏中的【尺寸约束】按钮 ✎ ，分别拾取水平线和圆弧，以标注其尺寸。分别拾取曲线的 4 个交点，单击右键，在弹出的快捷菜单中选择【连接】命令，以形成封闭的轮廓曲线，如图 2-124 所示。

⚐ 注释：尺寸约束条件具有驱动尺寸的功能。

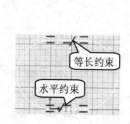
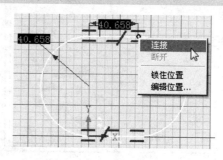

图 2-123　建立等长和水平约束　　　图 2-124　连接曲线

（7）在设计环境中单击右键，在弹出的快捷菜单中选择【参数...】命令，弹出【参数表】对话框，此时设计环境中的尺寸约束显示为参数名，对照显示将 pD3 更名为 baseL，值为 42；将 pR5 更名为 blend，值为 42，单击【确定】按钮完成设置，如图 2-125 所示。

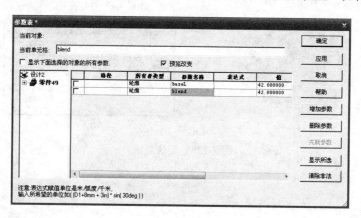

图 2-125　参数表

（8）单击【编辑草图截面】对话框中的【完成造型】按钮，结束截面轮廓的绘制。在设计环境中出现泵盖底板实体造型，单击右键，在弹出的快捷菜单中选择【显示】命令，在【设计环境属性】对话框中确认选中【局部坐标系】和【位置尺寸】复选框，单击【确定】按钮结束，如图 2-126 所示。

（9）拾取与底板表面平行的基准面边缘，单击右键，在弹出的快捷菜单中选择【显示栅格】命令，并在其余两个基准平面边缘右击，在弹出的快捷菜单中选择【隐藏平面】命令，如图 2-127 所示。

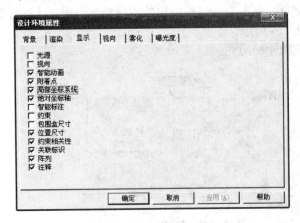

图 2-126 设置显示内容

图 2-127 显示栅格

（10）单击泵盖底板以选中零件，设计环境中出现零件的位置尺寸，右击该尺寸值，在弹出的快捷菜单中选择【编辑值】命令，若其值不为 0，则将值更改为 0，此时零件便被定位在坐标原点位置，如图 2-128 所示。

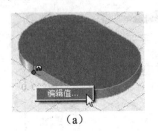
(a)

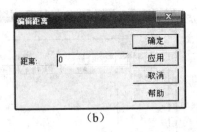
(b)

图 2-128 定位底板

3. 创建凸台实体

（参考用时：20 分钟）

（1）右击栅格边缘，在弹出的快捷菜单中选择【隐藏平面】命令，并通过【设计环境属性】对话框取消位置尺寸的显示。

（2）单击底板进入图素编辑状态，单击【三维球】按钮，激活三维球工具。在三维球顶部操作手柄处单击右键，在弹出的快捷菜单中选择【拷贝】命令，如图 2-129 所示。

（3）在弹出的对话框中填入"数量：1"、"距离：10"，生成复制的新图素，如图 2-130 所示。

图 2-129 复制图素

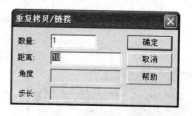

图 2-130 设置距离

（4）按 Esc 键结束三维球操作。单击新图素，进入图素编辑状态，在图素位置单击右键，在弹出的快捷菜单中选择【参数...】命令，弹出【参数表】对话框，勾选【显示下面选择的对象的所有参数】复选框，将 blend 的值更改为 "14+12*0.1"，单击【确定】按钮，出现凸台的实体造型，如图 2-131 所示。

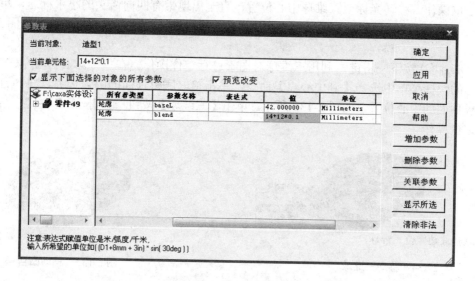

图 2-131 参数表设置

（5）在图素上方操作手柄处单击右键，在弹出的快捷菜单中选择【编辑拉伸长度】命令，如图 2-132 所示。在【编辑距离】对话框中，输入"距离：12"，单击【确定】按钮结束。

（6）在图素位置处单击右键，在弹出的快捷菜单中选择【智能图素属性】命令，在出现的【拉伸特征】对话框中，单击【表面编辑】选项卡，选中"侧面"选项，选择【拔模】单选按钮，在【倾斜角】文本框内输入 "-atan(0.1)*180/pi()"，单击【确定】按钮，凸台出现拔模斜度，如图 2-133 所示。

注释：拔模斜度为负，则侧面向内倾斜。

 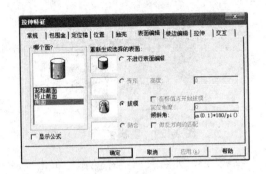

图 2-132　编辑距离　　　　　　　图 2-133　设置拔模角度

（7）单击【三维球】工具按钮，激活三维球工具。按空格键，以对三维球的球心进行定位操作。移动光标至三维球中心位置，直至出现带有四向箭头的小手标志，单击右键，在弹出的快捷菜单中选择【到中心点】命令，然后选择凸台下方黄色圆弧，如图 2-134 所示。

（8）再次按下空格键，利用三维球对图素进行定位操作。在三维球心位置单击右键，在弹出的快捷菜单中选择【到中心点】命令，单击拾取底板顶面的圆弧边界，将凸台定位到底板顶面的中心位置，如图 2-135 所示。单击【三维球】按钮或按下 F10 键，结束三维球定位操作。

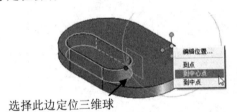 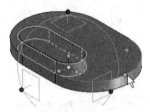

图 2-134　移动三维球　　　　　　　图 2-135　移动凸台

4. 创建安装定位孔

（参考用时：28 分钟）

（1）单击设计树中"零件 1"节点左侧的"+"号，展开为该零件的图素配置和特征顺序。单击"零件 1"标识，将其更名为"泵盖"，单击两次"造型 1"标识，将其更名为"泵盖底板"，同样将另一造型更名为"泵盖凸台"，如图 2-136 所示。

（2）旋转零件至底面可见，单击【设计元素库】的【工具】选项卡，拖拽【自定义孔】图素到底板底面释放鼠标。在弹出的【定制孔】对话框中，选择"锥形沉头孔"，依次填写参数"直径：16"、"类型：盲孔"、"深度：13"、"斜沉头直径：18"、"斜沉头角度：90"、

"V 形底部、角度：118"，单击【确定】按钮完成自定义孔的定义，如图 2-137 所示。

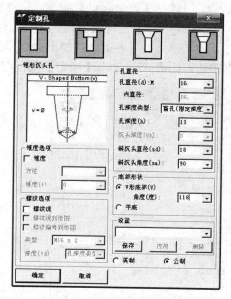

图 2-136　设计树　　　　　　　图 2-137　【定制孔】对话框

（3）移动鼠标至轴孔图素的定位锚位置，单击右键并拖拽鼠标至另一轴孔位置，释放右键，在弹出的快捷菜单中选择【链接到此】命令，如图 2-138 所示。

（4）在孔图素编辑状态下，单击【线性标注】按钮，按住 Shift 键，拾取孔底圆，拖拽鼠标至底板外圆，编辑标注尺寸为 0 并锁定该值，将轴孔定位到底板外圆中心。采用同样方法，将另一孔定位到另一外圆中心位置，如图 2-139 所示。

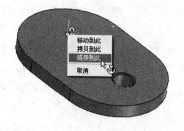

图 2-138　复制孔　　　　　　　图 2-139　孔定位

（5）旋转零件至顶面可见，单击【设计元素库】的【工具】选项卡，拖拽【自定义孔】图素到底板顶面释放鼠标。在弹出的【定制孔】对话框中，选择"沉头孔"，依次填写参数"直径：9"、"类型：通孔"、"沉孔深度：1"、"沉头直径：18"，单击【确定】按钮完成螺栓孔的定义，如图 2-140 所示。

(6) 单击【三维球】按钮 ，激活三维球工具。移动光标到三维球心，单击右键，在弹出的快捷菜单中选择【到中心点】命令，拾取底板顶面圆弧的圆心，按下三维球的移动控制手柄，向右拖动，在手柄旁边出现一个距离值（表示操作对象离开原位置的距离），释放鼠标，在该距离值上单击右键，在弹出的快捷菜单中选择【编辑值】命令，在【编辑距离】对话框中输入距离35，单击【确定】按钮结束螺栓孔的定位，如图2-141所示。

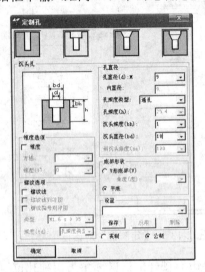

图2-140 【定制孔】对话框

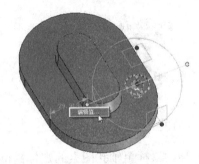

图2-141 孔定位

(7) 右键拖动三维球右下侧移动控制手柄，将其向左上方移动，释放鼠标右键，在弹出的快捷菜单中选择【链接】命令，在弹出的【重复拷贝/链接】对话框中输入数量为1，距离为42，单击【确定】按钮结束，如图2-142所示。

(8) 按空格键以取消三维球的移动定向功能，右键单击三维球，在弹出的快捷菜单中【到中心点】命令重新定位到底板顶面外圆圆心，按空格键，激活三维球的移动定向功能。右键单击三维球内部的左下操作手柄，在弹出的快捷菜单中选择【镜像】|【链接】命令，此时可完成螺栓孔的镜像，如图2-143所示。用同样方法完成另一个螺栓孔的镜像。

(9) 单击三维球顶部旋转控制手柄，在三维球内部拖动鼠标右键，使三维球绕激活的黄色亮显的轴线旋转，释放右键，在弹出的快捷菜单中选择【链接】命令，在出现的对话框中输入数量1，角度为90，单击【确定】按钮结束，如图2-144所示。用同样方法链接出另一螺栓孔。

(10) 在孔1的图素编辑状态，线性标注孔中心到底板外圆中心的距离为35，并锁定该值，继续标注该点到右侧面距离为7，并锁定该值，对孔1进行完全定位，如图2-145所示。

注释：锁定的标注会自动添加到参数表中。

图 2-142 链接螺栓孔

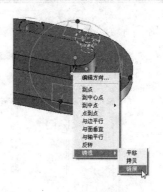
图 2-143 镜像螺栓孔

图 2-144 旋转链接螺栓孔

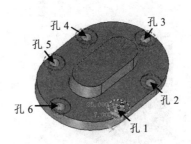
图 2-145 锁定标注尺寸

（11）在锁定的尺寸值上单击右键，在弹出的快捷菜单中选择【参数...】命令，在出现的【参数表】中，将值为 35 的参数 D9 更名为 holeL1，将值为 7 的参数 D2 的表达式设为 blend_1-holeL1，按回车键确认表达式。采用同样方法，标注孔 2、孔 4 和孔 5。将值为 35 的新增参数的表达式分别设为 holeL1，将值为 7 的新增参数的表达式设为 D2。

（12）分别在孔 3 和孔 6 的图素编辑状态，标注孔顶面中心到底板外圆中心的距离为 35 并锁定该值，标注该点到右侧面的距离为 42，并锁定该值。进入【参数表】对话框，将值为 35 的新增参数的表达式分别设为 holeL1，将值为 42 的新增参数的表达式设为 0-blend_1，如图 2-146 所示。

（13）拖动【孔类圆柱体】图素到底板顶面，调整包围盒尺寸"长度：6"，高度只要通透即可。激活三维球工具，在三维球内球心处单击右键，在弹出的快捷菜单中选择【到中心点】命令，然后拾取底板大圆边线，将孔定位到圆心处。再参考步骤（6）将孔向右移动 35，移动完成后，按下空格键，将三维球与图素分离，重新将三维球定位在底板大圆圆心处，再次按下空格键，以竖直轴进行旋转将孔定位在角度为 45°的位置上，如图 2-147 所示。用同样方法创建另一销孔。

（14）线性标注两个销孔到底面中心的距离并锁定，标注两个销孔到侧面的距离并锁定，如图 2-148 所示。

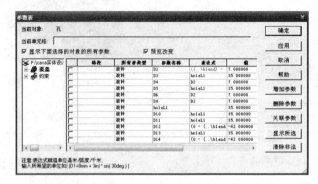

图 2-146 参数表设置

图 2-147 定位销孔

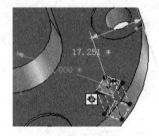

图 2-148 销孔线性标注

（15）在销孔的智能尺寸上单击右键，在弹出的快捷菜单中选择【参数】命令，在出现的【参数表】中，将值为 35 的新参数的表达式设为 holeL1，将值为 17.251 的新参数的表达式设为 blend_1-holeL1*sin(45deg)，如图 2-149 所示。

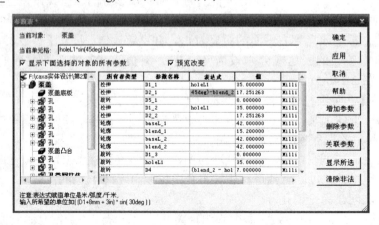

图 2-149 【参数表】对话框设置

（16）进入零件编辑状态，单击右键，在弹出的快捷菜单中选择【参数】命令，在出现的【参数表】对话框中，将参数 holeL1 的值改为 32，6 个螺栓孔的位置发生变化；再次进入参数表，将 holeL1 的值改为 35，如图 2-150 所示。

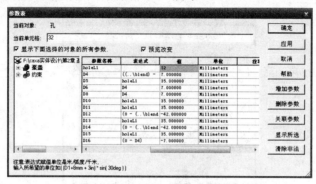

图 2-150　更改参数

> 注释：可尝试其他参数关系设置，如将孔 1 与孔 2 的距离设为 baseL_1，调整基本参数并观察孔的位置变化。

（17）在特征树中，将零件的特征分别更名为更有意义的名字，如图 2-151 所示。

图 2-151　特征树更名

5. 创建圆角过渡

（参考用时：6 分钟）

（1）执行菜单命令【修改】|【圆角过渡】或者单击【面/边编辑】工具条中的【圆角过

渡】按钮，单击拾取底板顶部的所有边界线作为倒圆角边。

（2）在圆角过渡编辑框中输入过渡半径值 3，单击【确定】按钮，在出现的【零件重新生成】对话框中单击【关闭】按钮，结束圆角过渡操作，如图 2-152 所示。

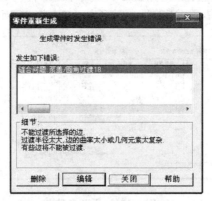

图 2-152　生成特征失败

注释：该圆角过渡操作因边界过于复杂导致圆角过渡失败。

（3）移动鼠标到特征树中的"圆角过渡 18"节点上，拖拽该节点到"泵盖凸台"节点处释放鼠标，CAXA 实体设计会根据特征树的历史记录，自动进行特征重排，按特征创建顺序，对零件进行重新生成，如图 2-153 所示。

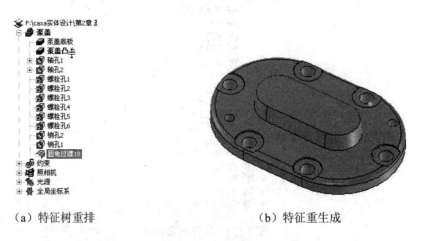

（a）特征树重排　　　　　　　　　　（b）特征重生成

图 2-153　特征重排

（4）采用同样方法，对凸台顶部及底部的边线进行倒圆角操作，如图 2-154 所示。至此整个泵盖零件绘制完毕。

图 2-154　齿轮泵盖

2.5　课后练习

设计如图 2-155 所示的零件。

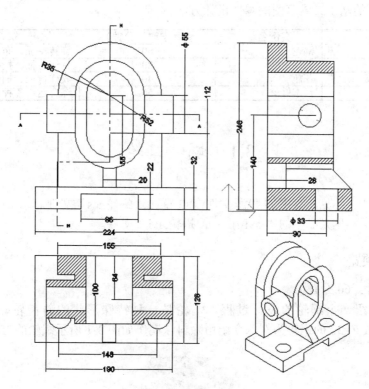

图 2-155　练习题用图

第 3 章　基于二维草图的零件设计

【本章导读】
　　在设计一些不规则的零件时，通常无法用常规的图素叠加组合方法设计，此时就需要通过二维截面来实现。要生成不规则的零件，首先需要通过二维绘图工具绘制二维截面图，然后通过扫描、旋转、拉伸等特征生成工具来完成。
　　本章通过对蜗轮、曲轴、花瓶及日本娃娃等实例的讲解，让读者通过 4 个小时的实例学习掌握 CAXA 实体设计中二维工具的使用功能以及特征生成工具的操作方法和技巧，熟悉 CAXA 实体设计 2007 的特征生成工具，以便在以后的设计中可以熟练运用特征生成工具生成不规则形状的零件。在本章的最后通过 1 个小时的课后练习，使读者熟练应用 CAXA 实体设计 2007 的基于二维草图的零件设计方法。

序号	实例名称	参考学时（分钟）	知识点
3.1	蜗轮	60	旋转特征、布尔运算
3.2	曲轴	80	拉伸特征、扫描特征
3.3	花瓶	40	放样特征、抽壳
3.4	日本娃娃	60	综合运用各种特征生成方法

3.1　蜗　　轮

　　零件源文件——见光盘中的"\源文件\第 3 章\ 3.1 蜗轮.ics"文件。
　　录像演示——见光盘中的"\avi\第 3 章\蜗轮.avi"文件。

3.1.1　案例预览

　　（参考用时：60 分钟）
　　本节将介绍一个蜗轮的设计过程。蜗轮是一种特殊形状的斜齿轮，本节以模数 m=10mm、齿数 Z=32 的蜗轮为例，介绍用除料法制作如图 3-1 所示蜗轮的方法。

图 3-1　蜗轮

3.1.2 案例分析

蜗轮主体形状可以通过二维草图绘制旋转截面,利用旋转特征工具生成蜗轮毛坯,然后利用【布尔运算】中的【除料】方法制作斜齿形,最后通过复制,将齿形复制到整个轮盘上,完成蜗轮零件的创建。

3.1.3 常用命令

【旋转特征】将二维截面绕旋转轴旋转,生成自定义智能图素。
【螺旋自定义】自定义螺旋截面。
【除料】生成减料零件。
【拷贝】将零件进行复制操作。

3.1.4 设计步骤

1. 新建绘图文件

(参考用时:1分钟)

(1) 启动 CAXA 实体设计 2007 软件,进入三维设计环境。
(2) 执行【文件】|【新文件】菜单命令,弹出【新建】对话框,选择"设计"选项,如图 3-2 所示,单击【确定】按钮,弹出【新的设计环境】对话框,如图 3-3 所示,选择"Blank Scene"新建绘图文件,或者单击【标准】工具栏的【默认模板设计环境】按钮,进入默认设计环境。

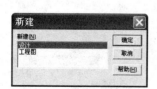

图 3-2 【新建】对话框

图 3-3 【新的设计环境】对话框

2. 绘制蜗轮旋转截面

（参考用时：25 分钟）

（1）单击【特征生成】工具条中的【旋转特征】按钮 ，弹出【旋转特征向导】对话框，接受默认设置并单击【下一步】按钮，进入第 2 步，在【新形状如何定位】区域中选择【离开选择的表面】；单击【下一步】按钮，进入第 3 步，确认显示栅格，单击【完成】按钮完成旋转特征的设置，如图 3-4 所示。

（2）此时设计环境中出现编辑截面栅格，首先单击【二维绘图】工具栏中的【两点线】按钮 ，绘制一条长度约为 100 的竖直直线，此时单击【二维编辑】工具栏中的【显示端点位置】按钮 ，可以看到刚刚绘制的竖直直线的端点相对于原点的坐标值，如图 3-5 所示。

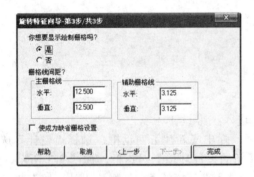

图 3-4 【旋转特征向导】对话框

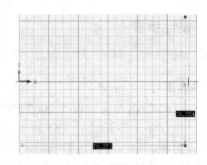

图 3-5 绘制竖直直线

（3）右键单击尺寸值，在弹出的快捷菜单中选择【编辑数值】命令，在弹出的【编辑位置】对话框中输入"【水平】为 200"、"【垂直】为 50"，选中【仅移动末点】复选框，单击【确定】按钮退出，如图 3-6 所示。

（4）再次选中该竖直直线，单击右键，在弹出的快捷菜单中选择【作为构造辅助元素】命令，则该直线变为深蓝色，表示辅助线，如图 3-7 所示。

图 3-6 编辑直线位置

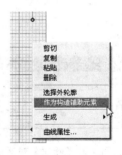

图 3-7 将直线作为辅助线

(5) 采用同样方法，继续在 Y 轴右侧绘制 4 条竖直辅助线，4 条辅助线相距 Y 轴的距离分别是 35、40、148 和 170，如图 3-8 所示。

(6) 采用同样方法，继续绘制 4 条水平辅助线，4 条水平辅助线相距 X 轴的距离分别是 10、−10、25 和−25，如图 3-9 所示。

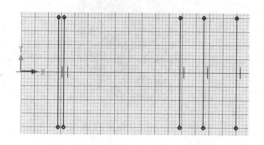

图 3-8　绘制竖直辅助线　　　　　　　　图 3-9　绘制水平辅助线

(7) 单击【二维绘图】工具栏中的【两点线】按钮，绘制一条与 Y 轴相距 17.5 的竖直直线，绘制完成后单击【二维编辑】工具栏中的【显示曲线尺寸】按钮，则出现绘制直线的长度值，右键编辑该值，输入直线长度为 70，并编辑直线端点位置使其端点距 X 轴位置尺寸为 35，如图 3-10 所示。

(8) 从上步绘制的直线两端点出发，绘制两条水平直线并交于左边第一条竖直辅助线，并绘制如图 3-11 所示的两条斜线段。

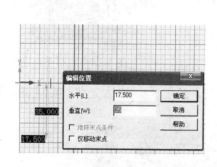 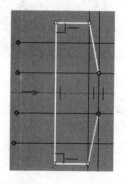

图 3-10　绘制竖直轮廓线　　　　　　　图 3-11　绘制水平线及斜线

(9) 单击【二维绘图】工具栏中的【圆：圆心+半径】按钮，以最右侧的竖直辅助线与 X 轴的交点为圆心，绘制两个圆，分别以右侧另两条竖直辅助线与 X 轴的交点为半径长度，如图 3-12 所示。

(10) 单击【二维绘图】工具栏中的【两点线】按钮，绘制两条与 X 轴相距 35 的对称辅助水平线,单击拾取右侧第 3 条竖直辅助线与此条水平辅助线的交点,绘制一条直线与圆心相连,如图 3-13 所示。

(11)用同样方法绘制相对 X 轴对称的另一条直线。

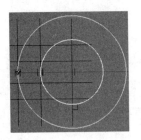

图 3-12　绘制圆

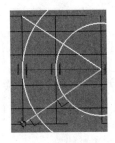

图 3-13　绘制直线段

(12)单击【二维绘图】工具栏中的【两点线】按钮 ↘,从上一步绘制的两条斜线与第二条水平辅助线的交点出发向左绘制两条水平线,长度为 38.12,如图 3-14 所示。

(13)利用【两点线】连接两条水平线的端点,绘制一条竖直线,并在其左侧绘制一条与之平行的竖直线,两条直线相距 5,如图 3-15 所示。

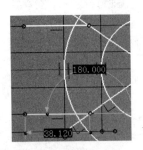

图 3-14　绘制水平线

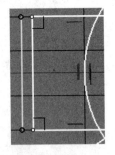

图 3-15　绘制竖直线

(14)单击【二维绘图】工具栏中的【两点线】按钮 ↘,连接交点,绘制如图 3-16 所示的图形。

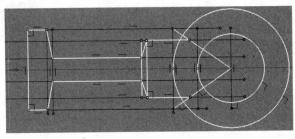

图 3-16　连接线段交点

(15)单击【二维编辑】工具栏中的【裁剪曲线】按钮，将多余线段裁剪删除，得到如图 3-17 所示的图形。

(16)单击【编辑草图截面】对话框中的【完成造型】按钮，此时设计环境中生成蜗轮毛坯，如图 3-18 所示。

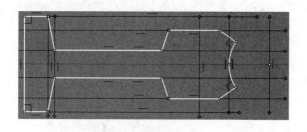

图 3-17 裁剪图形　　　　　　　　　　图 3-18 蜗轮毛坯

3. 自定义螺旋体

（参考用时：23 分钟）

(1)从设计环境右侧的【设计元素库】中的【工具】库中选择【弹簧】图素，按住鼠标左键将其拖入设计环境中，单击成智能编辑状态，右击弹出快捷菜单，选择【加载属性】命令，出现【弹簧】对话框，在【截面】下拉列表中选择"自定义"选项，并更改初始螺距为 25，如图 3-19 所示。

(2)单击【确定】按钮后，在设计环境中出现【弹簧-自定义轮廓】对话框，如图 3-20 所示。

图 3-19 【弹簧】对话框　　　　图 3-20 【弹簧-自定义轮廓】对话框

（3）单击【特征生成】工具条中的【二维轮廓】按钮，再单击弹簧截面的中心，出现编辑截面栅格，定义齿间二维线，首先利用【两点线】命令，过弹簧截面圆心绘制两条垂直相交的直线，然后在竖直线左、右两侧分别绘制两条竖直线，与其距离分别为 10 和 12，再在水平直线两侧绘制两条与其平行的水平线，距离均为 7.85，如图 3-21 所示。

（4）过竖直中心线与上侧水平线的交点绘制一条直线，保持直线左端点距 X 轴的垂直距离为 4.2，并以同样方法绘制另一条直线，如图 3-22 所示。

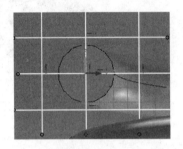
图 3-21　绘制相交直线

图 3-22　绘制斜线段

（5）单击【二维编辑】工具栏中的【裁剪曲线】按钮，将多余线段裁剪删除，得到如图 3-23 所示的图形。

（6）单击【编辑草图截面】对话框中的【完成造型】按钮，再单击【弹簧-自定义轮廓】对话框中的 Finish 按钮完成齿间轮廓一圈弹簧实体的绘制，如图 3-24 所示。

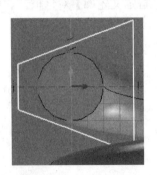
图 3-23　裁剪曲线

图 3-24　完成造型

4. 移动螺旋体

（参考用时：11 分钟）

（1）在智能图素的编辑状态下，执行菜单命令【工具】|【三维球】或者单击【标准】工具栏中的【三维球】按钮，激活三维球，利用三维球的旋转操作，将螺旋体旋转方向

如图 3-25 所示。

（2）右击三维球的中心手柄，弹出快捷菜单，选择【到中心点】命令，再单击蜗轮毛坯的外圆轮廓线，齿间螺旋实体被移动到蜗轮毛坯的中心，如图 3-26 所示。

图 3-25　旋转螺旋体

图 3-26　定位中心点

（3）将鼠标放到三维球右下方的定位手柄上，按住右键向外拖动，松手后出现快捷菜单，选择【平移】命令，又出现【编辑距离】对话框，将【距离】改写为 200 后单击【确定】按钮，如图 3-27 所示。

（4）单击齿间实体成零件状态，再选择菜单命令【设计工具】|【布尔运算设置】，在弹出的【集合操作】对话框中选中【除料】单选按钮后单击【确定】按钮，如图 3-28 所示，齿间实体变成除料图素。

图 3-27　移动实体

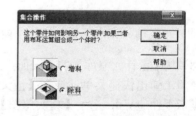
图 3-28　布尔运算设置

（5）单击变成除料图素的齿间实体成零件状态，单击【三维球】按钮，激活三维球，按空格键，使三维球脱离零件。右击三维球的中心手柄，出现快捷菜单，选择【到中心点】命令，再单击蜗轮毛坯的外圆轮廓线，三维球移动到蜗轮毛坯的中心。再次按下空格键，使三维球重新附着在零件上，如图 3-29 所示。

（6）单击蜗轮轴向的三维球定向手柄使之成黄色，鼠标放到三维球内按住右键拖动三维球旋转，松手后弹出快捷菜单，选择【拷贝】命令，出现【重复拷贝/链接】对话框，将

【数量】改写成31,【角度】改写成360/32,单击【确定】按钮完成复制,如图3-30所示。

图3-29 移动实体

图3-30 复制实体

(7)关闭三维球,框选所有实体,选择菜单命令【设计工具】|【布尔运算】,在弹出的【集合操作】对话框中选中【除料】单选按钮后单击【确定】按钮,齿轮毛坯和除料的齿间实体经布尔运算后,蜗轮造型完成,如图3-31所示。

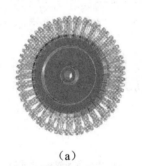

(a)

(b)

图3-31 布尔运算

(8)从【设计元素库】的【表面光泽】库中选择"亮黄色",鼠标拖放到蜗轮上,右击设计环境,弹出快捷菜单,选择【渲染】命令,在出现的【设计环境属性】对话框中,不选【显示零件边界】,选中【真实感图】、【阴影】、【光线跟踪】和【反走样】,单击【确定】按钮完成渲染,如图3-32所示。

图3-32 蜗轮

3.2 曲　　轴

零件源文件——见光盘中的"\源文件\第 3 章\ 3.2 曲轴.ics"文件。

3.2.1 案例预览

☀（参考用时：80 分钟）

本节将介绍一个曲轴的设计过程。曲轴主要由轴颈和曲臂等部分组成，形状不规则，因此需要利用二维草绘功能绘制曲臂截面图，曲轴零件如图 3-33 所示。

图 3-33　曲轴

3.2.2 案例分析

曲臂通过二维草图绘制拉伸截面，利用拉伸特征工具生成曲臂配重块，然后利用【布尔运算】中的【除料】方法制作配重块上部的斜曲面。轴颈和键槽等圆柱体实体均通过调用【圆柱体】和【孔键类】图素生成。

3.2.3 常用命令

【拉伸特征】将二维截面沿指定方向拉伸成形，生成自定义智能图素。
【尺寸约束】在一条曲线上生成一条尺寸约束条件。
【扫描特征】沿指定轨迹扫描一个二维截面可生成一个二维造型。
【连续直线】连续绘制一条首尾相连的直线。

3.2.4 设计步骤

1. 新建绘图文件

☀（参考用时：1 分钟）

（1）启动 CAXA 实体设计 2007 软件，进入三维设计环境。

（2）执行【文件】|【新文件】菜单命令，弹出【新建】对话框，选择"设计"选项，如图 3-34 所示，单击【确定】按钮，弹出【新的设计环境】对话框，如图 3-35 所示，选择"Blue-datum"新建绘图文件，或者单击【标准】工具栏的【默认模板设计环境】按钮 ，进入默认设计环境。

图 3-34 【新建】对话框　　　　　图 3-35 【新的设计环境】对话框

2. 创建主轴颈和正时齿轮轴颈

（参考用时：5 分钟）

（1）进入 CAXA 实体设计环境中，右键单击两竖直平面的边界，在弹出的快捷菜单中选择【隐藏平面】命令，右键单击 X-Y 水平面的边界，在弹出的快捷菜单中选择【显示栅格】命令，使绘图环境中只显示 X-Y 水平栅格面，如图 3-36 所示。

（2）从【设计元素库】的【图素】库中选择【圆柱体】，拖动鼠标将其拖拽到设计环境中，单击【三维球】按钮，移动光标到圆柱体轴向的内侧定位手柄上单击右键，在弹出的快捷菜单中选择【编辑方向】命令，在出现的【编辑操作柄方向】对话框中写入【X】为 1、【Y】为 0、【Z】为 0，单击【确定】按钮结束操作，如图 3-37 所示。

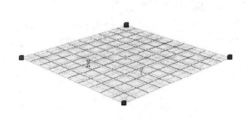

图 3-36 显示栅格

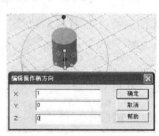

图 3-37 编辑操作柄方向

(3)关闭三维球,两次单击圆柱体,进入图素编辑状态,调整包围盒尺寸【长度】为30、【高度】为21,生成正时齿轮轴颈,如图3-38所示。

☞ **注释**:旋转鼠标滚轮,动态缩放零件至合适大小,同时按下Shift键和鼠标中键,可平移零件至合适的位置。

(4)从【设计元素库】的【图素】库中选择【圆柱体】,拖动鼠标将其拖拽到设计环境中,并利用智能捕捉功能,将其定位到上步绘制的圆柱体端面中心位置。调整包围盒尺寸【长度】为70、【高度】为40.5,生成左侧主轴颈,如图3-39所示。

图3-38 编辑齿轮轴颈尺寸

图3-39 编辑主轴颈尺寸

(5)从【设计元素库】的【图素】库中选择【圆柱体】,拖动鼠标将其拖拽到设计环境中,并利用智能捕捉功能,将其定位到上步绘制的圆柱体端面中心位置。调整包围盒尺寸【长度】为90、【高度】为1,单击【确定】按钮结束,如图3-40所示。

图3-40 调入圆柱体

3. 创建曲臂配重块拉伸特征

✺(参考用时:25分钟)

(1)单击【特征生成】工具条中的【拉伸特征】按钮,拾取右侧圆形表面中心开始拉伸,弹出【拉伸特征向导】对话框,接受默认设置并单击【下一步】按钮,直至进入第

3 步，输入拉伸距离为 29，单击【下一步】按钮，确认显示栅格，单击【完成】按钮完成拉伸特征的设置，如图 3-41 所示。

（2）此时在指定绘图平面处出现二维截面绘图栅格，单击【指定面】按钮，将视向调整为直接面向绘图平面，如图 3-42 所示。

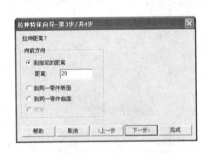

图 3-41 【拉伸特征向导】对话框

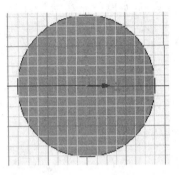

图 3-42 二维草图绘制

（3）单击【二维编辑】工具栏中的【显示曲线尺寸】按钮，以便于在绘制曲线时观察曲线尺寸及方向。单击【二维绘图】工具栏中的【圆弧：2 端点】按钮，绘制一条如图 3-43 所示的半圆弧，半径值为 95。

注释：可以右击显示的尺寸值，在弹出的快捷菜单中选择【编辑数值】命令，在出现的对话框中修改半径值为 95，并移动圆弧圆心至圆柱体端面圆心。

（4）采用同样方法绘制顶圆，顶圆半径为 37.5，如图 3-44 所示。

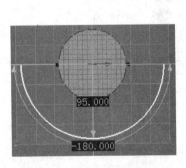

图 3-43 绘制底圆

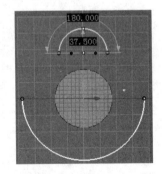

图 3-44 绘制顶圆

（5）单击【二维约束】工具栏中的【尺寸约束】按钮，拾取底圆，在底圆上单击左键，移动光标至顶圆，单击左键，标注两圆心的竖直距离为 57.5，如图 3-45 所示。用同样方法标注两圆心的水平距离为 0，按 Esc 键结束尺寸的约束操作，对顶圆位置进行完全定位。

(6) 单击【两点线】按钮 ↘，近似绘制斜角为 30°的直线，如图 3-46 所示。

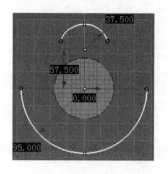
图 3-45　尺寸约束

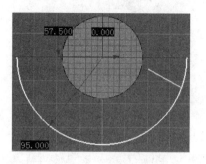
图 3-46　绘制斜线

(7) 单击【圆弧：3 点】按钮 ⤴，拾取顶圆右端点作为圆弧起点，近似绘制 R117 圆弧，如图 3-47 所示。

(8) 单击【圆弧：3 点】按钮 ⤴，拾取 R117 圆弧下端点作为 R15 圆弧起点，拾取直线左端点作为终点，近似绘制 R15 过渡圆弧，如图 3-48 所示。

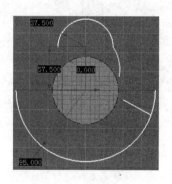
图 3-47　绘制圆弧

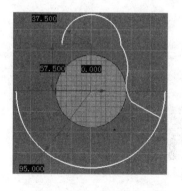
图 3-48　绘制过渡圆弧

(9) 为标注斜线的角度，需要绘制一条水平辅助直线，单击【两点线】按钮 ↘，绘制如图 3-49 所示的水平直线，单击【水平约束】按钮 —，将其约束为水平直线，并右击该直线，在弹出的快捷菜单中选择【作为构造辅助元素】命令，将该直线由轮廓线转为构造线。

▷ 注释：构造线仅为辅助线，并非截面轮廓线的一部分。

(10) 单击【角度约束】按钮 ∠，分别拾取水平线和斜线，标注并编辑两直线夹角为 30，如图 3-50 所示。

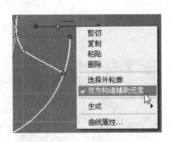

图 3-49 绘制水平辅助线　　　　　图 3-50 角度约束

（11）单击【尺寸约束】按钮，标注直线与底圆圆心的平行距离，编辑该距离为"35*cos（pi()/6）"，对该直线进行完全定位，如图 3-51 所示。

（12）单击【尺寸约束】按钮，分别标注圆弧 1 和圆弧 2 的半径。拾取圆弧 1，移动光标，拾取底圆，标注圆弧 1 圆心与底圆中心的竖直距离，如图 3-52 所示。

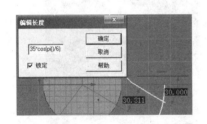
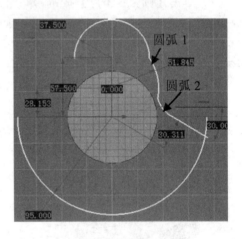

图 3-51 编辑直线与圆心距离　　　　图 3-52 标注半径

（13）单击【相切约束】按钮，分别拾取顶圆及圆弧 1，将其约束为相切圆弧；采用同样的方法，将圆弧 1 与圆弧 2 设为相切圆弧，将圆弧 2 与斜线设为相切。编辑圆弧 1 的半径值为 117；编辑圆弧 1 圆心与底圆圆心的竖直距离为 12，如图 3-53 所示。

（14）单击【裁剪曲线】按钮，拾取斜线及底圆的多余部分，将其删除，如图 3-54 所示。

注释：1. 白色亮显的点为两曲线的连接点，红色亮显的点为两曲线的断点。
2. 草绘二维截面时，因个人作图差异，图形会有所不同，如曲线长度不足，可使用【延长曲线到曲线】功能，延伸曲线。

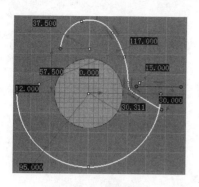 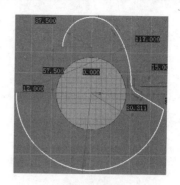

图 3-53 相切约束　　　　　　　图 3-54 裁剪曲线

（15）按住 Shift 键，拾取斜线、圆弧 1 和圆弧 2，单击【镜像】按钮，移动光标至竖直构造线位置单击右键，在镜像直线的另一侧生成选定曲线的镜像曲线，如图 3-55 所示。

> 注释：如在镜像直线上单击左键，则生成选定曲线的镜像曲线；如单击右键，则生成具有镜像约束的曲线，即镜像曲线始终与原曲线保持一致。

（16）单击【相切约束】按钮，约束圆弧 1 的镜像曲线与顶圆相切。拖动圆弧 1 的镜像曲线的顶点或顶圆的左端点，使两曲线左相切点连接，如图 3-56 所示。

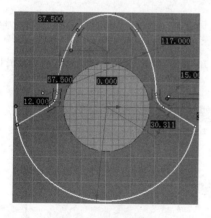 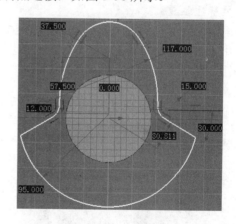

图 3-55 镜像曲线　　　　　　　图 3-56 约束相切

（17）拾取任意一条曲线，单击右键，在弹出的快捷菜单中选择【选择外轮廓】命令，如截面轮廓线封闭，则出现黄色亮显的封闭环。

（18）单击【编辑截面】对话框中的【完成造型】按钮，生成配重块的实体造型，如图 3-57 所示。如截面轮廓不封闭，则在出现的【截面编辑】对话框中选择【编辑截面】，返回二维编辑状态，检查是否有断点存在。

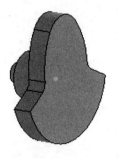

图 3-57 拉伸成实体

4. 创建曲臂倾斜面

☀（参考用时：19 分钟）

（1）旋转零件到合适角度，双击配重块，在图素编辑状态，单击【线性标注】按钮，按住 Shift 键，在配重块左侧底圆上按下左键，拖动鼠标至相邻圆柱体侧边，以拾取该圆圆心，编辑该线性标注为 0，以对配重块定位，如图 3-58 所示。

注释：如果圆柱体右侧边线不易拾取，可利用三维球将配重块拖离圆柱体，调整线性标注位置。

（2）单击【特征生成】工具条中的【扫描特征】按钮，拾取左侧顶圆中心开始拉伸，弹出【扫描特征向导】对话框，在第 1 步对话框中选择【除料】单选按钮，单击【下一步】按钮，直至进入第 3 步，选择扫描线类型为【直线】，单击【完成】按钮进入轨迹线编辑环境，如图 3-59 所示。

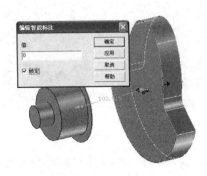

图 3-58 标注距离

图 3-59 【扫描特征向导】对话框

（3）进入轨迹线编辑环境后，单击【三维球】按钮，单击与主轴颈平行的外操作手柄，将鼠标移动到三维球内部，拖动鼠标，将草绘平面旋转 90°，至如图 3-60 所示的位置。

(4）删除掉原有的直线，单击【两点线】按钮 ＼，绘制一条与水平线夹角为 60°的直线，并利用【角度约束】按钮 ∠ 来约束该角度，如图 3-61 所示。

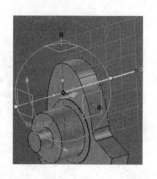
图 3-60　旋转三维球

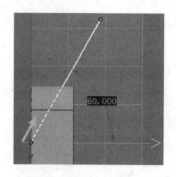
图 3-61　绘制轨迹线

（5）单击【编辑轨迹曲线】对话框中的【完成造型】按钮，进入【编辑草图截面】对话框。此时在指定绘图平面处出现二维截面绘图栅格，单击【指定面】按钮，将视向调整为直接面向绘图平面，单击【投影】按钮，在配重块底圆上单击右键，生成配重块底圆的关联投影。在投影边上单击右键，在弹出的快捷菜单中选择【作为构造辅助元素】命令，将该曲线转换为辅助线，如图 3-62 所示。

（6）单击【圆弧：2 端点】按钮，草绘一个半径约为 60 的圆弧，按 Esc 键结束圆弧绘制。分别拖拽圆弧的左、右端点和中点，将其调整为如图 3-63 所示的位置。

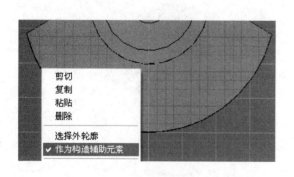
图 3-62　投影辅助线

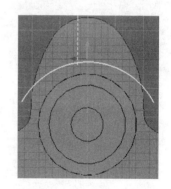
图 3-63　绘制圆弧

（7）单击【连续直线】按钮，利用智能反馈，捕捉圆弧左端点，依次绘制水平线、竖直线，形成一封闭截面轮廓，如图 3-64 所示。

注释：1. 该轮廓线为除料截面轮廓线，只需完全覆盖配重块顶部截面即可。
2. 轮廓线采用水平线和竖直线，可有效降低计算量，提高造型成功率。

（8）单击【水平约束】按钮 —，将 3 条水平直线锁定。单击【铅垂约束】按钮 ，将两条竖直直线锁定。单击【共线约束】按钮 ，将底部两条水平线约束为共线，如图 3-65 所示。

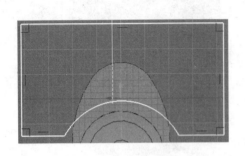

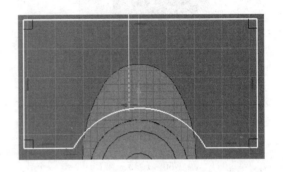

图 3-64　绘制连续直线　　　　　　　　图 3-65　建立约束

（9）单击【同心约束】按钮 ，分别拾取投影边和圆弧，对圆弧进行定位。单击【尺寸约束】按钮 ，标注圆弧半径。在尺寸值上单击右键，在弹出的快捷菜单上选择【编辑】命令，在弹出的对话框中将圆弧半径调整为 60，如图 3-66 所示。

（10）单击【编辑草图截面】对话框中的【完成造型】按钮，则生成曲臂的实体造型，如图 3-67 所示。

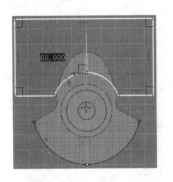

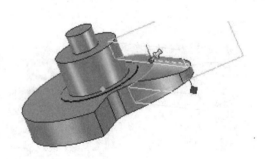

图 3-66　尺寸约束　　　　　　　　　　图 3-67　生成去除材料造型

5. 建连杆轴颈及曲臂复制

（参考用时：8 分钟）

（1）从【设计元素库】的【图素】库中选择【圆柱体】，拖动鼠标将其拖拽定位至曲臂右侧表面，当出现浅绿色智能反馈后释放鼠标，将圆柱体定位到曲臂顶圆的中心位置。利用【编辑包围盒】对话框，将圆柱体尺寸调整为直径 80、高度 1，如图 3-68 所示。

(2)在图素编辑状态下,在圆柱体上单击右键,从弹出的快捷菜单中选择【编辑草图截面】命令,进入二维截面编辑状态。单击【投影】按钮,拾取曲臂实体顶端的3条圆弧线,单击左键,将其投影到截面轮廓平面,如图3-69所示。

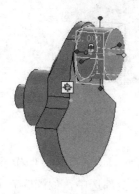

图3-68 创建圆柱体

图3-69 投影曲线

(3)单击【裁剪曲线】按钮,拾取截面轮廓线的顶端部分,单击左键,将其裁剪掉,单击【编辑截面】对话框中的【完成造型】按钮,结束截面编辑,如图3-70所示。

(4)单击【圆角过渡】按钮,将过渡半径设为1,拾取曲臂右侧面,该面的所有边均被选为过渡边,单击【确定】按钮,完成圆角过渡,如图3-71所示。

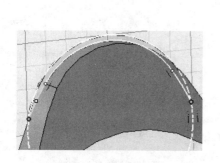

图3-70 创建圆柱体

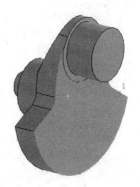

图3-71 圆角过渡

(5)继续单击【圆角过渡】按钮,将过渡半径设为5,拾取连杆轴颈正下方圆弧,将其激活,单击【确定】按钮,完成圆角过渡,如图3-72所示。

(6)旋转视向至合适位置,拾取过渡边1,设置半径为5,在该边上显示过渡半径,单击【确定】按钮,完成圆角过渡;接下来依次拾取过渡边2至过渡边5,设置半径为1,单击【确定】按钮,完成圆角过渡,如图3-73所示。

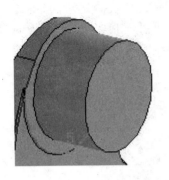 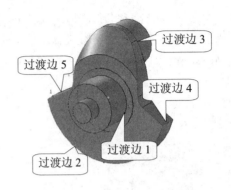

图 3-72 圆角过渡　　　　　　　　图 3-73 边过渡

（7）展开【特征树】，将零件重新命名，在"圆柱体 1"节点上单击，按住 Shift 键，在"圆柱体 2"节点上单击左键，将两节点之间的 4 个图素全部选中，如图 3-74 所示。

（8）单击【三维球】按钮 ，以对该 4 个图素进行复制操作。按下空格键，对三维球进行重新定位，在三维球中心手柄上单击右键，在弹出的快捷菜单中选择【到中心点】命令，拾取连杆轴颈的右端面圆，单击并拖动水平移动手柄，使其向左移动 19。再次按下空格键，使三维球重新附着在零件上，如图 3-75 所示。

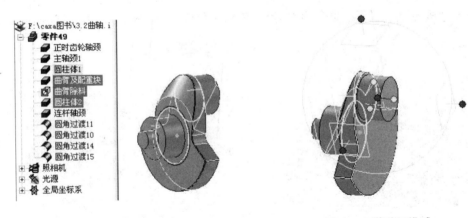

图 3-74 选择图素　　　　　　　　图 3-75 移动三维球

（9）单击以激活竖直方向的定位手柄，在三维球内按住右键并拖动三维球旋转约为 180°时释放右键，在弹出的快捷菜单中选择【链接】命令，如图 3-76 所示。

（10）在出现的【重复拷贝/链接】对话框中输入数量为 1，角度为 180，单击【确定】按钮，完成 4 个图素的链接生成操作，如图 3-77 所示。

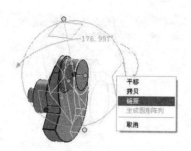 

图 3-76　图素链接　　　　　　　　图 3-77　完成链接

6. 创建右侧轴颈及油孔

（参考用时：12 分钟）

（1）双击主轴颈图素，使其处于激活状态，右键单击并拖动图素到零件右端面，按下 Shift 键，捕捉右侧端面外圆，即出现外圆圆心点绿色亮显，如图 3-78 所示。此时释放右键，弹出快捷菜单，选择【拷贝到此】命令，则主轴颈图素复制到右侧端面。利用【编辑包围盒】对话框将圆柱高度调整为 40。

（2）从【设计元素库】的【图素】库中选择【圆柱体】，拖动鼠标将其拖拽定位至零件右端面的圆心位置，当出现浅绿色智能反馈后释放鼠标，将圆柱体定位到右端面中心位置。利用【编辑包围盒】对话框，将圆柱体尺寸调整为直径 50、高度 31，如图 3-79 所示。

图 3-78　复制主轴颈　　　　　　　　图 3-79　生成圆柱体

（3）继续从【设计元素库】的【图素】库中选择【圆柱体】，拖动鼠标将其拖拽定位至零件右端面的圆心位置，当出现浅绿色智能反馈后释放鼠标，将圆柱体定位到右端面中心位置。利用【编辑包围盒】对话框，将圆柱体尺寸调整为直径 50、高度 48，如图 3-80 所示。

（4）在圆柱体图素位置单击右键，在弹出的快捷菜单中选择【智能图素属性】命令，出现【拉伸特征】对话框。单击【表面编辑】选项卡，在"哪个面"选项框中选择"侧面"，选中【拔模】单选按钮，填写倾斜角 "-atan(1/20)*180/pi()"，单击【确定】按钮，结束智能图素属性编辑操作，在设计环境中出现飞轮轴颈实体造型，如图 3-81 所示。

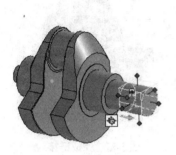
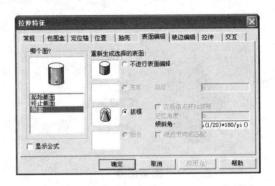

图 3-80　调入圆柱体　　　　　　　图 3-81　拔模设置

（5）从【设计元素库】的【图素】库中选择【孔类圆柱体】,拖动鼠标将其拖拽定位至连杆轴颈的端面中心位置,当出现浅绿色智能反馈后释放鼠标,利用【编辑包围盒】对话框,将圆柱体尺寸调整为直径 28。拖拽左、右端面操作手柄,使孔图素穿透曲臂,如图 3-82 所示。

（6）单击【三维球】按钮,拖动顶部操作手柄向上移动约 5 的位置释放左键,并编辑其移动距离为 5。重复"5.创建连杆轴颈及曲臂复制"步骤中的步骤（6）,对右侧"曲臂及配重块"图素进行圆角过渡操作,如图 3-83 所示。

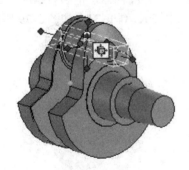
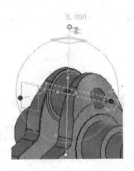

图 3-82　创建孔　　　　　　　　　图 3-83　移动圆孔

（7）单击【边倒角】按钮,在【面/边编辑】工具条中设置第一和第二倒角距离均为 1 ● 1 ▼ ▶ 1 。分别拾取倒角边 1 和倒角边 2,,单击【确定】按钮,结束倒角操作。如图 3-84 所示。

（8）注意到倒角边的边界显示精度较差,这是 CAXA 实体设计为了提高显示速度,而采用降低显示精度的方法造成的。在零件编辑状态,单击右键,在弹出的快捷菜单中选择【零件属性】命令,单击【渲染】选项卡,拖拽【表面粗糙度】滑块至适当位置后,单击【确定】按钮结束,如图 3-85 所示。

图 3-84 边过渡

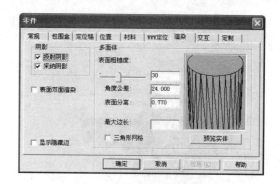

图 3-85 【零件】属性对话框

（9）从【设计元素库】的【图素】库中选择【孔类圆柱体】，拖动鼠标将其拖拽定位至连杆轴颈左端面的四分点位置，当出现浅绿色智能反馈后释放鼠标，利用【编辑包围盒】对话框，将圆柱体尺寸调整为直径 5，如图 3-86 所示。

（10）单击【三维球】按钮，利用水平移动手柄，拖动孔图素右移 19mm，将其定位到油孔的起始位置。再次拖动水平移动手柄，使孔图素右移 20mm，如图 3-87 所示。

图 3-86 定位孔图素

图 3-87 移动孔图素

（11）在三维球水平方向定位手柄上单击右键，在弹出的快捷菜单中选择【到点】命令，在主轴颈图素右侧边的四分点位置单击左键，对孔图素进行定向操作，如图 3-88 所示。

（12）按下空格键，使三维球脱离孔图素，对三维球进行重定向操作。在水平定位操作手柄上单击右键，在弹出的快捷菜单中选择【与边平行】命令，拾取任意水平边。再次按下空格键，重新激活三维球，如图 3-89 所示。

图 3-88 【到点】定向操作

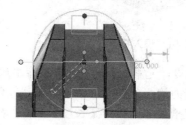

图 3-89 三维球重定向

（13）拖拽水平移动手柄左移 20，拖拽前、后操作手柄，使孔图素穿透整个零件，如图 3-90 所示。

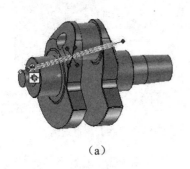
（a）

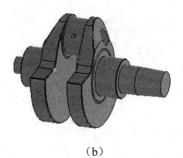
（b）

图 3-90　完成油孔创建

7. 创建键槽及螺纹

（参考用时：10 分钟）

（1）从【设计元素库】的【图素】库中选择【孔类键】，拖动鼠标将其拖拽定位至正时齿轮轴颈图素左端面的四分点位置，当出现浅绿色智能反馈后释放鼠标。如图素放置角度出现偏置，可利用【三维球】将其旋转摆正，如图 3-91 所示。

（2）利用【编辑包围盒】对话框，将键槽尺寸调整为【长度】36、【宽度】4×2、【高度】4，单击【确定】按钮结束，如图 3-92 所示。

图 3-91　调入孔类键

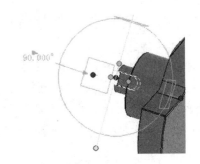
图 3-92　编辑包围盒

（3）从【设计元素库】的【图素】库中选择【孔类键】，拖动鼠标将其拖拽定位至飞轮轴颈图素左端面的四分点位置，当出现浅绿色智能反馈后释放鼠标。利用【编辑包围盒】对话框，将键槽尺寸调整为【长度】40、【宽度】6×2、【高度】5.75，单击【确定】按钮结束。使用三维球工具将键槽图素向右移动 24mm，如图 3-93 所示。

(4) 单击【边倒角】按钮，在【面/边编辑】工具条中设置第一和第二倒角距离均为 1，拾取正时齿轮轴颈图素的左端面外圆边线进行 C1 倒角操作。单击【确定】按钮，结束倒角操作。单击【圆角过渡】按钮，确认过渡半径为 5，拾取边 1、边 2 和边 3，单击【确定】按钮，结束圆角过渡操作，如图 3-94 所示。

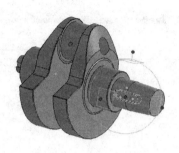

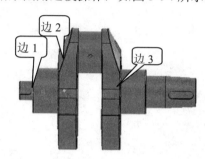

图 3-93 调入【孔类键】

图 3-94 圆角过渡

(5) 从【设计元素库】的【图素】库中选择【圆柱体】，拖动鼠标将其拖拽定位至飞轮轴颈右端面的圆心位置，当出现浅绿色智能反馈后释放鼠标，将圆柱体定位到右端面中心位置。利用【编辑包围盒】对话框，将圆柱体尺寸调整为直径 41、高度 4，如图 3-95 所示。

(6) 单击零件，在零件编辑状态下，单击【线性标注】按钮，分别拾取零件的左、右端面，测量目前零件的长度，如图 3-96 所示。

> 注释：零件总长（303）=当前长度（284.5）+螺纹长度。

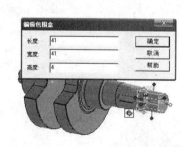

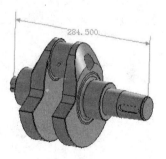

图 3-95 调入圆柱体

图 3-96 智能标注总长

(7) 为生成装饰性螺纹，在【高级图素】元素库拖拽【齿形波纹体】到零件的右端面中心，待出现浅绿色智能反馈后释放左键。在图素编辑状态下，利用【编辑包围盒】对话框，将圆柱体尺寸调整为【长度】41.725、【宽度】41.725、【高度】303-284.5，如图 3-97 所示。

(8) 在零件编辑状态下，在图素上单击右键，从弹出的快捷菜单中选择【智能图素属性】命令,在出现的【旋转特征】对话框中单击【变量】选项卡,依次设置参数为【槽宽】0.003、【槽高】0.003×0.866、【墙厚】(41.752/2)/1000,单击【确定】按钮结束,如图3-98所示。

> 注释:查国家标准(GB/T196),M45×3螺纹的小径为41.752。

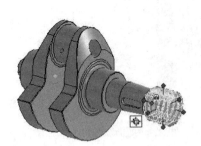

图3-97 调入齿形波纹体

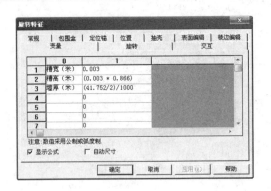

图3-98 变量设置

(9) 在【工具】元素库拖拽【自定义孔】到零件的右端面中心,待出现浅绿色智能反馈后释放左键。在【定制孔】对话框中设置如图3-99所示的参数,单击【确定】按钮,结束中心孔的建立。采用同样方法在零件左端面建立中心孔。

(10) 从【设计元素库】的【颜色】库中选择【深土黄色】,鼠标拖放到曲轴上,右击设计环境,弹出快捷菜单,选择【渲染】命令,在【设计环境属性】对话框中,选中【真实感图】及【阴影】、【光线跟踪】和【反走样】,单击【确定】按钮完成渲染,如图3-100所示。

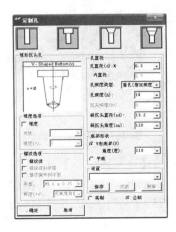

图3-99 自定义孔

图3-100 完成渲染

3.3 花　　瓶

零件源文件——见光盘中的"\源文件\第 3 章\ 3.3 花瓶.ics"文件。

3.3.1 案例预览

☼（参考用时：40 分钟）

本节将介绍一个花瓶的设计过程。花瓶主体由【放样特征】生成，再利用【扫描特征】生成花瓶的耳部。花瓶造型如图 3-101 所示。

图 3-101　花瓶

3.3.2 案例分析

首先通过【放样特征】工具创建花瓶的主体造型，然后对其进行【抽壳】操作，利用【拉伸特征】生成花瓶底座，最后用【扫描特征】生成花瓶耳部造型。然后通过【渲染】对花瓶进行贴图。

3.3.3 常用命令

【放样特征】利用多个截面生成形态不规则的三维造型。
【扫描特征】沿指定轨迹扫描一个二维截面，可生成一个二维造型。
【拉伸特征】将一个二维截面拉伸，生成一个三维造型。

3.3.4 设计步骤

1. 新建绘图文件

☼（参考用时：1 分钟）

（1）启动 CAXA 实体设计 2007 软件，进入三维设计环境。

（2）执行【文件】|【新文件】菜单命令，弹出【新建】对话框，选择"设计"选项，如图 3-102 所示，单击【确定】按钮，弹出【新的设计环境】对话框，如图 3-103 所示，选择"Blank Scene"新建绘图文件，或者单击【标准】工具栏的【默认模板设计环境】按钮 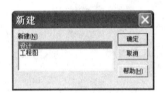，进入默认设计环境。

图 3-102 【新建】对话框   图 3-103 【新的设计环境】对话框

2. 放样生成花瓶主体

（参考用时：13 分钟）

（1）单击【特征生成】工具栏中的【放样特征】按钮，弹出【放样造型向导】对话框，单击【下一步】按钮，进入向导第 2 步，输入截面数为 5，如图 3-104 所示。

（2）单击【下一步】按钮，进入【放样造型向导】第 3 步，选择【截面类型】为"圆"，【轮廓定位曲线】为"直线"，如图 3-105 所示。

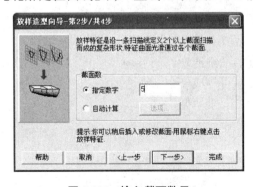 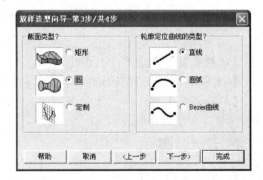

图 3-104 输入截面数目   图 3-105 选定截面类型

（3）单击【完成】按钮，系统进入【编辑轮廓定位曲线】环境，在出现的二维截面内有一条默认的竖直直线，编辑其长度为 50，如图 3-106 所示。

（4）单击【编辑轮廓定位曲线】对话框中的【完成造型】按钮，设计环境中出现一个标有 5 个截面的圆柱体。右击标有数字"1"的截面序号，在弹出的快捷菜单中选择【编辑截面】命令，如图 3-107 所示。

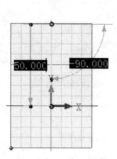

图 3-106　编辑轮廓定位曲线　　图 3-107　选择【编辑截面】命令

（5）系统进入【编辑放样截面】对话框，在第 1 个放样截面处出现二维编辑栅格面，左键选中已有的圆，单击【显示曲线尺寸】按钮，编辑圆的半径值为 2，如图 3-108 所示。

（6）单击【编辑放样截面】对话框中的【下一截面】按钮，在第 2 个放样截面处出现二维编辑栅格面，左键选中已有的圆，单击【显示曲线尺寸】按钮，编辑圆的半径值为 10，如图 3-109 所示。

图 3-108　编辑截面 1　　　　　　图 3-109　编辑截面 2

（7）采用同样方法，继续编辑截面 3 至截面 5 的放样截面，依次将圆的半径值设置为 3.6、2.8 和 5，单击【编辑放样截面】对话框中的【完成造型】按钮，放样特征如图 3-110 所示。

（8）在零件处于编辑状态下，右键单击花瓶，在弹出的快捷菜单中选择【智能图素属性】命令，弹出【放样特征】对话框，选择【抽壳】选项卡，设置【壁厚】为 1，如图 3-111 所示。

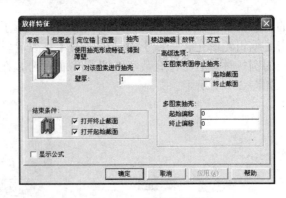

图 3-110　完成造型　　　　　图 3-111　设置抽壳壁厚

3. 绘制花瓶底座

（参考用时：6 分钟）

（1）单击【特征生成】工具条中的【拉伸特征】按钮，拾取右花瓶底面中心为二维平面绘制点，弹出【拉伸特征向导】对话框，接受默认设置并单击【下一步】按钮，直至进入第 3 步，输入拉伸距离为 0.3，单击【下一步】按钮，确认显示栅格，单击【完成】按钮完成拉伸特征的设置，如图 3-112 所示。

（2）此时在指定绘图平面处出现二维截面绘图栅格，单击【指定面】按钮，将视向调整为直接面向绘图平面。单击【投影】按钮，选择底面外圆，将其投影到二维平面上，如图 3-113 所示。

注释：经抽壳后底面为空，此处需要选定底面外圆中心作为二维平面坐标原点。

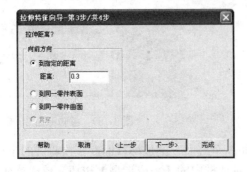
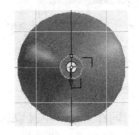

图 3-112　指定拉伸距离　　　　图 3-113　投影底圆边线

（3）单击【编辑截面】对话框中的【完成造型】按钮，生成底座特征如图 3-114 所示。

（4）单击【圆角过渡】按钮，将过渡半径设置为 0.5，拾取花瓶口内侧圆边线，单击【确定】按钮，完成圆角过渡，如图 3-115 所示。

第 3 章 基于二维草图的零件设计

图 3-114 生成底座

图 3-115 圆角过渡

4. 创建花瓶双耳造型

（参考用时：20 分钟）

（1）单击【特征生成】工具条中的【扫描特征】按钮 ⌒，单击拾取花瓶表面适当位置确定扫描位置，弹出【扫描特征向导】对话框，单击【下一步】按钮，直至进入第 3 步，选择扫描线类型为【Bezier 曲线】单选按钮，单击【完成】按钮进入轨迹线编辑环境，如图 3-116 所示。

（2）进入轨迹线编辑环境后，单击【三维球】按钮 ⊕，单击如图所示的外操作柄，将鼠标移动到三维球内部，拖动鼠标，将草绘平面旋转 90°，至如图 3-117 所示的位置。

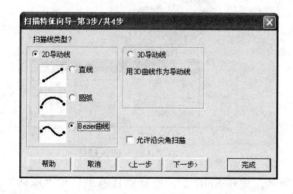
图 3-116 选择【Bezier 曲线】为扫描线类型

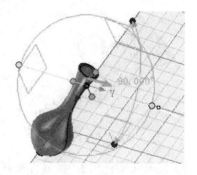
图 3-117 旋转三维球

（3）删除掉原有的 B 样条曲线，单击【B 样条】按钮 ⌒，绘制样条曲线如图 3-118 所示。

注释：此处绘制的 B 样条没有严格的尺寸位置限制，只要曲线样式合适即可。

（4）单击【编辑轨迹曲线】对话框中的【完成造型】按钮，进入【编辑草图截面】环境。单击【圆：圆心+半径】按钮 ⊙，在二维截面上以扫描线起点为圆心绘制半径为 0.6 的圆，如图 3-119 所示。

图 3-118　绘制扫描线　　　　　　图 3-119　绘制扫描截面

（5）单击【编辑草图截面】对话框中的【完成造型】按钮，则生成花瓶耳的实体造型，如图 3-120 所示。

（6）从【设计元素库】的【图素】库中选择【球体】，拖动鼠标将其拖拽到花瓶耳造型尾部的截面中心位置，并利用【编辑包围盒】命令，编辑其长、宽、高均为 1.4，如图 3-121 所示。

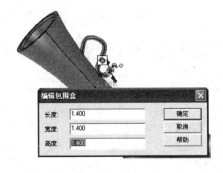

图 3-120　完成扫描造型　　　　　　图 3-121　调入球体

（7）展开【特征树】，将零件重新命名，按住 Shift 键，选择"耳造型"和"球体"，将这两个图素全部选中。

（8）单击【三维球】按钮，以对这两个图素进行复制操作。按下空格键，对三维球进行重新定位，在三维球中心手柄上单击右键，在弹出的快捷菜单中选择【到中心点】命令，拾取底座底面外圆，则三维球定位到底面圆心处，如图 3-122 所示。

（9）若三维球竖直方向手柄没有与底座底面垂直，则可以在其内侧操作手柄处单击右键，在弹出的快捷菜单中选择【与面垂直】命令，调整三维球其中一个操作手柄与底面垂直，如图 3-123 所示。

（10）再次按下空格键，使三维球重新附着在零件上。单击以激活与底面垂直的定位手柄，在三维球内按住右键并拖动三维球旋转约 180°时释放右键。在弹出的快捷菜单中选择【拷贝】命令，在出现的【重复拷贝/链接】对话框中输入数量为 1，角度为 180，如图 3-124 所示。

（11）单击【确定】按钮，完成花瓶耳图素的复制操作，如图 3-125 所示。

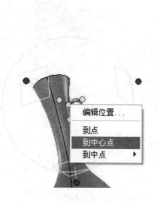

图 3-122　移动三维球

图 3-123　调整三维球方向

图 3-124　复制花瓶耳

图 3-125　完成复制操作

（12）单击零件，拾取进入编辑状态，右键单击零件，在弹出的快捷菜单中选择【智能渲染】命令，弹出【智能渲染属性】对话框，单击【贴图】选项卡，选择合适的图片，将【图像投影】设为"自然"，如图 3-126 所示。

（13）单击【确定】按钮，完成花瓶的渲染贴图，如图 3-127 所示。至此整个花瓶造型创建完毕。

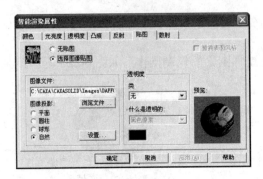 

图 3-126　渲染贴图　　　　　　　图 3-127　渲染效果

3.4　日本娃娃

零件源文件——见光盘中的"\源文件\第 3 章\ 3.4 日本娃娃.ics"文件。

3.4.1　案例预览

（参考用时：60 分钟）

本节将介绍一个日本娃娃玩偶的设计过程。日本娃娃玩偶是目前市场上较为常见和流行的工艺品，造型可爱，如图 3-128 所示。

图 3-128　日本娃娃

3.4.2　案例分析

首先通过【放样特征】工具创建日本娃娃的主躯干造型，然后通过调入【球 2】图素生成娃娃头部，利用【旋转特征】工具生成娃娃的头发，最后利用【拉伸特征】生成娃娃的袖子，并进一步进行细节的修饰和渲染。

3.4.3 常用命令

【放样特征】利用多个截面生成形态不规则的三维造型。
【旋转特征】将二维截面绕旋转轴旋转，生成自定义智能图素。
【拉伸特征】将一个二维截面拉伸，生成一个三维造型。

3.4.4 设计步骤

1. 新建绘图文件

（参考用时：1 分钟）

（1）启动 CAXA 实体设计 2007 软件，进入三维设计环境。

（2）执行【文件】|【新文件】菜单命令，弹出【新建】对话框，选择"设计"选项，如图 3-129 所示，单击【确定】按钮，弹出【新的设计环境】对话框，如图 3-130 所示，选择"Blank Scene"新建绘图文件，或者单击【标准】工具栏的【默认模板设计环境】按钮，进入默认设计环境。

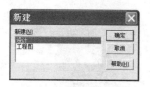

图 3-129 【新建】对话框

图 3-130 【新的设计环境】对话框

2. 放样生成娃娃主躯干

（参考用时：11 分钟）

（1）单击【特征生成】工具栏中的【放样特征】按钮，弹出【放样造型向导】对话框，单击【下一步】按钮，进入向导第 2 步，输入截面数为 3，如图 3-131 所示。单击【下一步】按钮，进入【放样造型向导】第 3 步，选择【截面类型】为"圆"，【轮廓定位曲线】为"直线"。

（2）单击【完成】按钮，系统进入【编辑轮廓定位曲线】环境，在出现的二维截面内有一条默认的竖直直线，编辑其长度为 63，如图 3-132 所示。

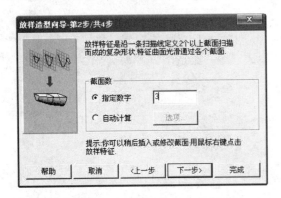
图 3-131 指定截面数

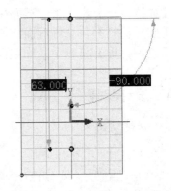
图 3-132 绘制轮廓定位曲线

（3）单击【编辑轮廓定位曲线】对话框中的【完成造型】按钮，设计环境中出现一个标有 3 个截面的圆柱体。右击标有数字"1"的截面序号，在弹出的快捷菜单中选择【编辑截面】命令。系统进入【编辑放样截面】环境，在第 1 个放样截面处出现二维编辑栅格面，左键选中已有的圆，单击【显示曲线尺寸】按钮，编辑圆的半径值为 16，如图 3-133 所示。

（4）单击【编辑放样截面】对话框中的【下一截面】按钮，在第 2 个放样截面处出现二维编辑栅格面，左键选中已有的圆，单击【显示曲线尺寸】按钮，编辑圆的半径值为 21。采用同样方法，编辑第 3 个截面的半径值为 12。单击【编辑放样截面】对话框中的【完成造型】按钮，放样特征如图 3-134 所示。

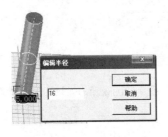
图 3-133 编辑截面 1 半径

图 3-134 完成放样特征

3. 创建娃娃头部及头发造型

（参考用时：25 分钟）

（1）从【设计元素库】的【图素】库中选择【球体 2】，拖动鼠标将其拖拽到娃娃身躯上部，单击【三维球】按钮，拖动竖直轴向的定位手柄，将娃娃头拖放至适当的位置，如图 3-135 所示。

（2）右击包围盒手柄，在弹出的快捷菜单中选择【编辑包围盒】命令，在出现的对话框中调整【包围盒】尺寸为【长度】42、【高度】42，如图 3-136 所示。

图 3-135　调整头部位置

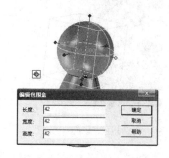

图 3-136　编辑球体包围盒尺寸

（3）单击【特征生成】工具条中的【旋转特征】按钮，弹出【旋转特征向导】对话框，接受默认设置并单击【下一步】按钮，进入第 2 步，在【新形状如何定位】区域中选择【离开选择的表面】单选按钮；单击【下一步】按钮，进入第 3 步，确认显示栅格，单击【完成】按钮完成旋转特征的设置，如图 3-137 所示。

（4）此时设计环境中出现编辑截面栅格，首先单击【二维绘图】工具栏中的【两点线】按钮，绘制 2 条水平线和 2 条竖直直线。两条水平线距 X 轴距离分别为 25 和 63；两条竖直直线距 Y 轴距离分别为 22 和 28。选中这 4 条直线，单击右键，在弹出的快捷菜单中选择【作为构造辅助元素】命令，则该直线变为深蓝色，表示辅助线，如图 3-138 所示。

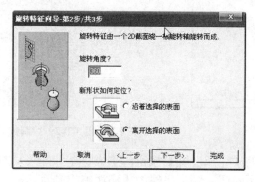

图 3-137　【旋转特征向导】对话框

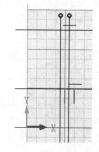

图 3-138　绘制辅助线

（5）单击【B 样条】按钮，绘制的样条曲线，如图 3-139 所示。

（6）单击【编辑草图截面】对话框中的【完成造型】按钮，完成娃娃头发造型旋转特征的创建。从【设计元素库】的【图素】库中选择【孔类圆柱体】，拖动鼠标将其拖拽到头发造型底面圆心处，释放鼠标后，编辑其【包围盒】尺寸，调整圆柱体直径为 40，并拖拽包围盒手柄将孔拖拽至足够高度,如图3-140所示。

图3-139 绘制旋转截面

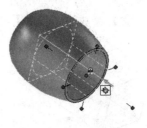
图3-140 调入孔类圆柱体

(7)单击【特征生成】工具条中的【拉伸特征】按钮,拾取娃娃头发造型的底面圆心点开始拉伸,弹出【拉伸特征向导】对话框,在第1步中选择【除料】单选按钮,单击【下一步】按钮,直至进入第3步,输入拉伸距离为15,单击【下一步】按钮,确认显示栅格,单击【完成】按钮完成拉伸特征的设置,如图3-141所示。

(8)此时设计环境中出现编辑截面栅格,首先单击【二维绘图】工具栏中的【两点线】按钮,绘制如图3-142所示的三角形,三角形两条斜边与X轴夹角均为42°。

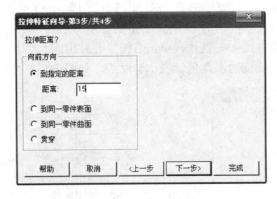
图3-141 设置拉伸距离

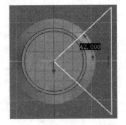
图3-142 绘制拉伸截面

(9)单击【编辑截面】对话框中的【完成造型】按钮,生成日本娃娃头发的完整实体造型,如图3-143所示。如截面轮廓不封闭,则在出现的【截面编辑】对话框中选择【编辑截面】,返回二维编辑状态,检查是否有断点存在。

(10)单击零件,拾取进入编辑状态,右键单击零件,在弹出的快捷菜单中选择【智能渲染】命令,弹出【智能渲染属性】对话框,单击【光亮度】选项卡,调整头发的光亮度到合适的程度。从【设计元素库】的【颜色】库中选择【黑色】,将头发染成黑色;同时将娃娃头造型染成【贝壳色】,将身体染成【红色】,如图3-144所示。

第 3 章 基于二维草图的零件设计

图 3-143 完成头发造型

图 3-144 渲染及染色

（11）单击娃娃头发造型，激活【三维球】工具，将头发造型旋转至合适角度。右键单击三维球中心，在弹出的快捷菜单中选择【到中心点】命令，如图 3-145 所示。然后鼠标拾取娃娃头部球体表面，并利用轴向的操作手柄调整高度方向上的位置，将头发定位到娃娃头部造型上，如图 3-146 所示。

图 3-145 选择【到中心点】命令

图 3-146 定位头发造型

4. 创建娃娃发髻造型

（参考用时：15 分钟）

（1）从【设计元素库】的【图素】库中选择【圆柱体】，拖动鼠标将其拖拽到设计环境中，设置【编辑包围盒】对话框中的尺寸为【长度】8、【高度】8，如图 3-147 所示。

（2）从【设计元素库】的【图素】库中选择【部分圆锥】，拖动鼠标将其拖拽到设计环境中，并利用智能捕捉将其定位到上部创建的圆柱体端面，调整【包围盒】尺寸为【长度】14、【高度】13，如图 3-148 所示。

图 3-147 编辑圆柱体尺寸

图 3-148 调入部分圆锥体

(3) 使圆锥体处于智能编辑状态，单击【三维球】按钮，按下空格键，对三维球进行重新定位，单击并拖动水平移动手柄，使其向右移动 17，定位到圆柱体中心位置。再次按下空格键，使三维球重新附着在零件上，如图 3-149 所示。

(4) 选择三维球内侧的轴向定向手柄，单击右键，在弹出的快捷菜单中选择【镜像】|【拷贝】命令，则完成了部分圆锥体的镜像，如图 3-150 所示。

图 3-149　移动三维球　　　　　　　图 3-150　部分圆锥体的镜像

(5) 单击娃娃发髻造型，激活【三维球】工具，将发髻造型旋转至合适角度。右键单击三维球中心，在弹出的快捷菜单中选择【到点】命令。然后单击拾取娃娃头发造型顶部，当出现绿色圆点时释放鼠标，如图 3-151 所示，将发髻定位到娃娃头发造型上，如图 3-152 所示。

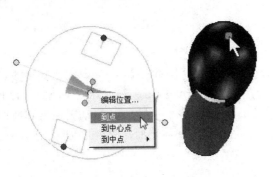 

图 3-151　移动发髻　　　　　　　图 3-152　完成定位

5. 创建娃娃袖子造型及细节修饰

（参考用时：8 分钟）

(1) 单击【特征生成】工具条中的【拉伸特征】按钮，在空白处单击，弹出【拉伸特征向导】对话框，接受默认设置并单击【下一步】按钮，直至进入第 3 步，输入拉伸距离为 8，单击【下一步】按钮，确认显示栅格，单击【完成】按钮完成拉伸特征的设置，如图 3-153 所示。

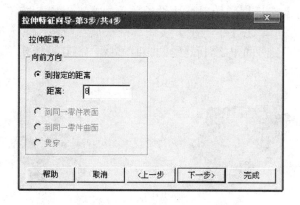

图 3-153 设置拉伸距离

（2）此时设计环境中出现编辑截面栅格，利用【两点线】工具 ＼ 和【圆弧：2 端点】，绘制如图 3-154 所示的扇形，扇形半径 28，圆心角为 90°。

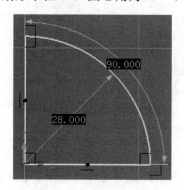

图 3-154 绘制扇形

（3）单击【编辑截面】对话框中的【完成造型】按钮，生成日本娃娃袖子的完整实体造型，如图 3-155 所示。如截面轮廓不封闭，则在出现的【截面编辑】对话框中选择【编辑截面】，返回二维编辑状态，检查是否有断点存在。

（4）单击【圆角过渡】按钮 ，将过渡半径设置为 17，拾取袖子造型的圆弧边线，单击【确定】按钮 ，完成圆角过渡，如图 3-156 所示。

（5）单击袖子造型，通过【编辑】|【拷贝】命令和【编辑】|【粘贴】命令将袖子造型进行复制。同时利用【智能渲染】中的贴图功能对袖子造型进行贴图渲染，如图 3-157 所示。

> 注释：经复制后，袖子零件重叠在一起，需要利用【三维球】工具，对其进行移动，才可以看到两个袖子造型。

（6）单击【特征生成】工具条中的【拉伸特征】按钮，拾取娃娃面部适当位置单击，弹出【拉伸特征向导】对话框，接受默认设置并单击【下一步】按钮，直至进入第 3 步，输入拉伸距离为 0.001，单击【下一步】按钮，确认显示栅格，单击【完成】按钮完成拉伸特征的设置，并在二维平面内绘制娃娃的眼睛和嘴，将其染成相应的颜色，如图 3-158 所示。

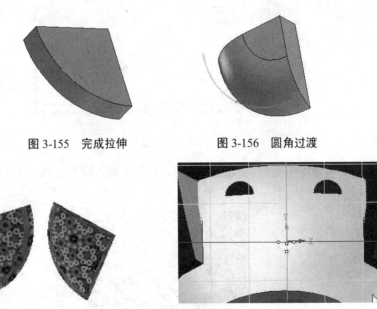

图 3-155　完成拉伸　　　　　　图 3-156　圆角过渡

图 3-157　袖子渲染　　　　　　图 3-158　绘制面部细节

（7）右击设计环境，弹出快捷菜单，选择【渲染】命令，在出现的【设计环境属性】对话框中，不勾选【显示零件边界】，选中【真实感图】、【阴影】、【光线跟踪】和【反走样】，单击【确定】按钮完成渲染，如图 3-159 所示。

图 3-159　日本娃娃

3.5 课后练习

设计如图 3-160 所示的零件。

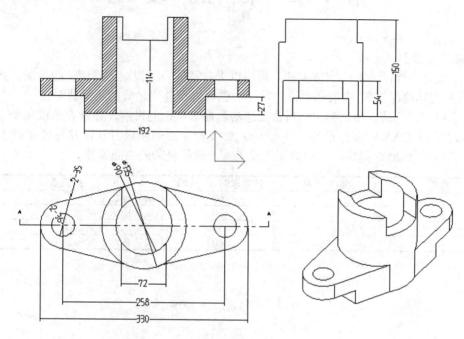

图 3-160 练习题用图

第 4 章 曲面设计

【本章导读】

对于设计有光滑曲面的实体零件,采用以上各章的方法很难达到满意的效果,此时采用 CAXA 实体设计 2007 中的曲面设计功能,就可以设计出精确的光滑曲面。

本章通过对花朵、棒球帽、鸡蛋盒及沐浴乳瓶等实例的讲解,让读者通过 4 个小时的实例学习掌握 CAXA 实体设计中各种 3D 曲线及曲面的生成方法,并在此基础上运用 CAXA 实体设计 2007 提供的各种曲面生成工具,设计复杂的曲面零件。

序号	实例名称	参考学时(分钟)	知识点
4.1	花朵	60	边界面、装配
4.2	棒球帽	70	旋转面、导动面
4.3	鸡蛋盒	50	网格面、绘制曲线
4.4	沐浴乳瓶	60	投影曲线、曲面裁剪

4.1 花　朵

零件源文件——见光盘中的"\源文件\第 4 章\4.1 花朵.ics"文件。

4.1.1 案例预览

(参考用时:60 分钟)

本节将介绍一个花朵的设计过程。花朵的花瓣具有典型的曲面特征,形状较为复杂。利用【边界面】工具来绘制花朵,如图 4-1 所示。

图 4-1　花朵

4.1.2 案例分析

花朵主要由花瓣和花蕊组成，首先利用【旋转特征】生成花瓣实体造型，利用实体边线生成 3D 曲线，然后由【边界面】工具生成花瓣曲面，经复制完成一组花瓣的创建。花蕊特征是通过【扫描特征】生成的，经复制和装配完成一组花蕊的绘制。

4.1.3 常用命令

【边界面】在由已知曲线围成的边界区域上生成曲面；边界的曲线数目为 4，所以也称为四边面，4 条边界曲线要求首尾相接围成一个封闭的区域。

4.1.4 设计步骤

1. 新建绘图文件

（参考用时：1 分钟）

（1）启动 CAXA 实体设计 2007 软件，进入三维设计环境。

（2）执行【文件】|【新文件】菜单命令，弹出【新建】对话框，选择"设计"选项，如图 4-2 所示，单击【确定】按钮，弹出【新的设计环境】对话框，如图 4-3 所示，选择"Blank Scene"新建绘图文件，或者单击【标准】工具栏的【默认模板设计环境】按钮，进入默认设计环境。

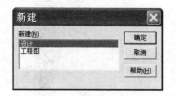

图 4-2 【新建】对话框

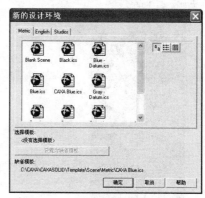

图 4-3 【新的设计环境】对话框

2. 绘制花瓣

（参考用时：25 分钟）

（1）单击【特征生成】工具条中的【旋转特征】按钮，弹出【旋转特征向导】对话框，接受默认设置并单击【下一步】按钮，进入第 2 步，设置【旋转角度】为 60°，如图 4-4 所示。在【新形状如何定位】区域中选择【离开选择的表面】单选按钮；单击【下一步】按钮，进入第 3 步，确认显示栅格，单击【完成】按钮完成旋转特征的设置，如图 4-5 所示。

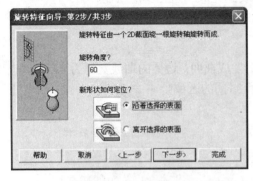

图 4-4　输入旋转角度　　　　　　　　　　图 4-5　确认显示栅格

（2）此时设计环境中出现编辑截面栅格，单击【二维绘图】工具栏中的【B 样条】按钮，在栅格上绘制花朵花瓣的截面线，此处对于截面线没有严格的尺寸要求，只要符合花瓣的形状即可，如图 4-6 所示。

（3）单击【编辑草图截面】对话框中的【完成造型】按钮，完成花瓣造型 1/6 旋转特征的创建，如图 4-7 所示。

图 4-6　绘制花瓣形状　　　　　　　　　　图 4-7　完成旋转

（4）单击【3D 曲线】工具栏中的【三维曲线】按钮，在 1/6 的实体表面上画如图 4-8 所示的三维曲线。单击【确定】按钮，完成三维曲线的生成。

第 4 章 曲面设计

（5）单击拾取花瓣实体两侧的棱线，使之变为绿色显示，右击弹出快捷菜单，选择【生成 3D 曲线】命令，如图 4-9 所示。

> **注释**：绘制 3D 曲线时应以棱线与边线的交点处开始绘制，以另一交点为结束。生成 3D 曲线后，曲线以橘黄色显示。

图 4-8　绘制三维曲线　　　　　图 4-9　生成 3D 曲线

（6）在【特征树】中选择该旋转实体零件，单击右键，在弹出的快捷菜单中选择【隐藏选择对象】命令，隐藏实体，如图 4-10 所示。

 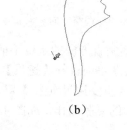

　　　　（a）　　　　　　　　　　（b）

图 4-10　隐藏实体

（7）单击【曲面】工具栏中的【边界面】按钮，分别选择 3 条橘黄色的三维曲线，使之变成蓝色，单击【确定】按钮，1/6 的花瓣面生成，如图 4-11 所示。

（8）从【设计元素库】的【图素】库中选择【长方体】，拖动鼠标将其拖拽到设计环境中，作为方向的参照物，如图 4-12 所示。

（9）单击花瓣面成零件状态，单击【三维球】工具按钮，或按 F10 键，激活三维球，按空格键使三维球处于重新定位状态。右击三维球内部一定向手柄成黄色后，弹出快捷菜单，选择【与边平行】命令，再单击长方体的垂直边，如图 4-13 所示。

（10）右击三维球球心，在弹出的快捷菜单中选择【到点】命令，然后拾取花瓣底部的端点，调整好三维球的方向后，按空格键使三维球重新附着在花瓣面上，如图4-14所示。

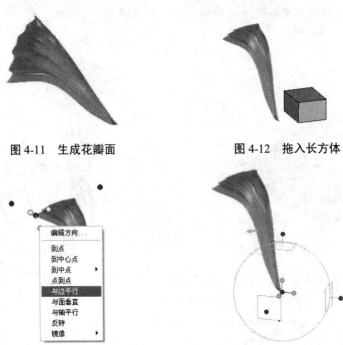

图4-11　生成花瓣面　　　　　　　　图4-12　拖入长方体

图4-13　调整方向　　　　　　　　图4-14　三维球定位

（11）单击以激活竖直方向的定位手柄，在三维球内按住右键并拖动三维球旋转，释放右键。在弹出的快捷菜单中选择【拷贝】命令，如图4-15所示。

（12）在出现的【重复拷贝/链接】对话框中输入数量为5，角度为60，单击【确定】按钮，完成花瓣曲面的复制操作，如图4-16所示。

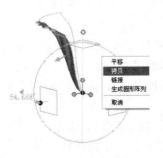 

图4-15　选择【拷贝】命令　　　　　图4-16　设置复制数量

3. 绘制花蕊

✿（参考用时：25 分钟）

（1）单击【特征生成】工具条中的【扫描特征】按钮 ，拾取设计环境空白位置单击确定扫描位置，弹出【扫描特征向导】对话框，单击【下一步】按钮，直至进入第 3 步，选择扫描线类型为【Bezier 曲线】单选按钮，单击【完成】按钮进入轨迹线编辑环境，如图 4-17 所示。

（2）进入轨迹线编辑环境后，单击【B 样条】按钮 ，绘制样条曲线如图 4-18 所示。

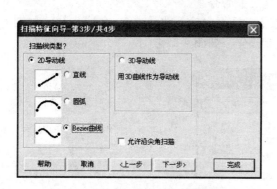 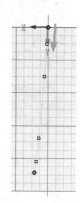

图 4-17　设置【扫描特征】导动线　　　图 4-18　绘制导动线

（3）单击【编辑轨迹曲线】对话框中的【完成造型】按钮，进入【编辑草图截面】环境。单击【圆：圆心+半径】按钮 ，在二维截面上以扫描线起点为圆心绘制半径为 1.8 的圆，如图 4-19 所示。

（4）单击【编辑草图截面】对话框中的【完成造型】按钮，则生成花蕊的实体造型，从【设计元素库】的【图素】库中选择【球体】，拖动鼠标将其拖拽到花蕊造型顶部的截面中心位置，并利用【编辑包围盒】命令，编辑其长、宽、高到合适的尺寸，如图 4-20 所示。

图 4-19　绘制扫描截面　　　图 4-20　调入球体图素

(5) 从【设计元素库】的【图素】库中选择【长方体】,拖动鼠标将其拖拽到设计环境中,作为方向的参照物。将花蕊和球体都单击成零件状态,单击【装配】工具按钮 ,将花蕊和球体装配成一个整体。

(6) 在装配状态下,单击【三维球】工具按钮 或按 F10 键,激活三维球,按空格键使三维球处于重新定位状态。右击三维球球心,在弹出的快捷菜单中选择【到点】命令,然后拾取花蕊底部的端点;右击三维球内部一定向手柄成黄色后,弹出快捷菜单,选择【与边平行】命令,再单击长方体的垂直边,按空格键使三维球重新附着在花蕊上。

(7) 单击以激活竖直方向的定位手柄,在三维球内按住右键并拖动三维球旋转,释放右键,在弹出的快捷菜单中选择【拷贝】命令。

(8) 在出现的【重复拷贝/链接】对话框中输入数量为 3,角度为 90,如图 4-21 所示。单击【确定】按钮,完成花蕊的复制操作,如图 4-22 所示。

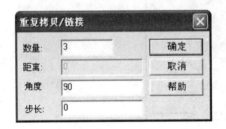

图 4-21　【重复拷贝/链接】对话框　　　　图 4-22　完成花蕊实体复制

(9) 单击其中一支花蕊实体使其处于编辑状态,激活【三维球】工具,调整三维球的方向,使其中一轴与参考长方体的长度边平行。单击拾取三维球外部的操作手柄,在三维球内部右键拖动鼠标旋转,释放鼠标后,在弹出的快捷菜单中选择【拷贝】命令,如图 4-23 所示。

(10) 在出现的【重复拷贝/链接】对话框中输入数量为 1,角度为 13,如图 4-24 所示。单击【确定】按钮,完成另一层花蕊的复制操作。

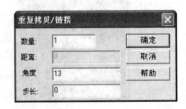

图 4-23　复制花蕊实体　　　　图 4-24　【重复拷贝/链接】对话框

第 4 章 曲面设计

（11）单击刚刚复制的花蕊，单击【三维球】工具按钮，或按 F10 键，激活三维球，按空格键使三维球处于重新定位状态。右击三维球球心，在弹出的快捷菜单中选择【到点】命令，然后拾取花蕊底部的端点；右击三维球内部一定向手柄成黄色后，弹出快捷菜单，选择【与边平行】命令，再单击长方体的垂直边，按空格键使三维球重新附着在花蕊上。

（12）单击以激活竖直方向的定位手柄，在三维球内按住右键并拖动三维球旋转，释放右键，在弹出的快捷菜单中选择【拷贝】命令。

（13）在出现的【重复拷贝/链接】对话框中输入数量为 7，角度为 360/8，如图 4-25 所示。单击【确定】按钮，完成第二层一组花蕊的复制操作。

（14）参考步骤（9）和（10），将中间层花蕊旋转复制，创建最外层的花蕊，在【重复拷贝/链接】对话框中输入数量为 1，角度为 8，如图 4-26 所示。单击【确定】按钮，完成最外层花蕊的复制操作。

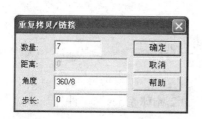

图 4-25 【重复拷贝/链接】对话框

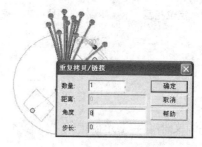

图 4-26 创建最外层花蕊

（15）参考步骤（11）～（13），将最外层花蕊进行复制，创建最外层的花蕊，在【重复拷贝/链接】对话框中输入数量为 11，角度为 360/12，如图 4-27 所示。单击【确定】按钮，完成最外层花蕊的复制操作。利用【装配】工具，将所有花蕊装配，如图 4-28 所示。

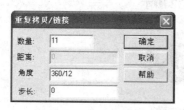

图 4-27 【重复拷贝/链接】对话框

图 4-28 完成复制

4. 组合花朵

（参考用时：25 分钟）

（1）在装配状态下，单击【三维球】工具按钮，或按 F10 键，激活三维球，按空格键使三维球处于重新定位状态。右击三维球球心，在弹出的快捷菜单中选择【到点】命令，如图 4-29 所示。

（2）拾取花瓣底部的端点，将花蕊定位到花瓣内部，如图 4-30 所示。

（3）从【设计元素库】的【颜色】库中选择【黄色】，鼠标拖放到花瓣面上，选择【中紫】拖放到花蕊上，完成花朵的绘制，如图 4-31 所示。

图 4-29 定位花蕊

图 4-30 完成花蕊定位

图 4-31 花朵

4.2 棒 球 帽

零件源文件——见光盘中的"\源文件\第 4 章\ 4.2 棒球帽.ics"文件。

4.2.1 案例预览

（参考用时：70 分钟）

本节将介绍一个棒球帽的设计过程。棒球帽的主体可以由旋转曲面经过复制组合而成。帽檐通过两曲面进行裁剪而生成，如图 4-32 所示。

图 4-32 棒球帽

4.2.2 案例分析

棒球帽主要由帽体和帽沿组成，首先利用【二维草图】命令绘制旋转截面曲线，然后利用【旋转面】生成帽体曲面造型。帽线特征由扫描方式绘制而成。帽檐特征是通过两个垂直相交的曲面经过裁剪而成。最后将帽体和帽檐组合而成。

4.2.3 常用命令

【旋转面】旋转面是按给定的起始角度、终止角度将曲线绕一旋转轴旋转而生成的轨迹曲面。

【导动面】让特征截面线沿着特征轨迹线的某一方向扫动生成曲面。

【曲面裁剪】曲面裁剪对生成的曲面进行修剪,去掉不需要的部分。在曲面裁剪功能中,用户可以在曲面间进行修剪,获得用户所需要的曲面形态。

4.2.4 设计步骤

1. 新建绘图文件

（参考用时：1 分钟）

（1）启动 CAXA 实体设计 2007 软件,进入三维设计环境。

（2）执行【文件】|【新文件】菜单命令,弹出【新建】对话框,选择"设计"选项,如图 4-33 所示,单击【确定】按钮,弹出【新的设计环境】对话框,如图 4-34 所示,选择"Blank Scene"新建绘图文件,或者单击【标准】工具栏的【默认模板设计环境】按钮，进入默认设计环境。

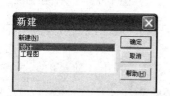

图 4-33 【新建】对话框

图 4-34 【新的设计环境】对话框

2. 绘制帽体

（参考用时：20 分钟）

（1）从【设计元素库】的【图素】库中选择【长方体】,拖动鼠标将其拖拽到设计环境中,作为参照物。

（2）单击【特征生成】工具栏中的【二维草图】按钮，单击拾取长方体边长的中点,系统进入二维草图环境,如图 4-35 所示。

（3）单击【二维绘图】工具栏中的【两点线】按钮，绘制两条垂直相交的直线，水平线距水平轴距离为10，竖直线距竖直轴距离为9，如图4-36所示。

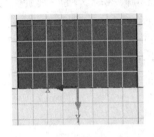

图4-35 【二维草图】截面

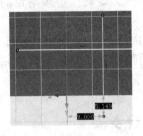

图4-36 绘制两条直线

（4）拾取所绘制的直线单击右键，选择【作为构造辅助元素】命令，如图4-37所示，将两条直线变为辅助线。

（5）单击【二维绘图】工具栏中的【B样条】按钮，绘制如图4-38所示的样条曲线。可以通过调整样条节点，来获得完整的曲线。

图4-37 作为辅助线

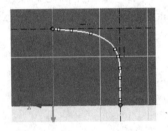

图4-38 绘制样条曲线

（6）单击【二维绘图】工具栏中的【两点线】工具，从曲线端点绘制一条垂直的直线，如图4-39所示。

（7）单击长方体图素，使其处于编辑状态，单击右键，弹出快捷菜单，选择【隐藏选择对象】命令，使长方体隐藏不显示，如图4-40所示。

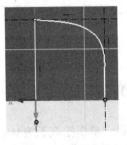

图4-39 绘制竖直线

图4-40 隐藏长方体

（8）选择刚刚绘制好的两条二维线段，单击右键，在弹出的快捷菜单中选择【生成】|【3D 曲线】命令，如图 4-41 所示。

（9）单击【曲面】工具条中的【旋转面】按钮，状态栏提示"拾取 3D 曲线或边（直线）作为旋转轴"，此时拾取竖直直线为旋转轴，如图 4-42 所示。

图 4-41　生成 3D 曲线

图 4-42　选择旋转轴

（10）继续选择旋转曲线为步骤（5）绘制的曲线，如图 4-43 所示，并在【旋转面】工具条中【终止角】文本框中输入角度为 60°。

（11）单击【确定】按钮，完成 1/6 曲面的生成，如图 4-44 所示。

图 4-43　选择旋转曲线

图 4-44　完成旋转面的生成

（12）单击帽面成零件状态，单击【三维球】工具按钮或按 F10 键，激活三维球，按空格键使三维球处于重新定位状态。右击三维球内部一定向手柄成黄色后，弹出快捷菜单，选择【到点】命令，再单击帽尖点，将三维球定位到帽尖，并利用长方体作为参照物，将三维球其中一根轴调整为竖直方向，如图 4-45 所示。

（13）按空格键使三维球重新附着在面上。单击以激活竖直方向的定位手柄，在三维球内按住右键并拖动三维球旋转，释放右键，在弹出的快捷菜单中选择【拷贝】命令，如图 4-46 所示。

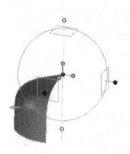 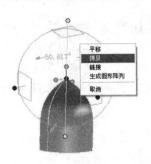

图 4-45 定位三维球　　　　　　图 4-46 复制帽面

（14）在出现的【重复拷贝/链接】对话框中输入数量为 5，角度为 60，单击【确定】按钮，完成曲面的复制操作，如图 4-47 所示。

（15）绘制帽顶圆，单击【特征生成】工具条中的【旋转特征】按钮，单击冒顶点作为旋转截面的起始点，弹出【旋转特征向导】对话框，接受默认设置，单击【完成】按钮完成旋转特征的设置，如图 4-48 所示。

 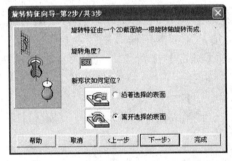

图 4-47 完成复制操作　　　　　　图 4-48 【旋转特征向导】对话框

（16）此时设计环境中出现编辑截面栅格，利用【三维球】工具将栅格调整至如图 4-49 所示的方向。

（17）单击【二维编辑】工具栏中的【投影】按钮，拾取两侧曲面，将曲面的轮廓线投影到二维平面上，如图 4-50 所示。

图 4-49 旋转二维截面　　　　　　图 4-50 投影 3D 线

（18）选中投影产生的曲线，单击右键，在弹出的快捷菜单中选择【作为构造辅助元素】命令，则曲线变为深蓝色，表示辅助线，如图 4-51 所示。

（19）单击【圆弧：2 端点】按钮，草绘一个半圆弧，按 Esc 键结束圆弧绘制。再单击【二维绘图】工具栏中的【两点线】按钮，从曲线端点绘制一条水平的直线，如图 4-52 所示。

图 4-51 创建构造辅助线

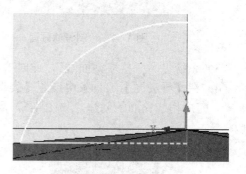

图 4-52 绘制旋转截面

（20）单击【编辑草图截面】对话框中的【完成造型】按钮，完成帽顶旋转特征的创建，如图 4-53 所示。

图 4-53 创建帽顶旋转特征

3. 绘制帽线

（参考用时：7 分钟）

（1）单击【特征生成】工具栏中的【二维草图】按钮，拾取 1/6 帽面的底部端点。系统进入二维草图环境，调整二维截面与帽体底面平行，并绘制如图 4-54 所示的圆。

（2）单击【曲面】工具条中的【导动面】按钮，状态栏提示"拾取导动线"，此时拾取在最开始绘制帽体时绘制的旋转截面线，如图 4-55 所示。

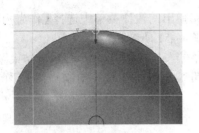 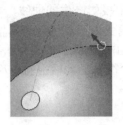

图 4-54　绘制导动截面　　　　　图 4-55　拾取导动线

（3）系统提示"拾取截面线"，此时拾取步骤（1）绘制的圆，如图 4-56 所示。
（4）在【导动面】工具条中设置【类型】为【固接】 固接 ▼，单击【确定】按钮 ⊙，完成帽线曲面的创建，如图 4-57 所示。

图 4-56　拾取截面线　　　　　图 4-57　生成导动面

（5）单击帽线成零件状态，单击【三维球】工具按钮 ⊙，或按 F10 键，激活三维球，按空格键使三维球处于重新定位状态。右击三维球内部一定向手柄成黄色后，弹出快捷菜单，选择【到点】命令，再单击帽尖点，将三维球定位到帽尖，并利用长方体作为参照物，将三维球其中一根轴调整为竖直方向，如图 4-58 所示。
（6）按空格键使三维球重新附着在面上。单击以激活竖直方向的定位手柄，在三维球内按住右键并拖动三维球旋转，释放右键，在弹出的快捷菜单中选择【拷贝】命令，如图 4-59 所示。

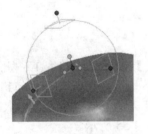 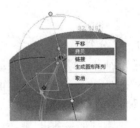

图 4-58　定位三维球　　　　　图 4-59　复制帽线

第 4 章 曲面设计

（7）在出现的【重复拷贝/ 链接】对话框中输入数量为 1，角度为 120，单击【确定】按钮，完成帽线的复制操作，如图 4-60 所示。

（8）在【特征树】中，重新为特征命名，将帽顶球拖动到刚刚创建的帽线之后，让零件生成顺序重新排列，如图 4-61 所示。

（9）从【设计元素库】的【颜色】库中选择适当的颜色，拖放到帽体上，如图 4-62 所示。

图 4-60 完成帽线复制　　　　图 4-61 重新排列顺序　　　　图 4-62 帽体及帽线

4．绘制背面帽带

（参考用时：15 分钟）

（1）选择参考长方体，单击右键，在弹出的快捷菜单中选择【智能渲染】命令，在弹出的对话框中选择【透明度】选项卡，拖动透明度的拖柄，将长方体设为半透明状态，如图 4-63 所示。

（2）单击长方体成零件状态，单击【三维球】工具按钮或按 F10 键，激活三维球，按空格键使三维球处于重新定位状态。右击三维球内部一定向手柄成黄色后，弹出快捷菜单，选择【到点】命令，再单击帽尖点，将三维球定位到帽尖，再次按空格键，使三维球重新附着在长方体上，并利用旋转三维球的操作，将长方体围绕竖直轴进行旋转 150°，到如图 4-64 所示的位置。

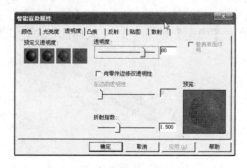
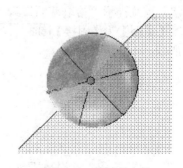

图 4-63 设置透明度　　　　　　　　　图 4-64 旋转长方体

（3）单击【特征生成】工具栏中的【二维草图】按钮，拾取长方体底边中点，如图4-65所示。

（4）系统进入二维草图环境，利用【三维球】工具调整二维截面的方向，并绘制如图4-66所示的草图截面。

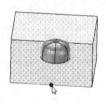
图4-65 拾取绘图点

图4-66 绘制草图截面

（5）单击【编辑草图截面】工具栏中的【完成造型】按钮，拾取刚刚绘制的截面线段，单击右键，在弹出的快捷菜单中选择【生成】|【3D曲线】命令，如图4-67所示。

（6）再次进入二维草图环境，利用【三维球】工具调整二维截面的方向，并绘制如图4-68所示的水平直线。

图4-67 生成3D曲线

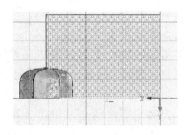
图4-68 绘制直线

（7）单击【曲面】工具条中的【导动面】按钮，状态栏提示"拾取导动线"，此时拾取刚刚绘制的直线，如图4-69所示。

（8）系统提示"拾取截面线"，此时拾取步骤（4）绘制的截面，在【导动面】工具条中设置【类型】为【固接】，单击【确定】按钮，完成曲面的创建，如图4-70所示。

图4-69 拾取导动线

图4-70 生成曲面

(9）单击【曲面】工具条中的【裁剪曲面】按钮 ，状态栏提示"选择两个曲面供裁剪使用"，此时拾取刚刚创建的曲面和帽体曲面，如图 4-71 所示。

(10）调整好箭头方向后，单击【确定】按钮 ，完成曲面的裁剪，如图 4-72 所示。

图 4-71　拾取裁剪曲面　　　　　图 4-72　完成裁剪

(11）采用同样方法，将另一侧的帽孔裁剪成形，如图 4-73 所示。

(12）单击【特征生成】工具栏中的【二维草图】按钮 ，拾取帽体底面的中心点。调整好二维截面的方向。单击【二维编辑】工具栏中的【投影】按钮 ，拾取左侧的帽体曲面，将曲面轮廓投影到二维截面上，如图 4-74 所示。

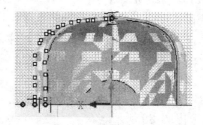

图 4-73　完成帽孔裁剪　　　　　图 4-74　轮廓投影

(13）将上步投影的曲线全部设为辅助线，并利用【两点线】按钮 在帽体下部绘制如图 4-75 所示的小矩形。

(14）单击【曲面】工具条中的【旋转面】按钮 ，状态栏提示"拾取 3D 曲线或边作为旋转轴"，此时拾取帽体的竖直中心轴线作为旋转轴，如图 4-76 所示。

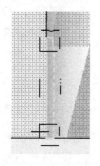

图 4-75　绘制矩形　　　　　图 4-76　拾取旋转轴

(15) 继续选择旋转曲线为步骤（13）绘制的矩形内侧边,并在【旋转面】工具条中【终止角】文本框中输入角度为 360°。

(16) 单击【确定】按钮 ◎,完成曲面的生成,如图 4-77 所示。

(17) 从【设计元素库】的【颜色】库中选择适当的颜色,拖放到帽带上,如图 4-78 所示。

图 4-77 生成帽带曲面　　　　　　图 4-78 添加颜色

5. 绘制帽檐

（参考用时：20 分钟）

(1) 从设计环境右侧的【设计元素库】中的【图素】中选择【圆柱体】图素,按住鼠标左键将其拖入设计环境中,此时可以按住鼠标中键旋转圆柱体,使其处于便于操作的视向,利用【编辑包围盒】命令,编辑长度、宽度和高度分别为 22、22 和 20,单击【确定】按钮完成尺寸的编辑,如图 4-79 所示。

(2) 拾取圆柱面使其以绿色显示,单击右键,在弹出的快捷菜单中选择【生成】|【曲面】命令,如图 4-80 所示。

图 4-79 调入圆柱体　　　　　　图 4-80 生成曲面

(3) 单击【特征生成】工具栏中的【二维草图】按钮 ,拾取圆柱体端面边线的象限点,调整好二维截面的方向,并利用【两点线】按钮 \ 绘制两条竖直辅助线和一条水平辅助线,如图 4-81 所示。

（4）单击【二维绘图】工具栏中的【B 样条】按钮 ，绘制如图 4-82 所示的样条曲线。可以通过调整样条节点，来获得完整的曲线。

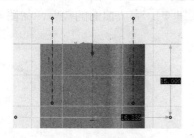
图 4-81　绘制辅助线

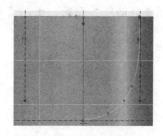
图 4-82　绘制样条曲线

（5）单击【二维编辑】工具栏中的【镜像】按钮 ，选择中心坐标线作为对称轴，然后拾取刚刚绘制的样条曲线，完成曲线的镜像，如图 4-83 所示。

（6）单击【两点线】按钮 ，连接两条样条曲线的端点，绘制一条水平线，如图 4-84 所示。

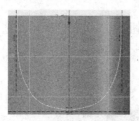
图 4-83　镜像曲线

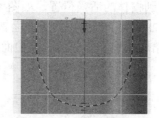
图 4-84　绘制直线

（7）单击【编辑草图截面】工具栏中的【完成造型】按钮，拾取刚刚绘制的截面线段，单击右键，在弹出的快捷菜单中选择【生成】|【3D 曲线】命令，如图 4-85 所示。

（8）拾取 3D 样条曲线，单击右键，在弹出的快捷菜单中选择【生成】|【拉伸】命令，弹出【拉伸】对话框，设置【生成类型】为【曲面】，拉伸距离为 15，单击【确定】按钮，将曲线拉伸成曲面，如图 4-86 所示。

图 4-85　生成 3D 曲线

图 4-86　拉伸成曲面

（9）单击【曲面】工具条中的【裁剪曲面】按钮，状态栏提示"选择两个曲面供裁剪使用"，此时拾取圆柱面和刚刚拉伸生成的曲面，如图4-87所示。

（10）调整好箭头方向后，单击【确定】按钮，完成曲面的裁剪，如图4-88所示。

图4-87　拾取裁剪曲面　　　　　图4-88　裁剪成帽檐

6. 完成棒球帽绘制

（参考用时：7分钟）

（1）单击帽檐使其处于编辑状态，单击【三维球】按钮，利用三维球的定位和定向功能将帽檐定位到帽体的适当位置，如图4-89所示。

（2）单击【曲面】工具条中的【曲面裁剪】按钮，状态栏提示"选择两个曲面供裁剪使用"，此时拾取帽檐和帽体的相交曲面，如图4-90所示。

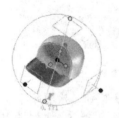 

图4-89　将帽檐定位到帽体上　　　　　图4-90　拾取裁剪曲面

（3）调整好箭头方向后，单击【确定】按钮，完成曲面的裁剪，如图4-91所示。

（4）若对颜色不满意，可以重新从【设计元素库】的【颜色】库中选择适当的颜色，拖放到棒球帽的相应曲面上，完成棒球帽的绘制，如图4-92所示。

图4-91　完成帽檐相交面裁剪　　　　　图4-92　棒球帽

4.3 鸡蛋盒

零件源文件——见光盘中的"\源文件\第 4 章\ 4.3 鸡蛋盒.ics"文件。

4.3.1 案例预览

☼（参考用时：50 分钟）

本节将介绍一个鸡蛋盒的设计过程。鸡蛋盒主要是通过网格面生成，然后利用边界面，绘制鸡蛋盒的四周侧面，最后利用旋转特征的方法来生成鸡蛋实体，如图 4-93 所示。

图 4-93 鸡蛋盒

4.3.2 案例分析

鸡蛋盒主要由蛋盒和鸡蛋组成，首先利用【二维曲线】命令绘制构成网格面的曲线，然后利用【网格面】命令生成蛋盒面。利用【边界面】工具来生成蛋盒的四周面，并利用【旋转特征】工具来生成鸡蛋实体，复制定位到蛋盒中。最后渲染完成鸡蛋盒的绘制。

4.3.3 常用命令

【网格面】以网格曲线为骨架，蒙上自由曲面生成的曲面称之为网格曲面。网格曲线是由特征线组成的横竖相交线。

【边界面】在由已知曲线围成的边界区域上生成曲面。边界的曲线数目为 4，所以也称为四边面。4 条边界曲线要求首尾相接围成一个封闭的区域。

【等距】利用此工具可将选定的几何图形从其原始位置复制或移动到指定位置。

4.3.4 设计步骤

1. 新建绘图文件

☼（参考用时：1 分钟）

（1）启动 CAXA 实体设计 2007 软件，进入三维设计环境。

（2）执行【文件】|【新文件】菜单命令，弹出【新建】对话框，选择"设计"选项，如图4-94所示，单击【确定】按钮，弹出【新的设计环境】对话框，如图4-95所示，选择"Blank Scene"新建绘图文件，或者单击【标准】工具栏的【默认模板设计环境】按钮，进入默认设计环境。

图4-94 【新建】对话框　　　　　　　　图4-95 【新的设计环境】对话框

2. 生成蛋夹网格面

（参考用时：25分钟）

（1）单击【特征生成】工具栏中的【拉伸特征】按钮，直接单击【拉伸特征向导】对话框中的【完成】按钮，如图4-96所示。

（2）设计环境中出现编辑截面栅格，单击中心的垂直坐标轴成黄色，并单击【二维编辑】工具条中的【等距】按钮，出现【等距】对话框，将【距离】改写成20，【拷贝的数量】改写成5，如图4-97所示。绘制坐标轴另一侧的等距线时则选中【切换方向】复选框。

图4-96 【拉伸特征向导】对话框　　　　图4-97 【等距】对话框

(3)单击【确定】按钮,则完成 10 条竖直辅助线的绘制,如图 4-98 所示。

(4)单击中心的水平坐标轴成黄色,并单击【二维编辑】工具条中的【等距】按钮,出现【等距】对话框,将【距离】改写成 20,【拷贝的数量】改写成 1,单击【确定】按钮,完成水平辅助线的绘制,如图 4-99 所示。

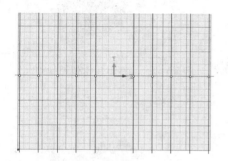 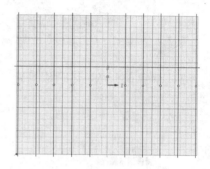

图 4-98　绘制竖直辅助线　　　　　　　图 4-99　绘制水平辅助线

(5)单击【二维绘图】工具栏中的【B 样条】按钮,通过各个辅助线交点来绘制如图 4-100 所示的样条曲线,并利用【连续直线】按钮,绘制 3 条连续直线。

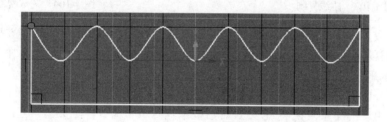

图 4-100　绘制样条曲线

(6)单击【编辑草图截面】工具栏中的【完成造型】按钮,拾取刚刚绘制的实体轮廓曲线,单击右键,在弹出的快捷菜单中选择【生成 3D 曲线】命令,如图 4-101 所示。

(7)拾取上步生成的 3D 曲线,单击【三维球】按钮,按下空格键,将三维球定位到曲线的端点位置,并调整好方向,再次按下空格键,使三维球重新附着在曲线上,如图 4-102 所示。

(8)单击以激活竖直方向的定位手柄,在三维球内按住右键并拖动三维球旋转,释放右键,在弹出的快捷菜单中选择【拷贝】命令,如图 4-103 所示。

(9)在出现的【重复拷贝/链接】对话框中输入数量为 1,角度为 90,单击【确定】按钮,完成曲线的复制操作,如图 4-104 所示。

图 4-101 生成 3D 曲线

图 4-102 将三维球定位至端点

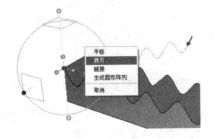
图 4-103 曲线复制

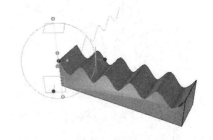
图 4-104 完成复制

（10）拾取上步复制生成的 3D 曲线，单击【三维球】按钮，按下空格键，将三维球定位到曲线的端点位置，并调整好方向，再次按下空格键，使三维球重新附着在曲线上。单击以激活水平方向的定位手柄，右击并拖动三维球沿此轴移动，释放右键，在弹出的快捷菜单中选择【拷贝】命令，如图 4-105 所示。

（11）在出现的【重复拷贝/链接】对话框中输入数量为 1，距离为 40，单击【确定】按钮，完成曲线的复制操作，如图 4-106 所示。

图 4-105 曲线复制

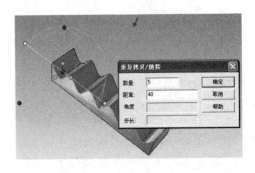
图 4-106 【重复拷贝/链接】对话框

(12) 用同样方法将另一方向上的曲线复制 5 条，完成效果如图 4-107 所示。

(13) 单击【曲面】工具条中的【网格面】按钮，首先选择 U 方向的曲线，选择完毕后，所选择的曲线以蓝色显示，如图 4-108 所示。

> 注释：网格面的生成思路：首先构造曲面的特征网格线，确定曲面的初始骨架形状。然后用自由曲面插值特征网格线生成曲面。
>
> 由于一组截面线只能反映一个方向的变化趋势，还可以引入另一组截面线来限定另一个方向的变化，这形成一个网格骨架，控制住两方向（U 和 V 两个方向）的变化趋势，使特征网格线基本上反映出设计者想要的曲面形状，在此基础上插值网格骨架生成的曲面必然满足设计者的要求。

图 4-107　完成曲线复制

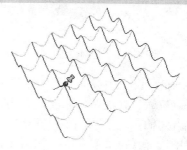

图 4-108　选择 U 方向的网格线

(14) 单击【拾取 V 向曲线】按钮，选择 V 方向的曲线，选择完毕后，所选择的曲线以红色显示，如图 4-109 所示。

(15) 单击【确定】按钮，完成网格面的生成，如图 4-110 所示。

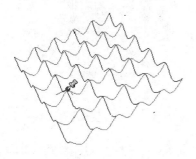

图 4-109　选择 V 方向的网格线

图 4-110　生成网格面

3. 创建蛋夹四周边界面

（参考用时：15 分钟）

(1) 按住鼠标中键旋转视图，将蛋夹旋转至如图 4-111 所示的方向。单击【3D 曲线】

工具栏中的【三维曲线】按钮，在出现的【三维曲线】工具栏中选择【插入直线】按钮，然后连接蛋夹轮廓线的端点，并利用【插入样条曲线】按钮来绘制两侧的曲线。绘制完成后，单击【确定】按钮，完成三维曲线的绘制，如图4-111所示。

（2）单击【曲面】工具栏中的【边界面】按钮，分别选择上步绘制的4条三维线，使之变成蓝色，单击【确定】按钮，生成曲面，如图4-112所示。

图4-111　绘制三维曲线　　　　　　　　图4-112　生成边界面

（3）拾取上步生成的边界面，单击【三维球】按钮，按下空格键，将三维球定位到左侧端点位置，并调整好方向，再次按下空格键，使三维球重新附着在曲面上，单击以激活竖直方向的定位手柄，在三维球内按住右键并拖动三维球旋转，释放右键，在弹出的快捷菜单中选择【拷贝】命令，如图4-113所示。

（4）在出现的【重复拷贝/链接】对话框中输入数量为1，角度为90，单击【确定】按钮，完成曲线的复制操作，如图4-114所示。

图4-113　旋转复制曲面　　　　　　　　图4-114　生成复制曲面

（5）重复以上操作，完成其余两个侧面的复制，完成效果如图4-115所示。

（6）利用【三维球】操作，将（1）中绘制的上边线进行复制，使其向外移动距离为20，并完成4个边的移动复制，如图4-116所示。

（7）单击【3D曲线】工具栏中的【三维曲线】按钮，在出现的【三维曲线】工具栏中选择【插入直线】按钮，连接复制曲线的端点与蛋夹侧面端点，如图4-117所示。

（8）单击【曲面】工具栏中的【边界面】按钮，分别选择侧面的4条三维线，使之变成蓝色，单击【确定】按钮，生成曲面，如图4-118所示。

图 4-115 完成 4 个边界面的生成

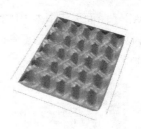
图 4-116 复制三维曲线

图 4-117 完成连接曲线端点

图 4-118 生成边界面

(9) 单击【特征生成】工具栏中的【二维草图】按钮 ,单击拾取侧面的矩形端点。系统进入二维草图环境,调整好二维截面的方向,单击【二维绘图】工具栏中的【圆弧:圆心和端点】按钮 ,绘制如图 4-119 所示的圆弧。

(10) 用同样方法完成其余 3 个圆弧的绘制,效果如图 4-120 所示。

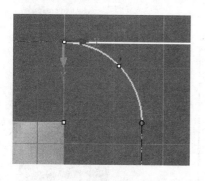
图 4-119 绘制圆弧曲线

图 4-120 完成 4 个曲线的绘制

(11) 单击【编辑草图截面】工具栏中的【完成造型】按钮,拾取刚刚绘制的 4 条圆弧曲线,单击右键,在弹出的快捷菜单中选择【生成】|【3D 曲线】命令,如图 4-121 所示。

（12）单击【曲面】工具栏中的【边界面】按钮 ◯，分别选择侧面的 4 条三维线，使之变成蓝色，单击【确定】按钮 ◉，生成曲面。用同样的方法生成另一侧的边界曲面，如图 4-122 所示。

图 4-121　生成圆弧 3D 曲线

图 4-122　完成边界面的绘制

4. 绘制鸡蛋

（参考用时：9 分钟）

（1）单击【特征生成】工具条中的【旋转特征】按钮 ⟳，弹出【旋转特征向导】对话框，直接单击【完成】按钮完成旋转特征的设置，如图 4-123 所示。

（2）此时设计环境中出现编辑截面栅格，首先利用【两点线】按钮 ╲ 绘制几条辅助线，然后单击【二维绘图】工具栏中的【B 样条】按钮 ?，在栅格上绘制鸡蛋的截面线，此处对于截面线没有严格的尺寸要求，大约短轴长 40，长轴长 65 即可，如图 4-124 所示。

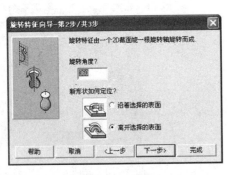

图 4-123　生成旋转特征

图 4-124　绘制鸡蛋截面

（3）单击【编辑草图截面】对话框中的【完成造型】按钮，完成鸡蛋旋转特征的创建，如图 4-125 所示。

（4）单击【三维球】工具按钮 或按 F10 键，激活三维球，按空格键使三维球处于重新定位状态。右击三维球球心，在弹出的快捷菜单中选择【到点】命令，将三维球定位到鸡蛋底部。再次按下空格键，使三维球重新附着在鸡蛋实体上，并利用三维球的定位功能将鸡蛋放置到蛋夹中，如图 4-126 所示。

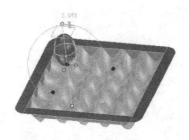

图 4-125　生成鸡蛋旋转特征　　　　图 4-126　将鸡蛋放置在蛋夹中

（5）单击以激活水平方向的定位手柄，右击并拖动三维球沿此轴移动，释放右键，在弹出的快捷菜单中选择【拷贝】命令，在出现的【重复拷贝/链接】对话框中输入数量为 3，距离为 40，单击【确定】按钮，完成鸡蛋的复制操作，如图 4-127 所示。

（6）用同样的方法完成另一个方向的鸡蛋复制操作，完成的效果如图 4-128 所示。

图 4-127　鸡蛋复制　　　　　　　图 4-128　另一方向鸡蛋复制

（7）从【设计元素库】中拖入【长方体】放置在鸡蛋盒下，并从【设计元素库】的【材质】库中选择【木材】，拖放到长方体上，选择合适的颜色拖放到鸡蛋和蛋夹上，完成鸡蛋盒的绘制，如图 4-129 所示。

图 4-129　鸡蛋盒

4.4 沐浴乳瓶

零件源文件——见光盘中的"\源文件\第4章\4.4沐浴乳瓶.ics"文件。

4.4.1 案例预览

（参考用时：60分钟）

本节将介绍一个沐浴乳瓶的设计过程。通过本节的练习，使读者能够更加熟练地应用曲面的生成方法和曲面裁剪等编辑方法，完成的沐浴乳瓶如图4-130所示。

图4-130 沐浴乳瓶

4.4.2 案例分析

沐浴乳瓶的主体结构是通过【放样特征】来生成，然后拾取其表面生成曲面。乳瓶肩部特征是通过【导动面】生成曲面，经【曲面裁剪】完成肩部特征的创建。添加瓶口特征后，经渲染完成沐浴乳瓶的绘制。

4.4.3 常用命令

【投影线】一条或多条空间曲线按给定的方向向曲面投影，投影的结果就是曲面的投影线。

【曲面裁剪】曲面裁剪对生成的曲面进行修剪，去掉不需要的部分。在曲面裁剪功能中，用户可以在曲面间进行修剪，获得用户所需要的曲面形态。

【曲面合并】可将多张连接曲面光滑合并为一张曲面，用户可以使用该功能实现两种方式的曲面拟合。

【曲面加厚】用户可以对指定的曲面按照给定的厚度沿曲面的法向进行实体特征加厚。为了方便用户操作该功能提供在右键菜单中。

4.4.4 设计步骤

1. 新建绘图文件

（参考用时：1 分钟）

（1）启动 CAXA 实体设计 2007 软件，进入三维设计环境。

（2）执行【文件】|【新文件】菜单命令，弹出【新建】对话框，选择"设计"选项，如图 4-131 所示，单击【确定】按钮，弹出【新的设计环境】对话框，如图 4-132 所示，选择"Blank Scene"新建绘图文件，或者单击【标准】工具栏的【默认模板设计环境】按钮，进入默认设计环境。

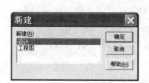

图 4-131 【新建】对话框

图 4-132 【新的设计环境】对话框

2. 创建沐浴乳瓶主体

（参考用时：25 分钟）

（1）单击【特征生成】工具条中的【放样特征】按钮，弹出【放样造型向导】对话框，接受默认设置并单击【下一步】按钮，进入第 2 步，设置【截面数】为 3，如图 4-133 所示。

（2）单击【下一步】按钮，进入第 3 步，设置【截面类型】为"定制"，单击【完成】按钮完成放样特征的设置，如图 4-134 所示。

（3）进入【编辑轮廓定位曲线】环境，在坐标原点处绘制一条长度为 175 的直线，如图 4-135 所示。绘制完成后单击【完成造型】按钮，进入【编辑放样截面】环境。

（4）进入截面编辑环境后，首先利用【两点线】工具绘制两条竖直辅助线，距离中心坐标轴的距离为 39，如图 4-136 所示。

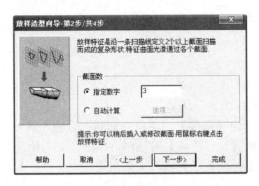 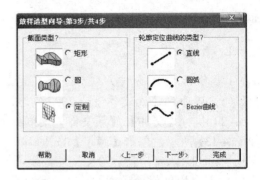

图 4-133 【放样造型向导】对话框　　　图 4-134 设置【截面类型】为"定制"

 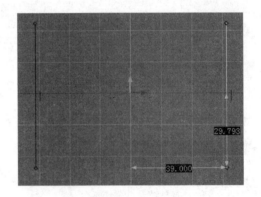

图 4-135 绘制定位曲线　　　图 4-136 绘制两条辅助线

（5）继续利用【两点线】工具 ＼ 绘制一条水平辅助线，距离中心坐标轴的距离为 36，如图 4-137 所示。

（6）单击【二维绘图】工具栏中的【圆弧：3 点】按钮 ，分别以 3 条辅助线与坐标轴的交点为 3 个定位点，绘制如图 4-138 所示的圆弧。

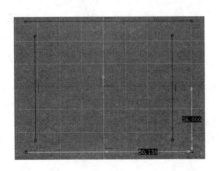 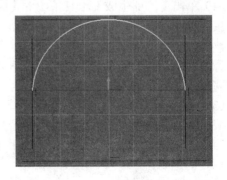

图 4-137 绘制水平辅助线　　　图 4-138 绘制圆弧

（7）单击【二维编辑】工具栏中的【镜像】按钮 ，提示选择对称轴时，单击拾取水平坐标轴，完成曲线的镜像，如图 4-139 所示。

（8）若两条曲线存在断点，则可在断点处单击右键，在弹出的快捷菜单中选择【连接】命令，则可完成曲线的连接，如图 4-140 所示的圆弧。

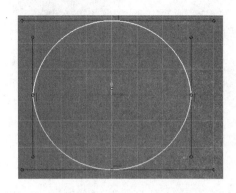
图 4-139　曲线的镜像

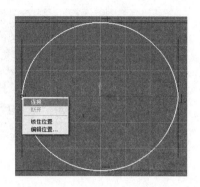
图 4-140　连接断点

（9）单击【二维编辑】工具栏中的【圆弧过渡】按钮 ，然后单击拾取两段圆弧交界处的圆弧，进行曲线过渡，如图 4-141 所示。用同样方法完成另一侧曲线过渡。

（10）单击【编辑放样截面】对话框中的【下一截面】按钮，进入下一截面的编辑环境，如图 4-142 所示。

注释：进行曲线过渡时，没有严格的尺寸要求，只要两段曲线能够较光滑地连接即可，同时尽量保证两边过渡的一致。

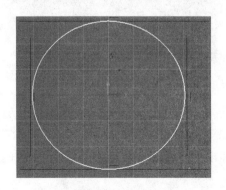
图 4-141　曲线过渡

图 4-142　【编辑放样截面】对话框

（11）单击【两点线】工具 绘制两条竖直辅助线，距离中心坐标轴的距离为 52，如图 4-143 所示。

(12) 单击【二维绘图】工具栏中的【圆弧：3 点】按钮 ⤴，分别以两条辅助线与坐标轴的交点和截面 1 的象限点为 3 个定位点，绘制如图 4-144 所示的圆弧。

    注释：3 点圆弧绘制时，首先拾取圆弧的起点和终点，最后拾取的点可以决定圆弧的半径大小，此时以象限点为第三点来确定圆弧半径。

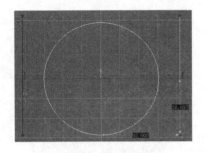

图 4-143　绘制辅助线

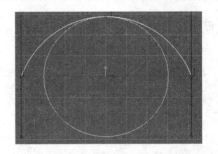

图 4-144　绘制圆弧

(13) 单击【二维编辑】工具栏中的【镜像】按钮 ，提示选择对称轴时，单击拾取水平坐标轴，完成曲线的镜像，如图 4-145 所示。

(14) 单击【二维编辑】工具栏中的【圆弧过渡】按钮 ，然后单击拾取两段圆弧交界处的圆弧，进行曲线过渡，如图 4-146 所示。用同样方法完成另一侧曲线过渡。

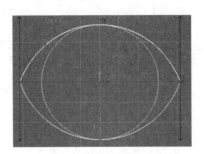

图 4-145　曲线的镜像

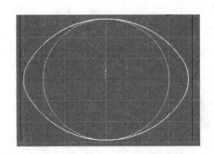

图 4-146　曲线过渡

(15) 单击【编辑放样截面】对话框中的【下一截面】按钮，进入下一截面的编辑环境。参照步骤 (6)~(9) 绘制和截面 1 一样的圆弧，完成效果如图 4-147 所示。

(16) 绘制完成后，单击【编辑放样截面】对话框中的【完成造型】按钮，如图 4-148 所示。完成放样特征的创建。

    注释：绘制截面 3 时尽量保证和截面 1 一致，但也不用要求严格一样，只要造型符合沐浴乳瓶的外观即可。

    若发现截面 1 或截面 2 仍需要进一步编辑，可单击【编辑放样截面】对话框中的【上一截面】按钮，对前面的截面进行编辑。

第4章 曲面设计

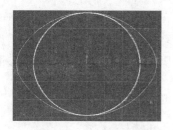
图4-147 曲线的绘制

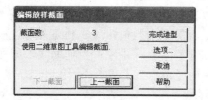
图4-148 单击【完成造型】按钮

（17）单击放样特征的表面，使其表面以绿色显示，单击右键，在弹出的快捷菜单中选择【生成】|【曲面】命令，如图4-149所示。

（18）隐藏放样特征实体，沐浴乳瓶的主体曲面特征如图4-150所示。

图4-149 生成曲面

图4-150 完成效果

3. 创建沐浴乳瓶肩部特征

（参考用时：25分钟）

（1）单击【特征生成】工具栏中的【二维草图】按钮，单击拾取放样特征顶面中心。系统进入二维草图环境，如图4-151所示。

（2）单击【二维绘图】工具栏中的【圆：圆心+半径】按钮，以坐标原点为圆心绘制半径为20的圆，如图4-152所示。

图4-151 二维草绘

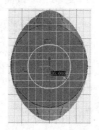
图4-152 绘制圆

(3) 单击【完成造型】按钮退出草绘环境,右击该圆,在弹出的快捷菜单中选择【生成 3D 曲线】命令,隐藏主体曲面,再次进入草绘环境,利用【三维球】工具调整二维截面到与圆垂直的方向,单击【二维编辑】工具栏中的【投影】按钮，然后拾取圆,将其投影到二维截面上,并设置为辅助线,如图 4-153 所示。

(4) 单击【两点线】工具 绘制一条水平辅助线,距离中心坐标轴的距离为 30,如图 4-154 所示。

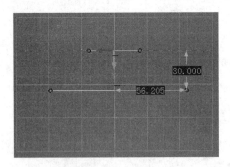

图 4-153 投影曲线　　　　　　　　　图 4-154 绘制圆

(5) 单击【二维绘图】工具栏中的【圆弧:3 点】按钮 ，以两条辅助线的端点为圆弧的起点和终点,绘制如图 4-155 所示的圆弧。

(6) 单击【完成造型】按钮退出草绘环境,单击【曲面】工具条中的【导动面】按钮 ，状态栏提示"拾取导动线",此时拾取步骤(2)绘制的圆,如图 4-156 所示。

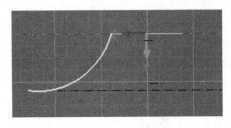

图 4-155 绘制导动截面　　　　　　　图 4-156 拾取导动线

(7) 系统提示"拾取截面线",此时拾取步骤(5)绘制的圆弧,如图 4-157 所示。

(8) 在【导动面】工具条中设置【类型】为【固接】 固接　　　　，单击【确定】按钮 ，完成沐浴乳瓶肩部曲面的创建,如图 4-158 所示。

注释:绘制导动截面时,虽然没有严格的尺寸要求,但应保证圆弧的半径足够大,这样才能在曲面裁剪时成功裁剪。

【导动面】的类型有【平行】、【固接】等 4 种类型,默认类型为【平行】,此时应修改为【固接】。

图 4-157 拾取导动截面

图 4-158 生成导动面

（9）显示隐藏的曲面后，可以看到肩部曲面与瓶体曲面相交，如图 4-159 所示。

（10）单击【曲面】工具条中的【裁剪曲面】按钮 ⊗，状态栏提示"选择两个曲面供裁剪使用"，此时拾取肩部曲面和瓶体曲面，调整好箭头方向，如图 4-160 所示，将肩部多余曲面裁剪掉。

图 4-159 显示隐藏的曲面

图 4-160 裁剪曲面

（11）单击【确定】按钮 ◉，完成曲面的裁剪，如图 4-161 所示。

（12）用同样方法，将瓶体的多余曲面裁剪掉，完成的效果如图 4-162 所示。

图 4-161 裁剪肩部

图 4-162 裁剪瓶体

（13）拾取瓶体和肩部的各个曲面，单击右键，在弹出的快捷菜单中选择【生成】|【曲面加厚】命令，如图 4-163 所示。将所有的曲面加厚 2mm，如图 4-164 所示。

图 4-163　曲面加厚　　　　　　图 4-164　设置【厚度】对话框

4. 创建瓶口

（参考用时：9 分钟）

（1）拾取肩部特征的 3D 曲线圆，单击右键，在弹出的快捷菜单中选择【生成】|【拉伸】命令，如图 4-165 所示。

（2）弹出【拉伸】对话框，设置拉伸距离为 3，如图 4-166 所示。

图 4-165　生成拉伸　　　　　　图 4-166　设置拉伸距离

（3）从【设计元素库】的【高级图素】库中选择【齿形波纹体】，拖动鼠标将其拖拽到刚刚创建的拉伸特征顶面中心点处，右击拖动柄，在弹出的快捷菜单中选择【编辑包围盒】命令，出现对话框，输入长度为 30、高度为 15，如图 4-167 所示。

（4）在螺纹体处于编辑状态下，右键单击，在弹出的快捷菜单中选择【智能图素属性】

命令，如图 4-168 所示。

> 注释：可以在【智能图素属性】命令的弹出对话框中编辑螺纹体的具体尺寸。

图 4-167 编辑包围盒

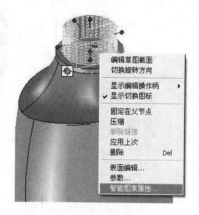

图 4-168 选择【智能图素属性】命令

（5）在弹出的【旋转特征】对话框中，单击【变量】选项卡，设置螺纹的【槽宽】为 0.004，【槽高】为 0.004，【墙厚】为 0.1，如图 4-169 所示。

（6）从【设计元素库】的【图素】库中选择【孔类圆柱体】，拖动鼠标将其拖拽到刚刚创建的螺纹特征顶面中心点处，在【编辑包围盒】对话框中将其直径设为 25，并拖动高度方向的操作手柄，使其贯穿瓶口，如图 4-170 所示。

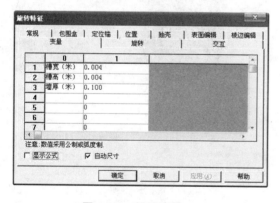

图 4-169 设置变量

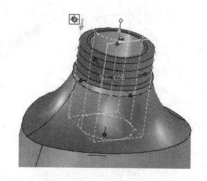

图 4-170 调入孔类圆柱体

（7）从【设计元素库】的【颜色】库中选择适当的颜色放到瓶体上，在瓶体面处于选中的状态下，右击鼠标，在弹出的快捷菜单中选择【智能渲染】命令，在【贴图】选项卡中选择合适的图片将其贴到瓶体上，完成的沐浴乳瓶如图 4-171 所示。

图 4-171 沐浴乳瓶

4.5 课后练习

参考如图 4-172 所示的产品外形,自己设计一款鼠标。

图 4-172 产品外形

第 5 章 工 程 图

【本章导读】

二维工程图作为工程语言在设计和生产等工程应用中发挥了重要的作用。虽然现在三维技术在高速发展，但在今后很长的一段时间内，二维工程图依然有着广泛的应用。在 CAXA 实体设计 2007 中可以将设计好的三维零件或装配件生成用二维图形表达的零件图或装配图。对已经生成的工程图还可以作进一步完善，如添加新的视图、添加尺寸和工程标注、添加文字标注及生产产品明细表等。

本章通过对传动轴、仪表机架、夹线体及减速器等实例的讲解，让读者通过 3 个小时的实例学习掌握 CAXA 实体设计中二维工程图的生成及工程图的标注方法，重点是让读者掌握将实体设计转化为二维工程图的步骤以及工程图尺寸的修改方法。

序号	实例名称	参考学时（分钟）	知识点
5.1	传动轴	30	标准视图、尺寸标注
5.2	仪表机架	70	剖视图、局部放大视图
5.3	夹线体	40	明细表、零件序号
5.4	减速器	40	视图输出

5.1 传 动 轴

零件源文件——见光盘中的"\源文件\第 5 章\ 5.1 传动轴"文件夹。
录像演示——见光盘中的"\avi\第 5 章\传动轴.avi"文件。

5.1.1 案例预览

✦ （参考用时：30 分钟）

本节介绍将 2.1 节中的传动轴输出二维工程图的过程。通过对本例的学习，读者可以初步掌握由零件图转化为二维工程图的过程，并将接触到在工程图环境下，对零件进行工程图标注的方法。传动轴的工程图如图 5-1 所示。

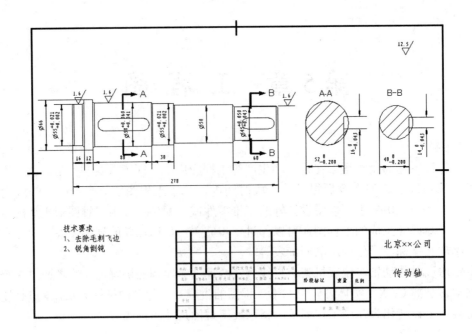

图 5-1 传动轴工程图

5.1.2 案例分析

首先利用【标准视图】生成传动轴的主视图,然后通过生成【剖视图】工具来生成 A 和 B 两个剖截面视图。最后对工程图进行尺寸标注,利用【水平标注】和【垂直标注】等工具来标注线性尺寸、生成公差等。

5.1.3 常用命令

【标准视图】标准视图是指符合《机械制图》标准的 6 个基本视图及轴侧图。一张图纸至少需要包含一个标准视图或一般视图,这样才能添加其他辅助视图,如局部放大视图、剖视图、旋转剖、断面图、向视图和普通视图等。

【剖视图】剖视图功能可以对已经存在的标准视图、一般视图和截断视图进行剖切,得到剖视图。

【工程图标注】系统提供了许多功能用于为图纸添加各种标注,可以通过菜单选择这些功能,也可以直接在【尺寸】和【注解】工具条上选择。

【表面粗糙度】表面粗糙度符号可以添加在模型上、参考线上以及不需要精确参考点的附加几何图形上。

5.1.4 设计步骤

1. 新建工程图文件

（参考用时：2分钟）

（1）启动 CAXA 实体设计 2007 软件，执行【文件】|【新文件】菜单命令，弹出【新建】对话框，选择"工程图"选项，单击【确定】按钮，如图 5-2 所示。

（2）弹出【新建图纸】对话框，选择 GB 选项卡，在该选项卡中选择"横 A4-icd"，单击【确定】按钮，如图 5-3 所示。

图 5-2 【新建】对话框

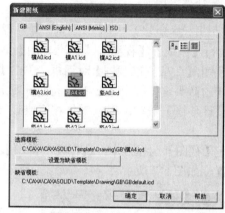

图 5-3 【新建图纸】对话框

（3）在设计环境中出现二维工程图纸，如图 5-4 所示。

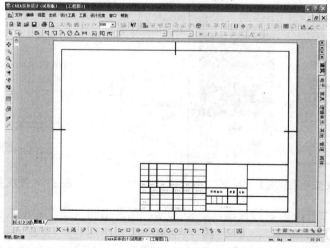

图 5-4 二维工程图设计环境

图 5-5 【视角选择】对话框

(4) 执行【工具】|【视角选择】菜单命令,弹出【视角选择】对话框,选择【第一角度】单选按钮,如图 5-5 所示。

注释:有两种视角投影方法可以用于确定标准视图在工程图中的位置。第一视角投影法是国际规定的投影法,第三视角投影法是欧美等国家常用的投影法,必须在标准视图生成操作开始前指定该选项。

2. 创建标准视图

(参考用时:5 分钟)

(1) 执行【生成】|【视图】|【标准视图】菜单命令,或者单击工具栏中的【标准视图】按钮,弹出【生成标准视图】对话框。单击【浏览】按钮选择 2.1 节绘制的传动轴零件,用窗口下方的箭头定位按钮,对零件进行重新定向而获得需要的当前主视图方向。也可以单击【从设计环境】按钮,根据零件在三维设计环境中的方位确定主视图方向,如图 5-6 所示。

(2) 在【视图】选择框中,选择【主视图】,单击【确定】按钮,在图纸上单击以确定主视图位置,如图 5-7 所示。

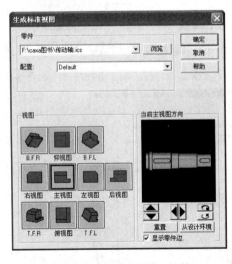

图 5-6 【生成标准视图】对话框

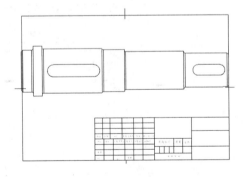

图 5-7 生成主视图

(3) 在视图上单击选定的视图,右击鼠标,在弹出的快捷菜单中选择【属性】命令,弹出【视图属性】对话框,在【比例】选项框中选择比例为"1∶2",如图 5-8 所示。

(4) 单击【确定】按钮,图纸上显示比例缩小后的主视图,如图 5-9 所示。

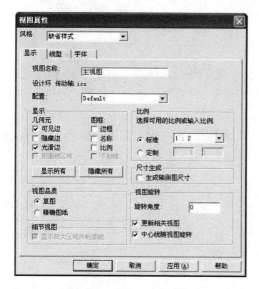

图 5-8 【视图属性】对话框

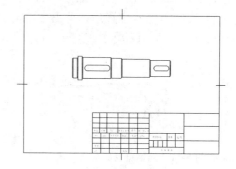

图 5-9 调整比例

（5）移动主视图。单击主视图，单击【二维编辑】工具栏中的【平移】按钮，拖动鼠标，将主视图向左边移动，以便于剖视图的绘制，如图 5-10 所示。

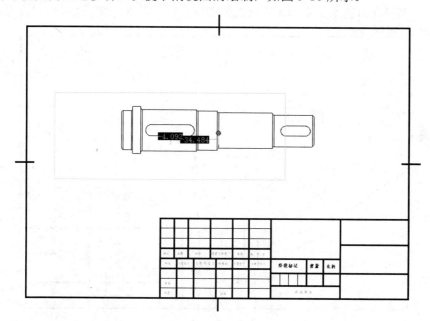

图 5-10 平移主视图

3. 创建剖视图

（参考用时：5 分钟）

（1）执行【生成】|【视图】|【剖视图】菜单命令，或者单击工具栏中的【剖视图】按钮，单击【剖视图】工具条中的【垂直剖切线】按钮，在设计环境中的主视图区域中单击以确定剖切线位置，如图 5-11 所示。

（2）确定剖切线位置后，单击【定位剖视图】按钮，在主视图右侧单击以确定剖视图的位置，如图 5-12 所示。

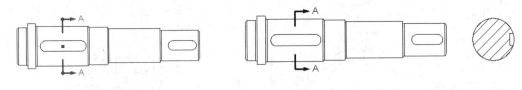

图 5-11 确定剖切线位置　　　　　　　　图 5-12 生成剖视图

（3）绘制另一剖切面。执行【生成】|【视图】|【剖视图】菜单命令，或者单击工具栏中的【剖视图】按钮，单击【剖视图】工具条中的【垂直剖切线】按钮，在设计环境中的主视图区域中单击以确定另一剖切线位置。确定剖切线位置后，单击【定位剖视图】按钮，在主视图右侧单击以确定小剖视图的位置，如图 5-13 所示。

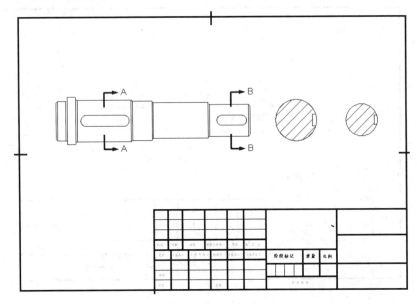

图 5-13 生成另一剖视图

4. 工程图标注

（参考用时：18 分钟）

（1）执行【生成】|【尺寸】|【水平】菜单命令，或者单击工具栏中的【水平标注】按钮，单击拾取传动轴的两端线，标注总长度，如图 5-14 所示。

（2）执行【生成】|【尺寸】|【铅垂】菜单命令，或者单击工具栏中的【垂直标注】按钮，单击拾取传动轴左端直径边线，如图 5-15 所示。

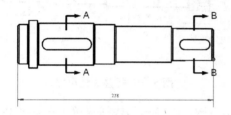
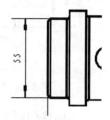

图 5-14 【水平标注】总长度　　　　　　图 5-15 垂直标注

（3）单击上步标注的直径尺寸，右键单击弹出快捷菜单，选择【文字】|【前缀】命令，如图 5-16 所示。

（4）在弹出的【直线标注属性】对话框中，选择【文字】选项卡，在【前缀】文本框中输入直径符号"Φ"，单击【确定】按钮，则尺寸值前面出现直径符号，如图 5-17 所示。

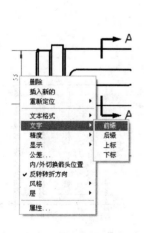
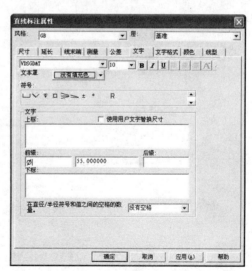

图 5-16 编辑尺寸　　　　　　图 5-17 插入前缀符号

（5）执行【生成】|【尺寸】|【链尺寸】菜单命令，或者单击工具栏中的【链尺寸】按钮，依次拾取轴段的台阶面，标注链尺寸，如图 5-18 所示。

（6）参照以上标注方法，利用【水平标注】、【垂直标注】来标注其他线性尺寸，如图 5-19 所示。

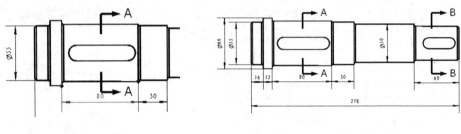

图 5-18 链尺寸　　　　　　　　　图 5-19 标注线性尺寸

（7）将光标移动到"Φ55"尺寸处，单击右键，在弹出的快捷菜单中选择【公差】命令，弹出【直线标注属性】对话框。在此对话框中选择【公差】选项卡，选中【显示公差】复选框，在【上限值】文本框输入 0.021，【下限值】文本框输入 0.002，【风格】处选择"+/+"单选按钮，如图 5-20 所示。

（8）单击【确定】按钮，则完成尺寸公差的设置，结果如图 5-21 所示。

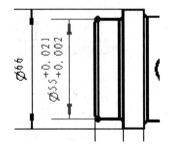

图 5-20 设置公差值　　　　　　　　图 5-21 完成公差标注

(9）用同样方法，完成其他公差尺寸的标注，结果如图 5-22 所示。

（10）对于剖视图，也采用同样方法完成公差尺寸的标注，结果如图 5-23 所示。

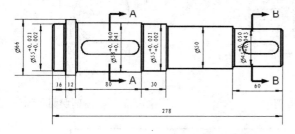

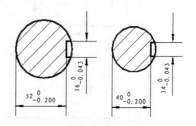

图 5-22　标注公差　　　　　　　　　　图 5-23　标注剖视图

（11）执行【生成】|【粗糙度符号】菜单命令，或者单击工具栏中的【粗糙度符号】按钮，根据系统提示，在需要标注表面粗糙度的位置单击，如图 5-24 所示。

（12）弹出【粗糙度符号属性】对话框，在该对话框中输入表面粗糙度数值为"1.6"，选择符号形式为"▽"，如图 5-25 所示。

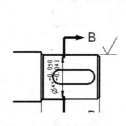

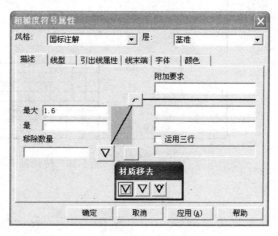

图 5-24　标注粗糙度　　　　图 5-25　【粗糙度符号属性】对话框

（13）用同样方法，完成其他表面粗糙度符号的标注，结果如图 5-26 所示。

（14）执行【生成】|【文字】菜单命令，或者单击工具栏中的【文字】按钮，根据系统提示，在剖视图上部用鼠标拖动拉出文字输入框，在框内输入剖面名称，如图 5-27 所示。

（15）用同样方法，输入技术说明文字，并填写标题栏，结果如图 5-28 所示。

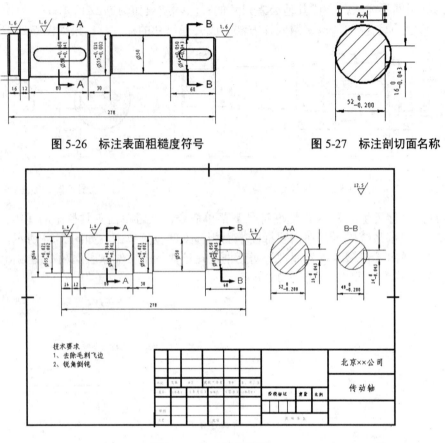

图 5-26 标注表面粗糙度符号　　　　图 5-27 标注剖切面名称

图 5-28 传动轴工程图

5.2 仪表机架

零件源文件——见光盘中的"\源文件\第5章\5.2 仪表机架"文件夹。

5.2.1 案例预览

（参考用时：70分钟）

本节将以某型仪表机架零件为例，演示和练习CAXA实体设计用于工程图设计的较为高级的功能。仪表机架的工程布局图如图 5-29 所示。

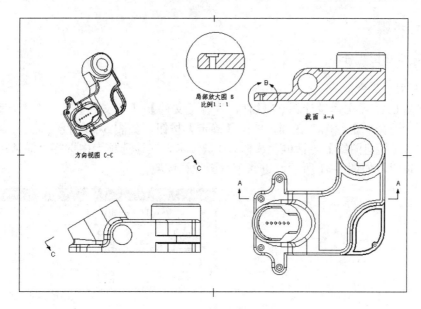

图 5-29　仪表机架布局图

5.2.2　案例分析

本例较为综合地运用了工程图设计环境中的各种功能，首先生成标准视图，练习改变视图比例和进行视图渲染的方法。然后对零件进行测量和工程标注，较为详尽地运用了工程图标注中的各种命令。最后练习了各种视图的表达方法，包括局部放大图、方向视图和轴侧图。

5.2.3　常用命令

【标准视图】标准视图是指符合《机械制图》标准的 6 个基本视图及轴侧图。一张图纸至少需要包含一个标准视图或一般视图，这样才能添加其他辅助视图，如局部放大图、剖视图、旋转剖、断面图、向视图和普通视图等。

【剖视图】剖视图功能可以对已经存在的标准视图、一般视图和截断视图进行剖切，得到剖视图。

【工程图标注】系统提供了许多功能用于为图纸添加各种标注，可以通过菜单选择这些功能，也可以直接在【尺寸】和【注解】工具条上选择。

【局部放大视图】局部放大视图是对现有视图上的部分图形做放大处理。

【轴侧图】轴侧图直观性较强，工程上常需要用轴侧图来表达零件的外形等特征。

【参考直线】添加参考曲线，作为尺寸和其他标注的辅助线。

5.2.4 设计步骤

1. 新建工程图文件

（参考用时：2分钟）

（1）启动 CAXA 实体设计 2007 软件，执行【文件】|【新文件】菜单命令，弹出【新建】对话框，选择"工程图"选项，单击【确定】按钮，如图 5-30 所示。

（2）弹出【新建图纸】对话框，选择 GB 选项卡，在该选项卡中选择"横 A3-icd"，单击【确定】按钮，如图 5-31 所示，进入工程图设计环境。

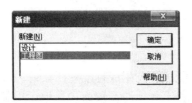

图 5-30 【新建】对话框

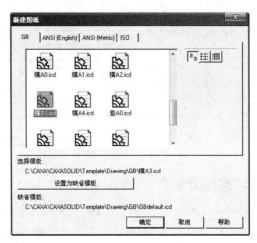

图 5-31 【新建图纸】对话框

2. 创建标准视图

（参考用时：10分钟）

（1）执行【生成】|【视图】|【标准视图】菜单命令，或者单击工具栏中的【标准视图】按钮，弹出【生成标准视图】对话框。单击【浏览】按钮选择光盘中 5.2 节文件夹下的仪表机架零件，用窗口下方的箭头定位按钮，对零件进行重新定向以获得需要的当前主视图方向。也可以单击【从设计环境】按钮，根据零件在三维设计环境中的方位确定主视图方向，如图 5-32 所示。

（2）在【视图】选项框中，选择【主视图】、【俯视图】和【T.F.R】3个视图，单击【确定】按钮，在图纸上单击以确定主视图位置。

（3）在视图上单击选定的视图，右击鼠标，在弹出的快捷菜单中选择【属性】命令，弹出【视图属性】对话框，在【比例】选项框中选择比例为"1∶2"，如图 5-33 所示。用同样方法，完成其他两个视图的比例更改。

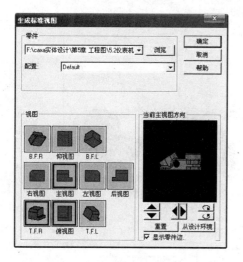

图 5-32 【生成标准视图】对话框

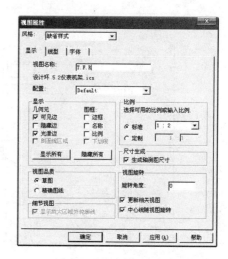

图 5-33 【视图属性】对话框

（4）单击【确定】按钮，拖动各个视图到合适的位置，图纸上显示比例缩小后的主视图，如图 5-34 所示。

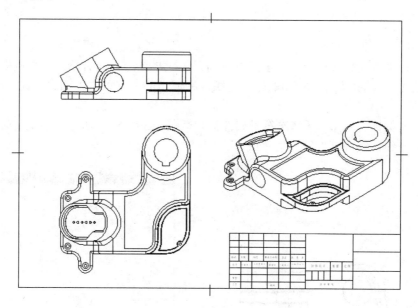

图 5-34 生成 3 个视图

（5）在轴侧视图上右击，在弹出的快捷菜单中选择【明暗图渲染】命令，则轴侧图以渲染后的效果显示，如图 5-35 所示。

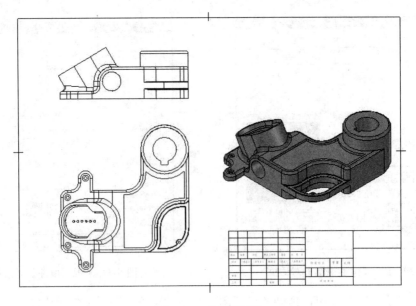

图 5-35 明暗图渲染

3. 尺寸标注

（参考用时：22 分钟）

（1）执行【生成】|【形位公差】|【基准符号】菜单命令，或者单击工具栏中的【基准符号】按钮，选择零件主视图的底部边缘，在适当的位置单击以确定位置，如图 5-36 所示。

（2）单击鼠标后，弹出【基准符号属性】对话框，如图 5-37 所示。接受默认设置，单击【确定】按钮，完成基准符号的生成。

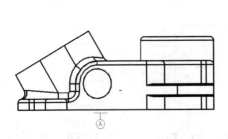

图 5-36 添加基准 A

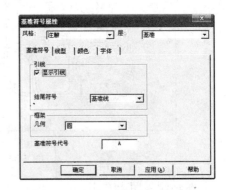

图 5-37 【基准符号属性】对话框

(3) 再次执行【生成】|【形位公差】|【基准符号】菜单命令，或者单击工具栏中的【基准符号】按钮 ，选择零件俯视图的右边缘，在适当的位置单击以确定位置，单击鼠标后，弹出【基准符号属性】对话框，如图 5-38 所示。修改【基准符号代号】为 B，单击【确定】按钮，完成基准符号 B 的生成。

(4) 用同样的方法，完成第 3 个基准（C）的生成，如图 5-39 所示。

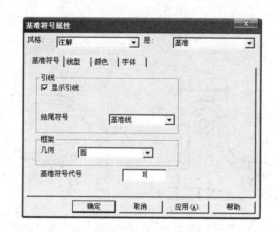

图 5-38 修改基准符号代号为 B

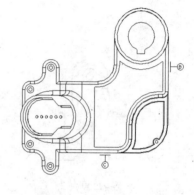

图 5-39 添加基准 B 和 C

(5) 执行【生成】|【尺寸】|【智能标注】菜单命令，或者单击工具栏中的【智能标注】按钮 ，单击拾取俯视图所需标注尺寸的两个端点，标注两点间距离，如图 5-40 所示。

(6) 执行【生成】|【尺寸】|【水平】菜单命令，或者单击工具栏中的【水平标注】按钮 ，单击拾取如图 5-41 所示的两个端点 A 和 B，标注水平尺寸。

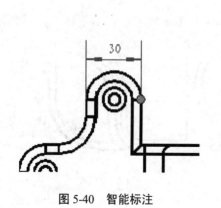

图 5-40 智能标注

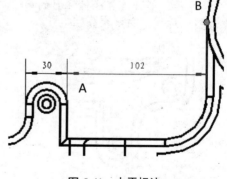

图 5-41 水平标注

(7) 执行【生成】|【尺寸】|【半径标注】菜单命令，或者单击工具栏中的【半径标注】

按钮 ↗，单击拾取如图 5-43 所示的两个圆弧，可以自动标注出圆弧半径。

> 注释：生成的半径尺寸文字平行于尺寸线，若要使文字水平，可以选中该尺寸，单击右键，在弹出的快捷菜单中选择【文本格式】|【上方/水平】命令，则半径值水平显示，如图 5-42 所示。

（8）执行【生成】|【尺寸】|【铅垂】菜单命令，或者单击工具栏中的【垂直标注】按钮，单击拾取俯视图中左侧的两个端点，标注尺寸如图 5-44 所示。

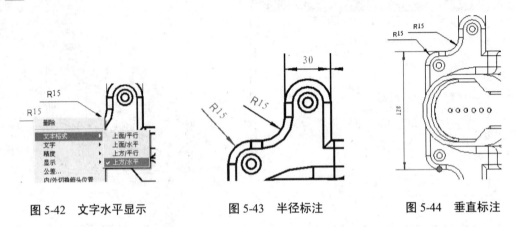

图 5-42 文字水平显示　　　图 5-43 半径标注　　　图 5-44 垂直标注

（9）执行【生成】|【尺寸】|【智能标注】菜单命令，或者单击工具栏中的【智能标注】按钮，单击拾取俯视图所需标注尺寸的两个端点 A 和 B，在选择第 2 个点时按 Tab 键，切换到水平标注，如图 5-45 所示。

（10）再次执行【生成】|【尺寸】|【智能标注】菜单命令，或者单击工具栏中的【智能标注】按钮，单击拾取俯视图所需标注尺寸的两个端点 C 和 D，在选择 D 点时按 Tab 键，切换到水平标注，如图 5-46 所示。

> 注释：单击【智能标注】的第 2 个点之后，按下 Tab 键可以在水平标注、垂直标注和点到点标注之间进行切换。

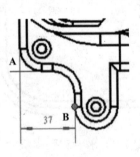 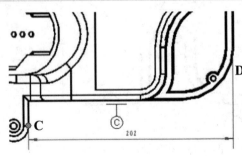

图 5-45 切换标注方式　　　图 5-46 点线尺寸

（11）执行【生成】|【尺寸】|【智能标注】菜单命令，或者单击工具栏中的【智能标注】按钮，单击俯视图中的圆弧，如图 5-47 所示，可以自动测出半径尺寸。

（12）执行【生成】|【尺寸】|【直径标注】菜单命令，或者单击工具栏中的【直径标注】按钮，拾取大圆可以标注出直径，如图 5-48 所示。

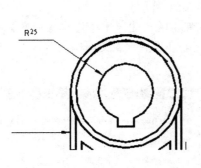
图 5-47 添加半径尺寸

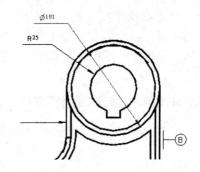
图 5-48 标注直径

（13）执行【生成】|【尺寸】|【智能标注】菜单命令，或者单击工具栏中的【智能标注】按钮，添加如图 5-49 所示的线到线尺寸，单击第一条直线时要按住 Shift 键。按下 Shift 键可以使【智能标注】的单击操作（标注选定直线的长度）无效。

> 注释:【智能标注】有一个默认的单击操作。当第一个选择的对象是直线、圆弧或圆时，这一操作允许单击鼠标来标注尺寸。要使这一操作无效，可在进行第一次选择时按下 Shift 键。

（14）使用【智能标注】添加如图 5-50 所示的点到线尺寸。第一次选择时要按住 Shift 键指向圆（图示 A），标注点到线的尺寸。此时圆心点为测量的起始点。

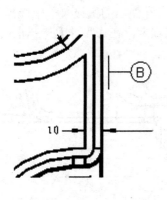
图 5-49 按下 Shift 键标注

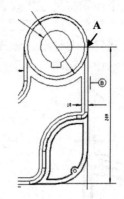
图 5-50 点到线标注

4. 单个尺寸的修改

（参考用时：8 分钟）

（1）右击图 5-50 中的点到线尺寸（209），在弹出的快捷菜单中选择【属性】命令，弹出【直线标注属性】对话框，选择【公差】选项卡，在【尺寸】选择框内选择【基本尺寸】单选按钮，从而将这个尺寸变为基本尺寸，如图 5-51 所示。

（2）右击图 5-50 中的线到线尺寸（10），在弹出的快捷菜单中选择【属性】命令，弹出【直线标注属性】对话框，选择【文字】选项卡，在【后缀】文本框内输入"外形尺寸"，如图 5-52 所示。

图 5-51 【公差】选项卡

图 5-52 输入后缀

（3）上述两个步骤将尺寸修改后如图 5-53 所示。

（4）右击图 5-54 中的 2 个尺寸（202、269），在弹出的快捷菜单中选择【属性】命令，弹出【直线标注属性】对话框，选择【公差】选项卡，在【尺寸】选择框内选择【参考尺寸】单选按钮，从而将这个尺寸变为参考尺寸。

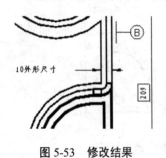

图 5-53 修改结果

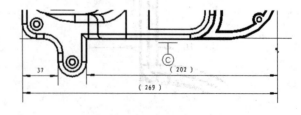

图 5-54 参考尺寸

（5）右击俯视图中的圆孔半径尺寸（R25），在弹出的快捷菜单中选择【属性】命令，弹出【直线标注属性】对话框，选择【公差】选项卡，选中【显示公差】复选框，在"上限值"文本框内输入 0.05，"下限值"文本框内输入 0.025，选择风格为"+/-"单选按钮，如图 5-55 所示。

（6）单击【确定】按钮，则可以完成带有公差的半径标注，如图 5-56 所示。

图 5-55 【公差】选项卡

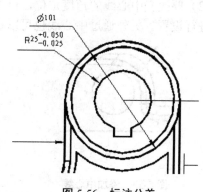

图 5-56 标注公差

5. 添加形位公差标注

（参考用时：5 分钟）

（1）执行【生成】|【形位公差】|【形位公差】菜单命令，或者单击工具栏中的【形位公差】按钮，单击俯视图中的内部圆，添加形位公差标注，单击确定位置后弹出【形位公差属性】对话框，输入同轴度公差值和相关符号，如图 5-57 所示。

（2）单击【确定】按钮，则可以完成形位公差的标注，如图 5-58 所示。

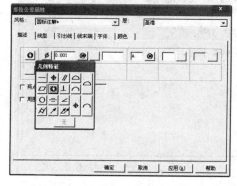

图 5-57 【形位公差属性】对话框

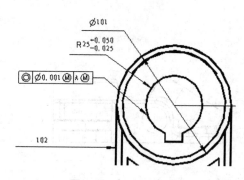

图 5-58 标注形位公差

6. 生成中心线和参考线

（参考用时：6分钟）

（1）执行【生成】|【中心线】|【十字中心线】菜单命令，或者单击工具栏中的【十字中心线】按钮 ⊕，然后单击如图 5-59 所示的圆，为孔添加中心线。中心线共有 4 条延伸线，在关掉中心线工具后，可以通过选择中心线，然后拖动红色的控制柄加以缩放，也可以使用这些延伸线标注尺寸。

（2）要改变中心线的角度定位，可以右击中心线，在弹出的快捷菜单中选择【属性】命令进行设置。另外通过中心线也可以标注尺寸，如图 5-60 所示。

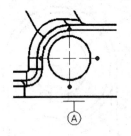
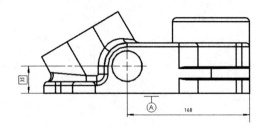

图 5-59　添加中心线　　　　　图 5-60　应用中心线标注

（3）执行【生成】|【参考几何元素】|【直线】菜单命令，或者单击工具栏中的【参考直线】按钮 ┬，并参照图 5-61 所示单击直线，将它拖到左侧，根据显示的偏移量再次单击使之定位，可以添加一条参照线。

（4）右击参考线，在弹出的快捷菜单中选择【偏移】命令进行偏移量的设置。在出现的【参考曲线风格属性】对话框中输入偏移量为 1.5，同时将直线风格变为"点划线"，如图 5-62 所示。

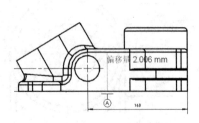
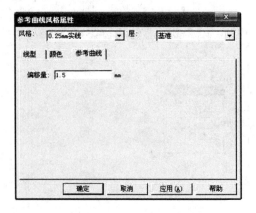

图 5-61　定位参考线　　　　　图 5-62　设置偏移量

（5）重复以上步骤，可以添加另一条参考线，使其偏移量为 30，利用【智能标注】对参考线添加标注，结果如图 5-63 所示。

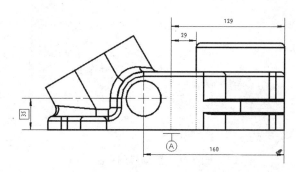

图 5-63 向参考线标注尺寸

7. 视图的表达方式

（参考用时：17 分钟）

（1）执行【生成】|【图纸】菜单命令，可以生成一个新布局图图纸版面。这时在绘图区的底部图纸编号标签栏中，会出现【图纸 2】标签 ，如图纸1，图纸2。

（2）在新图纸中，执行【生成】|【视图】|【标准视图】菜单命令，或者单击工具栏中的【标准视图】按钮 ，弹出【生成标准视图】对话框，在【视图】选择框中，选择【主视图】和【俯视图】，单击【确定】按钮，如图 5-64 所示。

（3）俯视图和主视图出现在新图纸上。右击俯视图，在弹出的快捷菜单中选择【视图对齐】|【取消对齐】命令，如图 5-65 所示。

图 5-64 生成标准视图

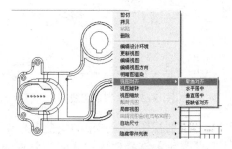

图 5-65 取消对齐

（4）现在可以使用手动方式重新排列视图，并且根据需要将视图比例改为1∶2，结果如图5-66所示。

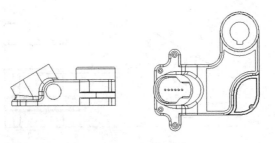

图 5-66　重新排列视图

（5）执行【生成】|【视图】|【剖视图】菜单命令，或者单击工具栏中的【剖视图】按钮，在设计环境中的俯视图中单击以确定剖切线位置，如图5-67所示。

（6）确定剖切线位置后，单击【定位剖视图】按钮，在俯视图的上侧适当位置单击以确定剖视图的位置，如图5-68所示。

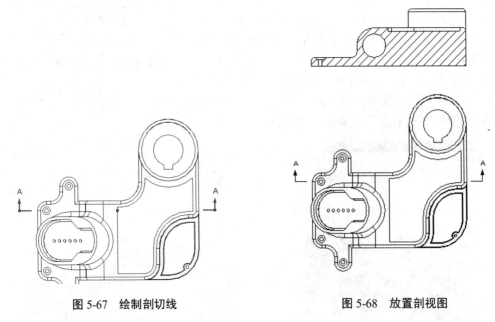

图 5-67　绘制剖切线　　　　　　　　　图 5-68　放置剖视图

（7）右击剖视图，在弹出的快捷菜单中选择【属性】命令，在弹出的【视图属性】对话框中将【显示】选择框内的【名称】复选框选中，如图5-69所示。

（8）单击【确定】按钮，则可以看到剖视图名称显示在视图下方，如图5-70所示。

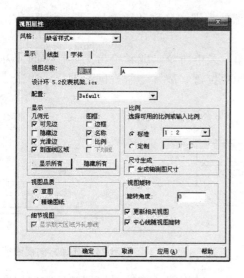

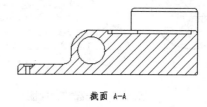

图 5-69 【视图属性】对话框　　　　　图 5-70 显示截面名称

（9）执行【生成】|【视图】|【局部放大图】菜单命令，或者单击工具栏中的【局部放大图】按钮，然后单击如图 5-71 所示的位置，放置局部区域的中心点。

（10）确定了放大区域后，拖动鼠标选择局部放大视图的放置位置，由于局部放大视图的放大比例默认为 4∶1，则若需要修改放大比例可右击放大视图，在弹出的快捷菜单中选择【属性】命令，在弹出的【视图属性】对话框中将【显示】选择框内的【名称】和【比例】复选框选中，并修改【比例】为"2.000X"，如图 5-72 所示。

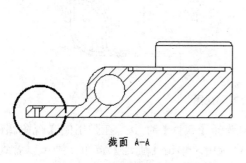

图 5-71 选择局部放大区域　　　　　图 5-72 【视图属性】对话框

（11）单击【确定】按钮，则可以看到局部放大视图名称和比例显示在视图下方，如图 5-73 所示。

（12）执行【生成】|【视图】|【方向视图】菜单命令，或者单击工具栏中的【方向视图】按钮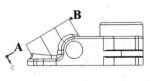，然后按如图 5-74 所示的 A、B 点位置，放置一条视向辅助线，单击【切换方向】按钮，将辅助线的箭头对准零件。

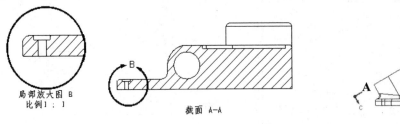

图 5-73 局部放大视图　　　　　　　　图 5-74 选择方向视图视向

（13）单击【放置方向视图】按钮，生成方向视图，拖动鼠标调整好方向视图的位置，并可以适当调整视图比例，结果如图 5-75 所示。

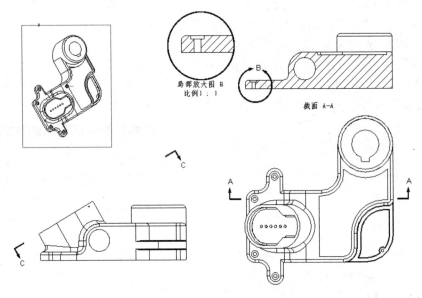

图 5-75 定位方向视图

（14）右击方向视图，在弹出的快捷菜单中选择【属性】命令，在弹出的【视图属性】对话框中将【显示】选择框内的【名称】复选框选中，单击【确定】按钮，则可以看到方向视图名称显示在视图下方，如图 5-76 所示。

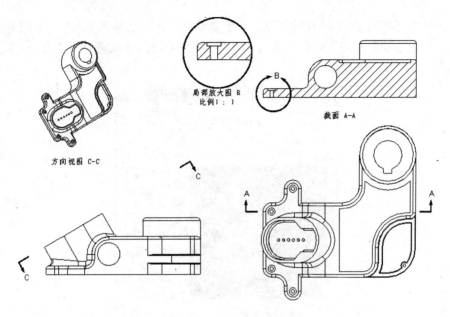

图 5-76　布局图的生成

（15）执行【生成】|【图纸】菜单命令，可以生成一个新布局图图纸版面。这时在绘图区的底部图纸编号标签栏中，会出现【图纸 3】标签。选择模板为"竖 A4"，进入图纸环境，如图 5-77 所示。

图 5-77　选择图纸模板

（16）执行【生成】|【视图】|【轴侧图】菜单命令，或者单击工具栏中的【轴侧图】按钮，弹出【轴侧视图生成】对话框，利用预览区旁边的箭头调整视图方向，对视图进行视向定位，如图 5-78 所示。

图 5-78　轴侧图视向定位

（17）右击轴侧图，选择【属性】命令，将试图比例改为 1∶2，结果如图 5-79 所示。
（18）单击【确定】按钮，完成轴侧图的生成，如图 5-80 所示。

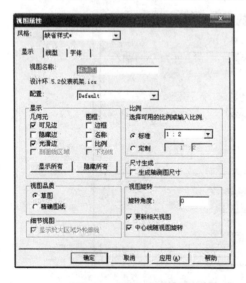

图 5-79　修改视图比例

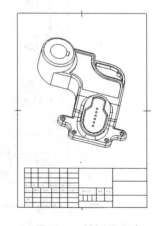

图 5-80　轴侧图生成

5.3 夹线体

零件源文件——见光盘中的"\源文件\第 5 章\5.3 夹线体"文件夹。

5.3.1 案例预览

（参考用时：40 分钟）

本节将以夹线体装配图为例，来学习用 CAXA 实体设计生成装配体工程图的方法。夹线体装配图如图 5-81 所示。

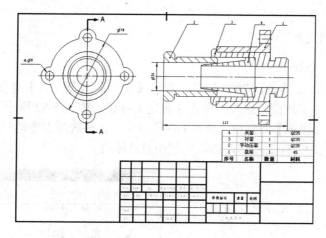

图 5-81 夹线体装配图

5.3.2 案例分析

本例首先利用【标准视图】来生成夹线体的主视图，通过主视图来生成零件的【剖视图】，然后进行工程标注，最后生成装配体零件的明细表，通过明细表来生成零件序号。

5.3.3 常用命令

【标准视图】标准视图是指符合《机械制图》标准的 6 个基本视图及轴侧图。一张图纸至少需要包含一个标准视图或一般视图，这样才能添加其他辅助视图，如局部放大图、剖视图、旋转剖、断面图、向视图和普通视图等。

【剖视图】剖视图功能可以对已经存在的标准视图、一般视图和截断视图进行剖切，得到剖视图。

【工程图标注】系统提供了许多功能用于为图纸添加各种标注，可以通过菜单选择这些功能，也可以直接在【尺寸】和【注解】工具条上选择。

【明细表】明细表（BOM）通常是二维工程图纸不可缺少的部分。添加明细表的操作非常简单。可以从三维设计文件直接引入名称、代号等属性。一旦明细表生成可以编辑它的显示方式、边界、内容等，也可以做添加、删除行、移动、修改等操作。明细表与绘图文件一起被保存。

【零件序号】可以在视图上添加零件序号。这个序号是与图纸上的明细表全关联的。通过更新操作，任何在三维装配设计中的改变都会反映到零件序号和明细表中。

5.3.4 设计步骤

1. 新建工程图文件

（参考用时：2 分钟）

（1）启动 CAXA 实体设计 2007 软件，执行【文件】|【新文件】菜单命令，弹出【新建】对话框，选择"工程图"选项，单击【确定】按钮，如图 5-82 所示。

（2）弹出【新建图纸】对话框，选择 GB 选项卡。在该选项卡中选择"横 A4-icd"，单击【确定】按钮，如图 5-83 所示，进入工程图设计环境。

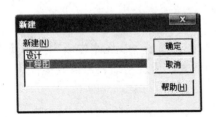

图 5-82 【新建】对话框

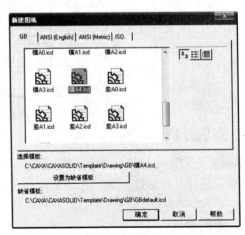

图 5-83 【新建图纸】对话框

2. 创建标准视图

（参考用时：7 分钟）

（1）在新图纸环境中，执行【生成】|【视图】|【标准视图】菜单命令，或者单击工具

栏中的【标准视图】按钮，弹出【生成标准视图】对话框，单击【浏览】按钮来选择光盘中 5.3 节文件夹下的夹线体装配体，用窗口下方的箭头定位按钮，对零件进行重新定向以获得需要的当前主视图方向。在【视图】选择框中，选择【主视图】，单击【确定】按钮，如图 5-84 所示。

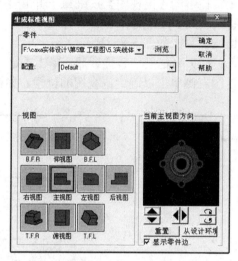

图 5-84　生成标准视图

（2）单击【确定】按钮，拖动主视图到合适的位置，结果如图 5-85 所示。

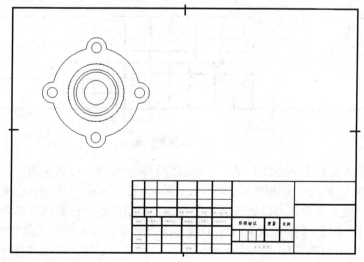

图 5-85　放置主视图

3. 创建剖视图

(参考用时:8分钟)

(1)执行【生成】|【视图】|【剖视图】菜单命令,或者单击工具栏中的【剖视图】按钮,单击【剖视图】工具条中的【垂直剖切线】按钮,在设计环境中的主视图区域中单击以确定剖切线位置,如图 5-86 所示。

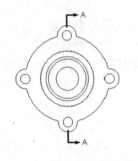

图 5-86 确定剖切线位置

(2)确定剖切线位置后,单击【定位剖视图】按钮,在主视图右侧单击以确定剖视图的位置,如图 5-87 所示。

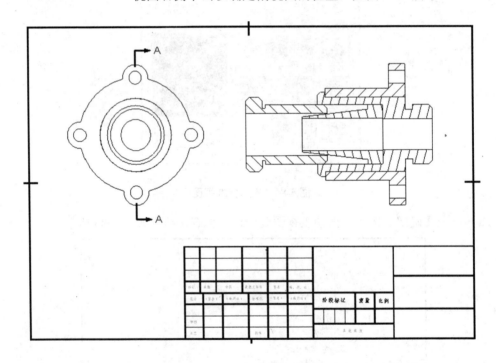

图 5-87 放置剖视图

(3)执行【生成】|【中心线】|【十字中心线】菜单命令,或者单击工具栏中的【十字中心线】按钮,然后单击如图 5-88 所示的圆,为孔添加中心线。中心线共有 4 条延伸线,在关掉中心线工具后,可以通过选择中心线,拖动红色的控制柄加以缩放。

(4)执行【生成】|【中心线】|【中心线】菜单命令,或者单击工具栏中的【中心线】按钮,然后单击如图 5-89 所示的孔边线,为孔添加中心线。可以通过选择中心线,然后拖动红色的控制柄加以缩放。

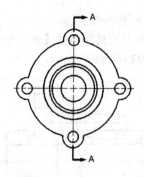
图 5-88 添加十字中心线

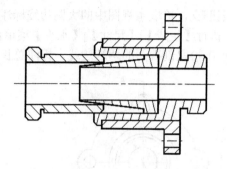
图 5-89 添加中心线

4. 工程图标注

（参考用时：11 分钟）

（1）执行【生成】|【尺寸】|【直径标注】菜单命令，或者单击工具栏中的【直径标注】按钮⊘，拾取主视图中的圆孔标注直径，标注出直径后，右击该尺寸，选择快捷菜单中的【文字】|【前缀】命令，弹出【直径尺寸属性】对话框，在【前缀】文本框内添加"4－Φ"符号，如图 5-90 所示。

（2）单击【确定】按钮，直径尺寸标注结果如图 5-91 所示。

图 5-90 添加前缀

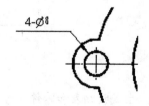
图 5-91 直径标注

（3）继续执行【生成】|【尺寸】|【直径标注】菜单命令，或者单击工具栏中的【直径

标注】按钮 ⌀，拾取主视图中的大圆边线标注直径，结果如图 5-92 所示。

(4) 执行【生成】|【尺寸】|【水平】菜单命令，或者单击工具栏中的【水平标注】按钮，单击拾取剖视图的两端边线，标注总长度，如图 5-93 所示。

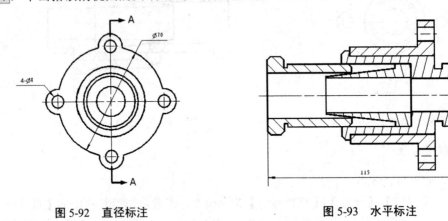

图 5-92　直径标注　　　　　　　图 5-93　水平标注

(5) 执行【生成】|【尺寸】|【铅垂】菜单命令，或者单击工具栏中的【垂直标注】按钮，单击拾取剖视图左端孔边线，标注直径，如图 5-94 所示。

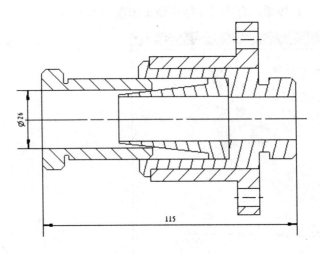

图 5-94　垂直标注直径

5. 生成明细表和零件序号

(参考用时：12 分钟)

(1) 执行【生成】|【明细表】菜单命令，或者单击工具栏中的【明细表】按钮，

弹出【生成材料清单或模板】对话框,选择【缺省明细表】,如图 5-95 所示。

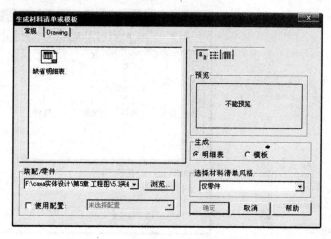

图 5-95 【生成材料清单或模板】对话框

(2) 单击【确定】按钮,绘图区域中出现明细表,如图 5-96 所示。

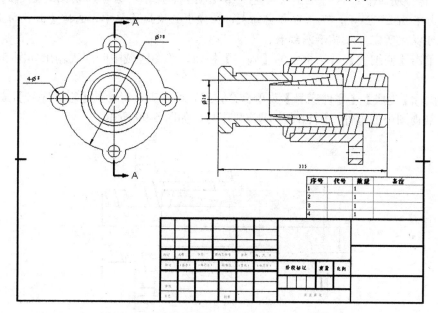

图 5-96 生成明细表

(3) 右击明细表,在弹出的快捷菜单中选择【编辑】命令,如图 5-97 所示。
(4) 弹出【明细表】对话框,在明细表中将表头的列名修改为"序号、名称、数量、材料",并在文本框中填入相应的零件名称和材料,如图 5-98 所示。

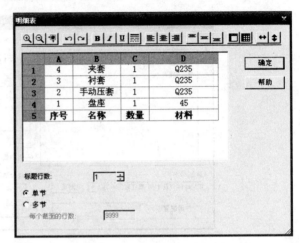

图 5-97 编辑明细表　　　　　　　图 5-98 输入表内容

> 注释:明细表默认的显示顺序是"由上至下"显示,若要将明细表显示的方式顺序变为"由下至上"显示,可以右击明细表,在弹出的快捷菜单中,选择【由底向上显示】命令,则可以按所需顺序显示明细表。

(5)单击【明细表】对话框中的【确定】按钮,绘图区域中明细表输出如图 5-100 所示。

(6)执行【生成】|【零件序号】菜单命令,或者单击工具栏中的【零件序号】按钮,单击拾取剖视图中的零件,则自动生成关联序号,如图 5-99 所示。

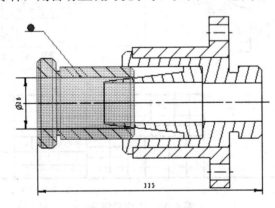

图 5-99 生成零件序号

(7)用同样方法标注出其他零件序号,完成效果如图 5-100 所示。

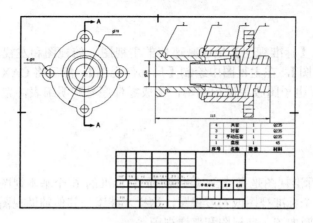

图 5-100　夹线体工程图

5.4　减速器

零件源文件——见光盘中的"\源文件\第 5 章\ 5.4 减速器"文件夹。

5.4.1　案例预览

（参考用时：40 分钟）

本节将以绘制减速器装配图为例，来学习用 CAXA 实体设计生成装配体工程图，并将生成的视图输出到 CAXA 电子图版中进行编辑。减速器装配图如图 5-101 所示。

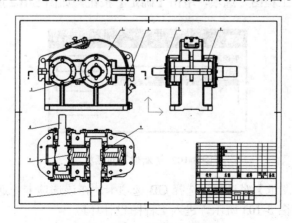

图 5-101　减速器装配图

5.4.2 案例分析

本例首先利用【标准视图】生成减速器的主视图、俯视图和左视图,通过主视图来生成零件的【剖视图】,在主视图中绘制【局部剖视图】。然后将 CAXA 实体设计中的工程图输出到 CAXA 电子图版中进行编辑,生成零件序号和明细表,完成减速器装配图的绘制。

5.4.3 常用命令

【标准视图】标准视图是指符合《机械制图》标准的 6 个基本视图及轴侧图。一张图纸至少需要包含一个标准视图或一般视图,这样才能添加其他辅助视图,如局部放大图、剖视图、旋转剖、断面图、向视图和普通视图等。

【剖视图】剖视图功能可以对已经存在的标准视图、一般视图和截断视图进行剖切,得到剖视图。

【图纸输出】工程图全部完成后可利用 CAXA 实体设计强大的数据接口输出多种格式的文件。但作为工程图输出主要输出*.DXF/DWG 格式的图纸文件或打印成图纸供他人交流共享。

5.4.4 设计步骤

1. 新建工程图文件

☀ (参考用时:2 分钟)

(1)启动 CAXA 实体设计 2007 软件,执行【文件】|【新文件】菜单命令,弹出【新建】对话框,选择"工程图"选项,单击【确定】按钮,如图 5-102 所示。

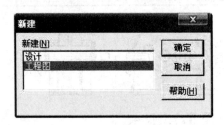

图 5-102 【新建】对话框

(2)弹出【新建图纸】对话框,选择 GB 选项卡。在该选项卡中选择"横 A2-icd",单击【确定】按钮,如图 5-103 所示,进入工程图设计环境。

第 5 章 工程图

图 5-103 【新建图纸】对话框

2. 创建标准视图

（参考用时：10 分钟）

（1）执行【生成】|【视图】|【标准视图】菜单命令，或者单击工具栏中的【标准视图】按钮 ，弹出【生成标准视图】对话框。单击【浏览】按钮选择光盘中 5.4 节文件夹下的减速器装配件，用窗口下方的箭头定位按钮，对零件进行重新定向以获得需要的当前主视图方向。也可以单击【从设计环境】按钮，根据零件在三维设计环境中的方位确定主视图方向，如图 5-104 所示。

（2）在【视图】选择框中，选择【主视图】、【俯视图】和【左视图】3 个视图，单击【确定】按钮，在图纸上单击以确定主视图位置。

（3）在视图上单击选定的视图，右击鼠标，在弹出的快捷菜单中选择【属性】命令，弹出【视图属性】对话框，在【比例】选项框中选择比例为"1∶2"，如图 5-105 所示。用同样方法，完成其他两个视图的视图比例更改。

（4）单击【确定】按钮，拖动各个视图到合适的位置，图纸上显示比例缩小后的主视图，如图 5-106 所示。

（5）在主视图中的螺纹标注处右击，在弹出的快捷菜单中选择【隐藏螺纹线】|【隐藏所有】命令，如图 5-107 所示。

（6）主视图中的所有螺纹线均被隐藏，同时各个螺纹标注也相应地被隐藏，如图 5-108 所示。

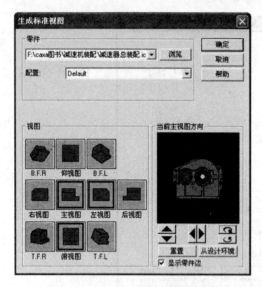

图 5-104 【生成标准视图】对话框

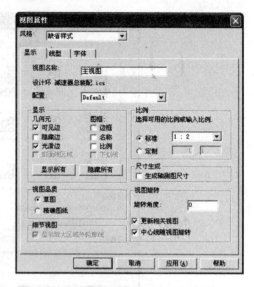

图 5-105 【视图属性】对话框

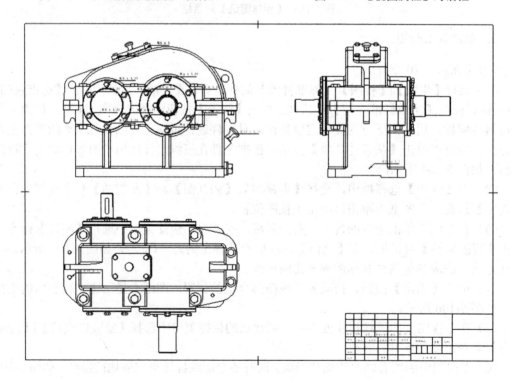

图 5-106 生成三视图

第 5 章 工程图

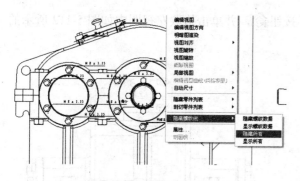

图 5-107 隐藏螺纹线

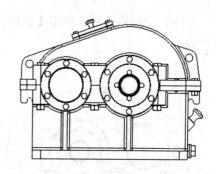

图 5-108 隐藏螺纹线效果

3. 创建剖视图

（参考用时：10 分钟）

（1）执行【生成】|【视图】|【剖视图】菜单命令，或者单击工具栏中的【剖视图】按钮，单击【剖视图】工具条中的【水平剖切线】按钮，在设计环境中的主视图区域中单击以确定剖切线位置，如图 5-109 所示。

（2）确定剖切线位置后，单击【定位剖视图】按钮，并用剖视图来替换俯视图，生成的剖视图如图 5-110 所示。

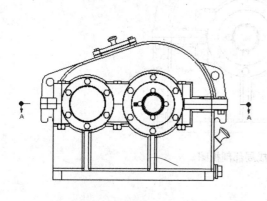

图 5-109 确定剖切线位置

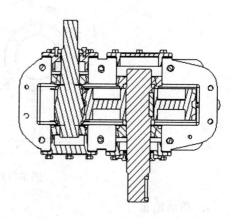

图 5-110 生成剖视图

（3）选中主视图，执行【生成】|【视图】|【局部剖视图】菜单命令，或者单击工具栏中的【局部剖视图】按钮，此时命令行提示"生成或编辑加亮的 2D 曲线"，单击【二维绘图】工具条中的【B 样条】按钮，在主视图中绘制如图 5-111 所示的 2D 曲线作为局部剖视图的轮廓线。

（4）绘制完成后，单击【剖切深度】按钮，并单击拾取左视图中如图 5-112 所示的中点。

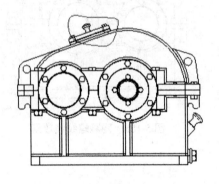

图 5-111　绘制 2D 曲线

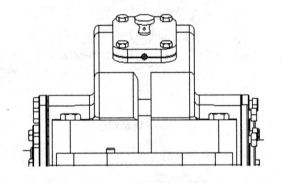

图 5-112　选择剖切深度点

（5）确定剖切深度后，单击【应用】按钮，此时可以预览生成的局部剖视图，若符合要求，则单击【接受改变】按钮，完成局部剖视图的绘制，如图 5-113 所示。

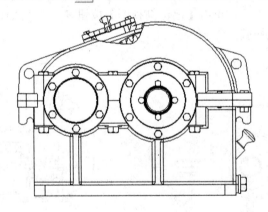

图 5-113　生成局部剖视图

4. 图纸输出

（参考用时：18 分钟）

（1）执行【文件】|【输出】菜单命令，或者直接在设计环境空白处右击，在弹出的快捷菜单中选择【输出】命令，弹出【输出】对话框，选择保存路径和保存文件名，如图 5-114 所示。

（2）单击【保存】按钮后，弹出【DWG/DXF 输出选项】对话框，可以选择曲线类型和 CAD 版本，如图 5-115 所示。

（3）单击【确定】按钮后，即开始进行文件输出转换，转换完成后弹出对话框提示转换完成，如图 5-116 所示。

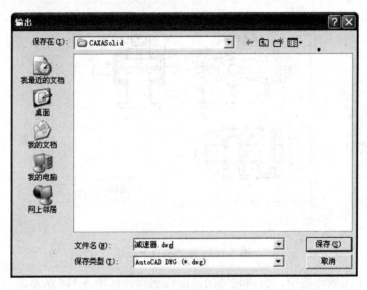

图 5-114 【输出】对话框

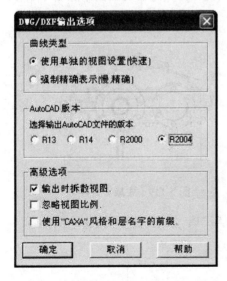

图 5-115 【DWG/DXF 输出选项】对话框

图 5-116 完成输出

（4）打开 CAXA 电子图版，执行【文件】|【打开】菜单命令，打开刚刚保存的输出文件，结果如图 5-117 所示。

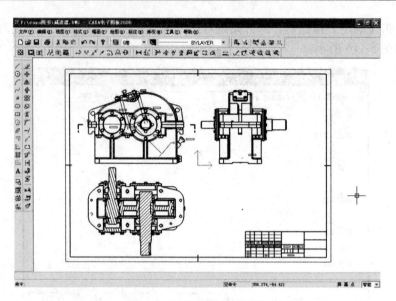

图 5-117 输出到电子图版

（5）在电子图版环境中，将齿轮轴的剖面线删除，如图 5-118 所示。

（6）利用 CAXA 电子图版的生成零件序号功能，为减速器装配图添加零件序号，如图 5-119 所示。

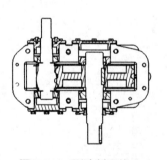
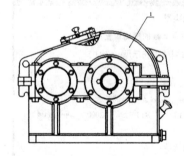

图 5-118　删除剖面线　　　　　　图 5-119　生成零件序号

（7）利用 CAXA 电子图版的生成明细表功能，填写明细表如图 5-120 所示。

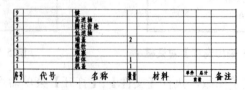

图 5-120　明细表

(8) 保存文件，至此完成减速器装配图的绘制，如图 5-121 所示。

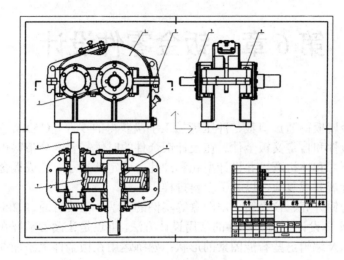

图 5-121 减速器装配图

5.5 课后练习

完成如图 5-122 所示零件的工程图。实体零件在光盘源文件内。

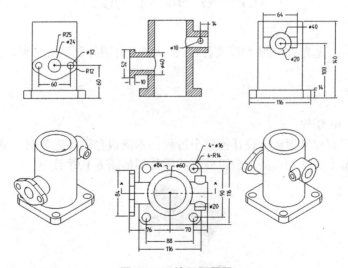

图 5-122 练习题用图

第 6 章　钣金零件设计

【本章导读】

钣金件是对金属板料通过剪裁、冲压等加工手段获得的零件。CAXA 实体设计 2007 可以生成标注钣金件和自定义钣金件。在设计钣金件的时候需要区分带料折弯、不带料折弯以及折弯、内折弯和外折弯，并设计型孔和冲孔，确定其尺寸。完成钣金件设计后，可以对钣金零件进行展开或复原，以利于板料排样。

本章通过对台钳外壳、仪表箱、电源盒等实例的讲解，让读者通过 2.5 个小时的实例学习掌握 CAXA 实体设计中钣金零件的常用设计方法，重点是让读者掌握在钣金件中添加板料、添加折弯以及编辑这些智能图素的形状；熟练运用在钣金件上添加并编辑各种型孔尺寸的方法，并对钣金件进行展开和复原操作。

序号	实例名称	参考学时（分钟）	知识点
6.1	台钳外壳	40	板料、折弯
6.2	仪表箱	50	冲孔、切口、圆角
6.3	电源盒	60	窄缝、编辑截面、自定义轮廓

6.1　台　钳　外　壳

零件源文件——见光盘中的"\源文件\第 6 章\ 6.1 台钳外壳"文件夹。

6.1.1　案例预览

（参考用时：40 分钟）

为了更好地了解和掌握钣金设计的整个过程，本例以台钳外壳为例，讲解和练习创建钣金零件的各种基本方法和技巧。台钳外壳的零件图如图 6-1 所示。

图 6-1　台钳外壳

6.1.2 案例分析

首先在【钣金】元素库中添加【板料】到原始零件上,在板料的基础上进行添加【折弯】、【卷边】、【冲孔】和【卡式导向孔】等一系列操作,最后练习钣金零件的展开和复原,完成整个钣金零件的设计。

6.1.3 常用命令

【设置钣金件缺省参数】在开始钣金件设计之前,必须定义某些钣金件默认参数,如默认板料、弯曲类型和尺寸单位。

【板料图素】板料图素提供了通过添加其他钣金件设计形成初步设计的基础。

【折弯图素】选择这种类型可添加一个 90°角的弯曲,同时为零件采用指定的弯曲半径。

【圆孔图素】以蓝色图标显示,代表除料冲孔在板料上生产的型孔。

【卷边】选择这种类型可添加一个 180°角、内侧弯曲半径为 0 的弯曲。

6.1.4 设计步骤

1. 新建绘图文件

(参考用时:1 分钟)

(1)启动 CAXA 实体设计 2007 软件,进入三维设计环境。

(2)执行【文件】|【新文件】菜单命令,弹出【新建】对话框,选择"设计"选项,如图 6-2 所示,单击【确定】按钮,弹出【新的设计环境】对话框,如图 6-3 所示,选择"Blank Scene"新建绘图文件,或者单击【标准】工具栏的【默认模板设计环境】按钮 ,进入默认设计环境。

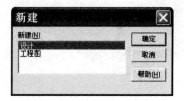

图 6-2 【新建】对话框

图 6-3 【新的设计环境】对话框

(3)执行【工具】|【选项】菜单命令,弹出【选项】对话框,选择【板料】选项卡,从板料列表中选择名称为"21　铝"的材料作为钣金零件的默认板料,如图6-4所示。

(4)打开光盘源文件中6.1节下的"台钳.ics"零件,准备制作台钳零件的钣金外壳,如图6-5所示。

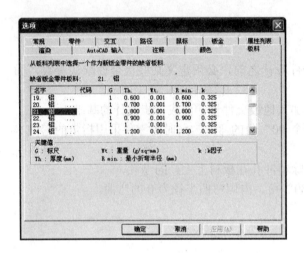

图6-4 【选项】对话框

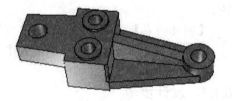

图6-5 打开台钳零件

2. 添加板料

（参考用时：6分钟）

(1)从设计环境右侧的【设计元素库】中的【钣金】中选择【板料】图素,按住鼠标左键将其拖放至零件的表面（零件表面绿色加亮显示）,如图6-6所示。

(2)释放鼠标后,板料添加到零件表面。双击板料图素,使板料进入零件编辑状态,将光标移动到红色的方形手柄处,光标变成小手状,并出现一个双向箭头,如图6-7所示。

图6-6 拖动到零件表面

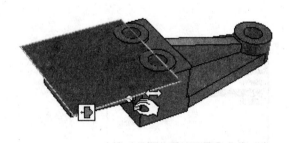

图6-7 拾取操作手柄

（3）选中方形手柄（手柄呈加亮状态）并移动鼠标，这时手形指针变为小的十字形光标，板料的长度（宽度）尺寸会随鼠标的移动而改变。按住 Shift 键单击板料在凸台一侧的手柄并移动鼠标，捕捉特征点 A（凸台的象限点），释放鼠标后板料与凸台相切，如图 6-8 所示。

（4）用同样方法，按住 Shift 键拖动其他 3 个面的操作手柄到指定的特征点 B、C、D（D 为一平面），将板料与特征点对齐，如图 6-9 所示。

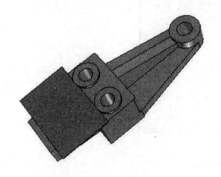
图 6-8　板料与凸台相切

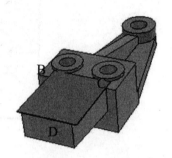
图 6-9　板料与特征点对齐

（5）将光标移动到板料左表面的方形红色手柄处，光标变成小手形状并出现一个双向箭头，右键单击手柄，在弹出的快捷菜单中选择【编辑距离】命令，弹出【编辑距离】对话框，在文本框中输入距离值 5，使板料长度增加，如图 6-10 所示。

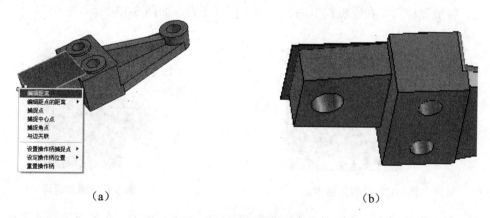

（a）　　　　　　　　　　　　　　　　　　　（b）

图 6-10　增加板料长度

> 注释：当前台钳零件的尺寸单位若为英制，编辑尺寸前应先将单位改为公制。单击主菜单【设置】|【单位】菜单命令，在弹出的【单位】对话框中设定工程单位为"毫米"，如图 6-11 所示。

图 6-11 设定公制单位

3. 添加折弯

（参考用时：7 分钟）

（1）从设计环境右侧的【设计元素库】中的【钣金】中选择【折弯】图素，按住鼠标左键将其拖放至板料左侧下边的中点处，如图 6-12 所示。

（2）释放鼠标后，在原板料上添加一向下折弯图素，如图 6-13 所示。

图 6-12 选择边线中点

图 6-13 添加折弯

（3）双击板料图素，使板料进入零件编辑状态，右击高度方向上的下方操作手柄，在弹出的快捷菜单中选择【编辑折弯板料长度】命令，弹出【编辑折弯板料长度】对话框，输入长度值为 5，如图 6-14 所示。

（4）在折弯部分端头朝零件方向（内侧中点）添加另一折弯，如图 6-15 所示。

图 6-14 编辑折弯板料长度

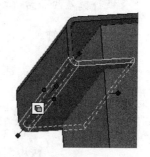

图 6-15 添加另一折弯

（5）双击此折弯图素，使板料进入零件编辑状态，拖动此折弯板料的右操作手柄，并使这一折弯与台钳零件的左表面对齐，如图 6-16 所示。

（6）从设计环境右侧的【设计元素库】中的【钣金】中选择【向外折弯】图素，按住鼠标左键将其拖放至图 6-17 所示的中点处。

图 6-16 使折弯与表面对齐

图 6-17 添加向外折弯

（7）双击此折弯图素，使板料进入零件编辑状态，拖动此折弯板料的下方操作手柄，并使这一折弯与台钳零件的下表面对齐，如图 6-18 所示。

（8）为了覆盖台钳零件的前、后表面，用以上同样的操作方法，在上表面板料的中心点处添加一向下的折弯，在另一边进行同样的操作，如图 6-19 所示。

图 6-18 使折弯与表面对齐

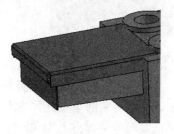

图 6-19 添加前、后表面的折弯

4. 延长板料覆盖两凸台

（参考用时：11 分钟）

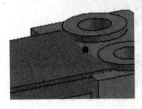

图 6-20　选择中点处

（1）从设计环境右侧的【设计元素库】中的【钣金】中选择【向外折弯】图素，按住鼠标左键将其拖放至图 6-20 所示的中点处。

（2）松开鼠标后，添加向外折弯图素，如图 6-21 所示。

（3）双击此折弯图素，使板料进入零件编辑状态，拖动此折弯板料的上方操作手柄，并使这一折弯与台钳零件的凸台上表面对齐，如图 6-22 所示。

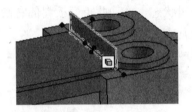

图 6-21　添加向外折弯

图 6-22　表面平齐

（4）从设计环境右侧的【设计元素库】中的【钣金】中选择【向内折弯】图素，按住鼠标左键将其拖放至靠近凸台的板料边的中点上，使之与凸台右边缘相切齐平，如图 6-23 所示。

（5）从设计环境右侧的【设计元素库】中的【钣金】中选择【添加板料】图素，按住鼠标左键将其拖放至板料上表面的中心点 C 处，如图 6-24 所示。

图 6-23　添加向内折弯

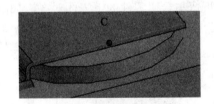

图 6-24　选择中点 C

（6）松开鼠标后，拖动板料的手柄使其与台钳零件的前表面对齐，如图 6-25 所示。

（7）从设计环境右侧的【设计元素库】中的【钣金】中选择【不带料内折弯】图素，按住鼠标左键将其拖放至板料下表面的中心点 D 处，如图 6-26 所示。

图 6-25 板料平齐

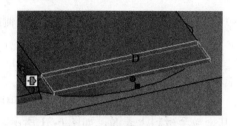
图 6-26 选择中心点 D

（8）松开鼠标后，拖动板料的手柄使其与台钳零件的上表面对齐，如图 6-27 所示。

（9）将光标移动到板料下方的方形红色手柄处，光标变成小手形状并出现一个双向箭头，右键单击手柄，在弹出的快捷菜单中选择【编辑距离】命令，弹出【编辑距离】对话框，在文本框中输入距离值 25.4，使板料长度增加，如图 6-28 所示。

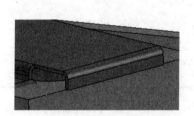
图 6-27 板料平齐

图 6-28 板料延长

（10）用同样的方法，添加台钳零件另一侧的钣金零件。

5. 添加卷边

（参考用时：2 分钟）

（1）从设计环境右侧的【设计元素库】中的【钣金】中选择【卷边】图素，按住鼠标左键将其拖放至图 6-29 所示的中点处。

（2）松开鼠标后，则卷边被添加到了板料之上，结果如图 6-30 所示。

图 6-29 选择中点

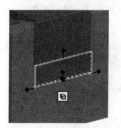
图 6-30 添加卷边

(3) 用同样的方法，添加台钳零件另一侧的卷边。

6. 添加冲孔

（参考用时：8分钟）

（1）从设计环境右侧的【设计元素库】中的【钣金】中选择【圆孔】图素，按住鼠标左键将其拖放至板料上表面，如图 6-31 所示。

（2）将光标移动到冲孔尺寸调节按钮处，按钮黄色加亮显示，光标变成小手状。右键单击此按钮，在弹出的右键快捷菜单中选择【加工属性】命令，弹出【冲孔属性】对话框，在标准尺寸系列中选择冲孔直径为 25.4，如图 6-32 所示。

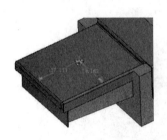

图 6-31 添加圆孔图素

图 6-32 【冲孔属性】对话框

（3）双击圆冲孔进入零件编辑状态，激活【三维球】工具，此时的三维球被定位在冲孔的上表面圆心，如果需要重新定位冲孔就必须先将三维球重新定位到冲孔的下表面圆心处。按空格键使三维球进入脱离零件状态，右击三维球的中心定位手柄，在弹出的快捷菜单中选择【到中心点】命令，然后拾取冲孔的底面圆，圆轮廓被加亮显示，单击后三维球会自动附着在冲孔下表面轮廓线的圆心处，按下空格键将三维球重新锁定，如图 6-33 所示。

（4）右击三维球的中心定位手柄，在弹出的快捷菜单中选择【到中心点】命令，然后拾取台钳零件上表面的圆孔边线，圆轮廓被加亮显示，单击后冲孔重新定位至与零件大圆孔同心处。按 Esc 键退出三维球操作，如图 6-34 所示。

图 6-33 三维球定位

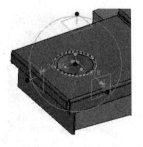

图 6-34 移动冲孔

（5）用同样的方法，在凸台上方板料添加冲孔。与前面的操作步骤相似，区别就是选择冲孔的直径为 19.05，其操作结果如图 6-35 所示。

（6）按下空格键使三维球与圆孔分离，将三维球重新定位于凸台的中心点位置，然后利用三维球的镜像功能复制出另一个圆孔，如图 6-36 所示。

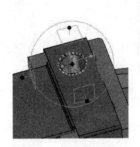
图 6-35　添加凸台圆孔

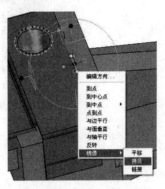
图 6-36　圆孔镜像复制

（7）关闭三维球，则钣金件上的圆孔设计完成。

7．添加卡式导向孔

（参考用时：4 分钟）

（1）从设计环境右侧的【设计元素库】中的【钣金】中选择【卡式导向孔】图素，按住鼠标左键将其拖放至板料上表面，如图 6-37 所示。

（2）双击卡式导向孔进入零件编辑状态，按 F10 键激活三维球，按下鼠标右键拖动三维球的外手柄，松开鼠标，在弹出的快捷菜单中选择【拷贝】命令，则出现【编辑距离】对话框，输入距离为 25.4，单击【确定】按钮，完成卡式导向孔的复制，如图 6-38 所示。

（3）关闭三维球，完成卡式导向孔的创建。

图 6-37　添加卡式导向孔

图 6-38　复制导向孔

（4）右击台钳零件，在弹出的快捷菜单中选择【压缩】命令，则台钳零件被隐藏，至此钣金零件设计完成，如图 6-39 所示。

图 6-39　压缩台钳零件

8. 钣金件的展开和复原

（参考用时：1 分钟）

（1）右击钣金零件，在弹出的快捷菜单中选择【展开】命令，则钣金零件会自动展开为平面零件，如图 6-40 所示。

（2）如果需要恢复，右击零件，在弹出的快捷菜单中取消【展开】命令前的对勾，零件将自动恢复原样，如图 6-41 所示。

图 6-40　钣金件展开　　　　图 6-41　恢复钣金件

6.2　仪表箱

零件源文件——见光盘中的"\源文件\第 6 章\6.2 仪表箱"文件夹。

6.2.1　案例预览

（参考用时：50 分钟）

本例依旧是以原始零件为基础，在零件上覆盖生成钣金零件，本例在进一步熟悉【折弯】、【卷边】等特征的基础上将学习【切口】等特征的创建方法，仪表箱的零件图如图 6-42 所示。

图 6-42　仪表箱

6.2.2　案例分析

首先在【钣金】元素库中添加【板料】到原始零件上，在板料的基础上进行添加【折弯】、【卷边】、【冲孔】、【顶点倒角】和【切口】等一系列操作，并在设计过程中练习【编辑折弯角度】等操作。

6.2.3　常用命令

【设置钣金件缺省参数】在开始钣金件设计之前，必须定义某些钣金件默认参数，如默认板料、弯曲类型和尺寸单位。

【板料图素】板料图素提供了通过添加其他钣金件设计形成初步设计的基础。

【折弯图素】选择这种类型可添加一个 90°角的弯曲，同时为零件采用指定的弯曲半径。

【一组椭圆孔】以蓝色图标显示，代表除料冲孔在板料上生产的型孔。

【卷边】选择这种类型可添加一个 180°角、内侧弯曲半径为 0 的弯曲。

【钣金切口】在【钣金折弯特性】对话框中可以通过设置选项来定义用于选定弯曲图素上弯曲切口的参数。

6.2.4　设计步骤

1. 新建绘图文件

（参考用时：1 分钟）

（1）启动 CAXA 实体设计 2007 软件，进入三维设计环境。

（2）执行【文件】|【打开文件】菜单命令，或者单击工具栏中的【打开】按钮，

打开光盘源文件中的 6.2 节文件夹下的"被覆盖零件.ics",零件如图 6-43 所示。

(3)执行【工具】|【选项】菜单命令,弹出【选项】对话框,选择"板料"选项卡,从板料列表中选择名称为"50 钢"的材料作为钣金零件的默认板料,如图 6-44 所示。

图 6-43 被覆盖零件

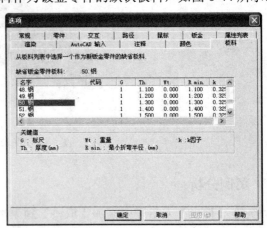

图 6-44 【选项】对话框

2. 添加板料

(参考用时:3 分钟)

(1)从设计环境右侧的【设计元素库】中的【钣金】中选择【板料】图素,按住鼠标左键将其拖放至零件的表面中心处(零件表面绿色加亮显示),如图 6-45 所示。

(2)释放鼠标后,板料添加到零件表面。双击板料图素,使板料进入零件编辑状态,将光标移动到红色的方形手柄处,光标变成小手状,并出现一个双向箭头,按住 Shift 键单击板料一侧的方形手柄,拖动手柄至被覆盖零件的前表面,此时该面以绿色显示,释放鼠标,则板料与该面对齐,如图 6-46 所示。

图 6-45 添加板料

图 6-46 使板料与零件前表面对齐

(3)用同样方法,将板料的其他 3 个侧面均与零件的相应表面平齐,结果如图 6-47 所示。

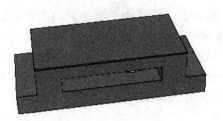

图 6-47 调整板料的 4 个侧面与零件平面平齐

3. 添加折弯

（参考用时：11 分钟）

（1）从设计环境右侧的【设计元素库】中的【钣金】中选择【折弯】图素，按住鼠标左键将其拖放至板料厚度的下边缘中点处，如图 6-48 所示。

（2）释放鼠标后，在原板料上添加一向下折弯图素，并将该折弯调整至与零件的台阶平面平齐，如图 6-49 所示。

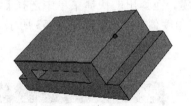

图 6-48 选择中点

图 6-49 添加折弯

（3）从设计环境右侧的【设计元素库】中的【钣金】中选择【向外折弯】图素，按住鼠标左键将其拖放至上步折弯的底边中点处，生成一向外折弯，如图 6-50 所示。

（4）双击此折弯图素，使板料进入零件编辑状态，拖动此折弯板料的右操作手柄，并使这一折弯与零件的右表面对齐，如图 6-51 所示。

图 6-50 添加折弯

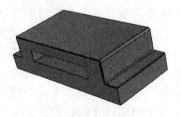

图 6-51 与面平齐

> 注释:选择【向外折弯】还是【向内折弯】的判断依据:添加折弯后的板料,其外表面还是内表面与被覆盖体表面贴合?如是前者,则为【向外折弯】,反之亦反。

(5)在折弯部分将光标对准折弯处的圆形手柄,圆形手柄变黄,同时出现带画圆弧笔迹的白色手形指针,单击右键,在弹出的快捷菜单中选择【编辑半径】命令,可根据要求进行半径设计,此时接受默认半径值的设置,如图6-52所示。

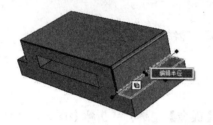 

图6-52 编辑折弯半径

(6)在折弯部分将光标对准折弯处圆形手柄两侧的方形手柄的任意一个,方形手柄变黄色,同时出现带转角的白色手形指针,单击右键,在弹出的快捷菜单中选择【编辑角度】命令,可根据要求进行角度设置,此时接受默认角度值的设置,如图6-53所示。

 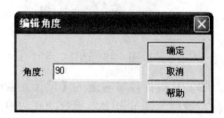

图6-53 编辑折弯角度

(7)从设计环境右侧的【设计元素库】中的【钣金】中选择【向内折弯】图素,按住鼠标左键将其拖放至上步折弯的底边中点处,生成一向内折弯,并拖动此折弯板料的下方操作手柄,使这一折弯与零件的底面对齐,如图6-54所示。

(8)继续从设计环境右侧的【设计元素库】中的【钣金】中选择【向内折弯】图素,按住鼠标左键将其拖放至上步折弯的底边中点处,生成一向内折弯。将光标移动到板料左表面的方形红色手柄处,光标变成小手形状并出现一个双向箭头,右键单击手柄,在弹出的快捷菜单中选择【编辑距离】命令,弹出【编辑距离】对话框,在文本框中输入距离值25,使板料长度增加,如图6-55所示。

 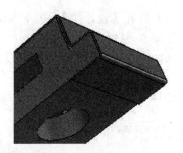

图 6-54　添加向内折弯　　　　　　图 6-55　编辑距离

4. 添加卷边

（参考用时：10 分钟）

（1）从设计环境右侧的【设计元素库】中的【钣金】中选择【卷边】图素，按住鼠标左键将其拖放至图 6-56 所示的中点处。

（2）松开鼠标后，则卷边被添加到了板料之上。将鼠标移至卷边的右侧手柄处，单击右键，在弹出的快捷菜单中选择【编辑折弯板料长度】命令，结果如图 6-57 所示。

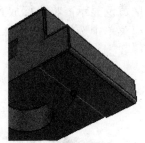 

图 6-56　拖放至中点　　　　　　图 6-57　编辑折弯长度

（3）在弹出的【编辑折弯板料长度】对话框中，输入长度值为 25，如图 6-58 所示。
（4）单击【确定】按钮，完成板料长度值的编辑，结果如图 6-59 所示。

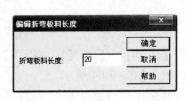 

图 6-58　编辑折弯板料长度　　　　图 6-59　完成编辑

（5）打开【设计树】，按下 Shift 键同时选中 5 块板料后，相应的板料轮廓会呈黄色显示，如图 6-60 所示。

（6）执行【工具】|【三维球】菜单命令，或者单击【标准】工具栏中的【三维球】按钮，激活三维球，按下空格键，将三维球定位至零件上表面长边中点处，按下空格键，使三维球重新附着在板料上，如图 6-61 所示。

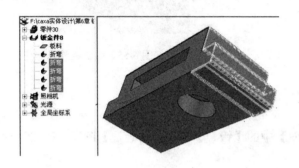

图 6-60　选中折弯板料　　　　　　　　图 6-61　三维球定位

（7）选择与上表面长边平行的三维球内部手柄，使之呈黄色显示，将光标放到该手柄处，当其变为有回转标志的手形后右击鼠标，在弹出的快捷菜单中选择【镜像】|【拷贝】命令，如图 6-62 所示。

（8）镜像复制后的图形如图 6-63 所示。

 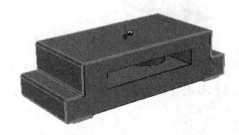

图 6-62　镜像板料　　　　　　　　　　图 6-63　完成效果

（9）从设计环境右侧的【设计元素库】中的【钣金】中选择【向内折弯】图素，按住鼠标左键将其拖放至零件上表面板料的长边中点处，如图 6-64 所示。

（10）按住 Shift 键，并拖动此折弯板料的右侧操作手柄至方形孔短边，使这一折弯板料与方形孔的短边平齐，如图 6-65 所示。

图 6-64 拖放至中点

图 6-65 板料平齐

（11）将鼠标移至板料的右侧手柄处，单击右键，在弹出的快捷菜单中选择【编辑折弯板料长度】命令，输入长度值 140，单击【确定】按钮，结果如图 6-66 所示。

（12）用同样的方法，完成板料左侧长度的设置，结果如图 6-67 所示。

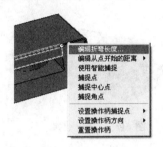
图 6-66 编辑折弯长度

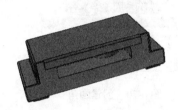
图 6-67 完成另一侧长度设计

（13）选择上步创建的折弯板料的向下圆形手柄，右击鼠标，在弹出的快捷菜单中选择【编辑从点开始的距离】|【点】命令，在弹出的【编辑距离】对话框中输入 40，如图 6-68 所示。

（14）单击【确定】按钮，完成板料的宽度调整，用同样方法完成另一侧板料的设计，结果如图 6-69 所示。

图 6-68 编辑距离

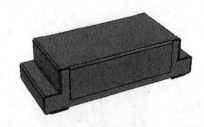
图 6-69 完成另一侧板料设计

5. 创建圆角

☀ （参考用时：3 分钟）

（1）从设计环境右侧的【设计元素库】中的【钣金】中选择【顶点倒角】图素，按住鼠标左键将其拖放至护板尖角处。

（2）在圆角处于智能图素的编辑状态下，右击操作手柄，在弹出的快捷菜单中选择【编辑包围盒】命令，在出现的【编辑包围盒】对话框中输入长度和宽度为 10，单击【确定】按钮完成圆角尺寸的编辑，结果如图 6-70 所示。

（3）用同样的方法，完成其他 3 个圆角的创建，结果如图 6-71 所示。

图 6-70 创建圆角

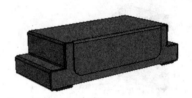
图 6-71 完成效果

6. 添加工艺切口

☀ （参考用时：7 分钟）

（1）选中侧板，使之处于智能图素编辑状态，再单击智能图素编辑状态图标 ▣，使之变为折弯图标 ▣。

（2）在欲开切口处，将手形指针指向表示切口方向的两个手柄之一，右击鼠标，在弹出的快捷菜单中选择【折弯属性】命令，弹出【钣金折弯特征】对话框，选择【切口类型】为【圆形】，宽度和深度设置为 5，结果如图 6-72 所示。

 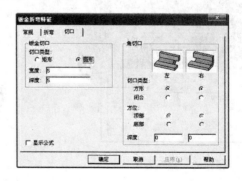

图 6-72 切口设计

(3) 单击【确定】按钮后，用鼠标再次单击表示切口方向的手柄，即完成该处切口，如图 6-73 所示。

(4) 用同样的方法，完成其他 3 个工艺的创建，结果如图 6-74 所示。

图 6-73　创建切口

图 6-74　完成效果

> 注释：如果无需改变切口值，则只需单击准备开切口处向里方向的手柄，即完成切口操作，并可连续操作。

7. 添加冲孔

（参考用时：7 分钟）

(1) 从设计环境右侧的【设计元素库】中的【钣金】中选择【圆孔】图素，按住鼠标左键将其拖放至板料上表面中心，如图 6-75 所示。

(2) 将光标移动到冲孔尺寸调节按钮处，按钮黄色加亮显示，光标变成小手状。右键单击此按钮，在弹出的右键快捷菜单中选择【加工属性】命令，弹出【冲孔属性】对话框，选中【自定义】单选按钮，在【直径】文本框中输入 13，如图 6-76 所示。

图 6-75　添加冲孔

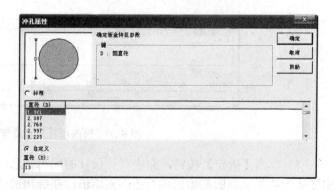
图 6-76　【冲孔属性】对话框

(3) 利用三维球将孔的中心从上平面中心向右侧移动 40，结果如图 6-77 所示。

（4）再利用三维球的复制功能在圆孔的两侧 20mm 位置处创建两个圆孔，结果如图 6-78 所示。

（5）从设计环境右侧的【设计元素库】中的【钣金】中选择【一组椭圆孔】图素，按住鼠标左键将其拖放至板料上表面中心，如图 6-79 所示。

图 6-77　移动圆孔　　　　图 6-78　复制圆孔　　　　图 6-79　添加椭圆孔

（6）将光标移动到椭圆孔尺寸调节按钮处，按钮黄色加亮显示，光标变成小手状。右键单击此按钮，在弹出的右键快捷菜单中选择【加工属性】命令，弹出【冲孔属性】对话框，选中【自定义】单选按钮，并输入如下数值：宽4、高16、行3、列4、X 间距8、Y 间距20、凹痕10，如图 6-80 所示。

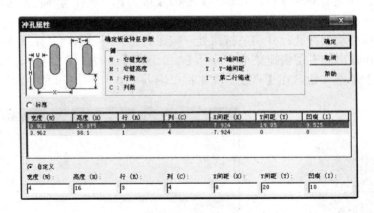

图 6-80　椭圆群孔尺寸设置

（7）单击【确定】按钮，完成群孔尺寸的编辑。选中群孔，使之处于编辑状态，再选中群孔中心距端点的初始值，右击该初始值，在弹出的快捷菜单中选择【编辑智能尺寸】命令，将原始值改为 100，如图 6-81 所示。

（8）单击【确定】按钮，完成群孔位置的移动，结果如图 6-82 所示。

图 6-81 编辑智能尺寸

图 6-82 完成效果

8. 添加珠形凸起和卡式导向孔

（参考用时：8 分钟）

（1）从设计环境右侧的【设计元素库】中的【钣金】中选择【珠形凸起】图素，按住鼠标左键将其拖放至板料上表面中心，如图 6-83 所示。

（2）将光标移动到珠形凸起尺寸调节按钮处，按钮黄色加亮显示，光标变成小手状。右键单击此按钮，在弹出的右键快捷菜单中选择【加工属性】命令，弹出【形状属性】对话框，选中【自定义】单选按钮，并输入如下数值：长 45、宽 15、高 4、半径 2，如图 6-84 所示。

图 6-83 添加珠形凸起

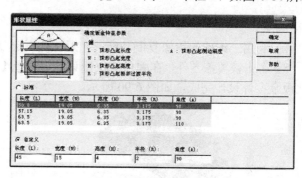

图 6-84 设计珠形凸起尺寸

（3）单击【确定】按钮，完成珠形凸起尺寸的编辑。选中凸起，使之处于编辑状态，再激活三维球，使凸起绕自身旋转 90°，如图 6-85 所示。

（4）再利用三维球，使凸起向 3 个小孔的方向移动 10，并使椭圆形冲孔也绕自身旋转 180°，如图 6-86 所示。

（5）从设计环境右侧的【设计元素库】中的【钣金】中选择【卡式导向孔】图素，按住鼠标左键将其拖放至被覆盖零件的侧板中心，如图 6-87 所示。

（6）将光标移动到卡式导向孔三角形尺寸调节按钮处，按钮黄色加亮显示，光标变成小手状。右键单击此按钮，在弹出的右键快捷菜单中选择【加工属性】命令，弹出【形状属性】对话框，选中长度 L 为 58 的标准孔，如图 6-88 所示。

图 6-85　旋转凸起

图 6-86　旋转群孔

图 6-87　添加卡式导向孔

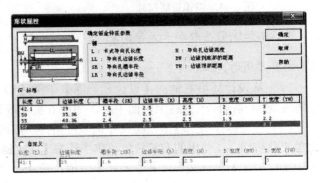
图 6-88　设计卡式导向孔

（7）利用三维球的镜像复制功能，在对称侧板上复制出卡式导向孔，如图 6-89 所示。

（8）右击被覆盖零件，在弹出的快捷菜单中选择【压缩】命令，则被覆盖零件被隐藏，至此钣金零件设计完成，如图 6-90 所示。

图 6-89　复制卡式导向孔

图 6-90　完成效果

6.3　电　源　盒

零件源文件——见光盘中的"\源文件\第 6 章\ 6.3 电源盒.ics"文件。

录像演示——见光盘中的"\avi\第 6 章\电源盒.avi"文件。

6.3.1 案例预览

（参考用时：60 分钟）

本例与前两个钣金零件的创建方法不同，不是以覆盖零件生成钣金，而是直接利用【板料】、【折弯】等图素进行钣金零件的设计。电源盒的零件图如图 6-91 所示。

图 6-91　电源盒

6.3.2 案例分析

在此电源盒的钣金设计过程中，将首先利用【板料】图素构建电源盒底板，然后利用【折弯】创建两侧板，最后添加【窄缝】、【散热孔】和【自定义轮廓】到电源盒的两侧板上。

6.3.3 常用命令

【板料图素】板料图素提供了通过添加其他钣金件设计形成初步设计的基础。

【折弯图素】选择这种类型可添加一个 90°角的弯曲，同时为零件采用指定的弯曲半径。

【窄缝】以蓝色图标显示，代表除料冲孔在板料上产生缝形型孔。

【卷边】选择这种类型可添加一个 180°角、内侧弯曲半径为 0 的弯曲。

【自定义轮廓】利用"自定义轮廓智能图素"可向钣金件添加用户定义的型孔图素。

【散热孔】以绿色图标显示，代表通过生产过程中的压力成形操作产生的典型板料变形特征。

6.3.4 设计步骤

1. 新建绘图文件

（参考用时：1 分钟）

（1）启动 CAXA 实体设计 2007 软件，进入三维设计环境。

（2）执行【文件】|【新文件】菜单命令，弹出【新建】对话框，选择"设计"选项，

如图 6-92 所示，单击【确定】按钮，弹出【新的设计环境】对话框，如图 6-93 所示，选择 "Blank Scene" 新建绘图文件，或者单击【标准】工具栏的【默认模板设计环境】按钮，进入默认设计环境。

图 6-92 【新建】对话框　　　　　　　图 6-93 【新的设计环境】对话框

（3）执行【工具】|【选项】菜单命令，弹出【选项】对话框，选择【板料】选项卡，从板料列表中选择名称为 "18 铝" 的材料作为钣金零件的默认板料，如图 6-94 所示。

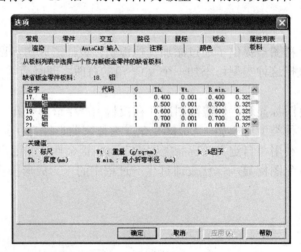

图 6-94 【选项】对话框

2．添加板料与折弯

（参考用时：10 分钟）

（1）从设计环境右侧的【设计元素库】中的【钣金】中选择【板料】图素，按住鼠标左键将其拖放至设计环境中，如图 6-95 所示。

（2）单击板料进入智能图素编辑状态，单击图素状态图标，使其进入包围盒状态图标，右击板料的包围盒操作手柄，在弹出的快捷菜单中选择【编辑包围盒】命令，如图 6-96 所示。

图 6-95　调入【板料】图素

图 6-96　编辑包围盒

（3）在弹出的【编辑包围盒】对话框中，将长度改为 148，宽度改为 140，单击【确定】按钮，完成结果如图 6-97 所示。

（4）从设计环境右侧的【设计元素库】中的【钣金】中选择【不带料折弯】图素，按住鼠标左键将其拖放至长度为 140 边的上边缘中点处释放，如图 6-98 所示。

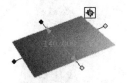

图 6-97　编辑尺寸结果

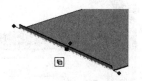

图 6-98　添加折弯

（5）单击【显示设计树】按钮，将新生成的钣金零件设计树展开，单击如图 6-99 所示的"增加板料"。

（6）单击转换图标使增加板料图素进入包围盒编辑状态，右击向上的智能手柄，在弹出的快捷菜单中选择【编辑包围盒】命令，在弹出的对话框中将板料宽度改为 85，如图 6-100 所示。

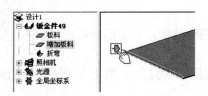

图 6-99　选择图素

图 6-100　编辑图素宽度

（7）从设计环境右侧的【设计元素库】中的【钣金】中选择【添加板料】图素，按住鼠标左键将其拖放至上步创建的增加板料上表面边缘中心处释放，并利用【编辑包围盒】

命令将板料长度改为 5，单击【确定】按钮，结果如图 6-101 所示。

（8）从设计环境右侧的【设计元素库】中的【钣金】中选择【折弯】图素，在如图 6-102 所示的板料上表面靠内侧中心点处释放。

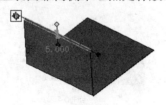
图 6-101　添加板料

图 6-102　添加折弯

（9）从设计环境右侧的【设计元素库】中的【钣金】中选择【不带料折弯】图素，按住鼠标左键将其拖放至板料侧表面靠内侧中心处释放，并利用【编辑包围盒】命令将板料宽度改为 4，单击【确定】按钮，结果如图 6-103 所示。

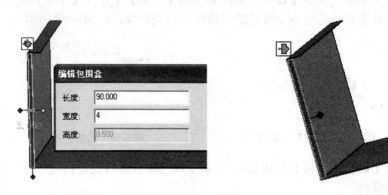
图 6-103　添加不带料折弯

3．编辑板料截面

（参考用时：4 分钟）

（1）单击最新生成的板料图素，使其处于智能图素状态，右击图素后在弹出的快捷菜单中选择【编辑草图截面】命令，如图 6-104 所示。

（2）单击【显示曲线尺寸】按钮 ⌀，在二维截面编辑状态下，将上方水平直线的尺寸值修改为 80，如图 6-105 所示。

（3）如果【保持末点条件】复选框处于选中状态，应取消选择，单击【确定】按钮后结果如图 6-106 所示。

第 6 章 钣金零件设计

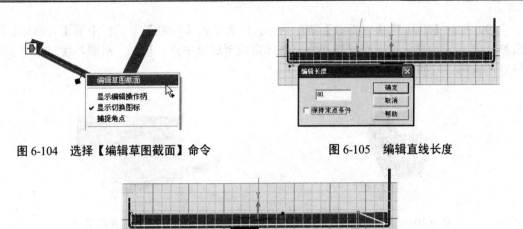

图 6-104 选择【编辑草图截面】命令　　　　图 6-105 编辑直线长度

图 6-106 直线编辑结果

（4）绘图完成后，单击【编辑草图截面】对话框中的【完成造型】按钮，结果如图 6-107 所示。

（5）单击【显示设计树】按钮，将新生成的钣金零件设计树展开，按住 Shift 键的同时依次选择最下方的【增加板料】和【折弯】，如图 6-108 所示。

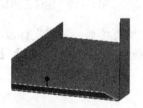
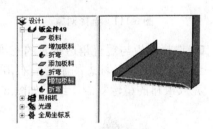

图 6-107 重新生成板料　　　　图 6-108 选择操作对象

（6）执行【工具】|【三维球】菜单命令，或者单击【标准】工具栏中的【三维球】按钮，激活三维球，按下空格键，将三维球定位至底板直角边一侧中点，按下空格键，使三维球重新附着在板料上，如图 6-109 所示。

（7）选择与直角边平行的三维球内部手柄，使之呈黄色显示，将光标放到该手柄处，当其变为有回转标志的手形后右击鼠标，在弹出的快捷菜单中选择【镜像】|【拷贝】命令，完成板料的镜像复制，结果如图 6-110 所示。

（8）单击【显示设计树】按钮，将新生成的钣金零件设计树展开，按住 Shift 键的同时依次选择除了底板以外的其他所有板料和折弯，如图 6-111 所示。

（9）执行【工具】|【三维球】菜单命令，或者单击【标准】工具栏中的【三维球】按钮，激活三维球，按下空格键，将三维球定位至底板中点，按下空格键，使三维球重新附着在板料上，如图 6-112 所示。

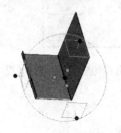

图 6-109　定位三维球

图 6-110　板料镜像结果

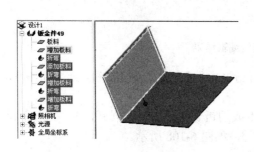

图 6-111　选择对象

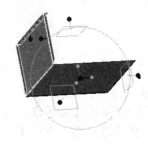

图 6-112　定位三维球

（10）选择底板与短直角边垂直的三维球内部手柄，使之呈黄色显示，将光标放到该手柄处，当其变为有回转标志的手形后右击鼠标，在弹出的快捷菜单中选择【镜像】|【拷贝】命令，完成板料的镜像复制，结果如图 6-113 所示。

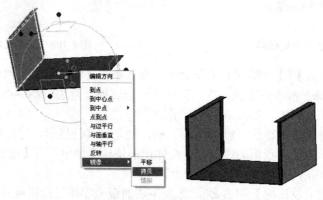

图 6-113　复制板料

第 6 章 钣金零件设计

4. 生成型孔

（参考用时：30 分钟）

（1）调整视图到如图 6-114 所示的正视图，从设计环境右侧的【设计元素库】中的【钣金】中选择【窄缝】图素，按住鼠标左键将其拖放至板料中心处，如图 6-114 所示。

（2）右击窄缝的位置尺寸，将窄缝的竖直位置距离改为 45，如图 6-115 所示。

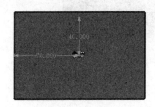

图 6-114　调入窄缝　　　　　　　　图 6-115　编辑窄缝位置

（3）利用【三维球】工具将窄缝绕自身旋转 90°，结果如图 6-116 所示。

图 6-116　旋转窄缝

（4）将光标移动到窄缝尺寸调节按钮处，按钮黄色加亮显示，光标变成小手状。右键单击此按钮，在弹出的右键快捷菜单中选择【加工属性】命令，弹出【冲孔属性】对话框，选中【自定义】单选按钮，依次设置【长度】为 30，【宽度】为 4，如图 6-117 所示。

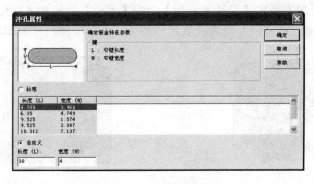

图 6-117　设置窄缝尺寸

(5) 单击【确定】按钮后,在零件设计树中将窄缝展开,将如图 6-118 所示的两个约束尺寸删除。

(6) 单击【三维球】工具 ,利用三维球将窄缝向右移动 42,结果如图 6-119 所示。

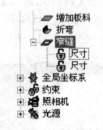
图 6-118 删除约束尺寸

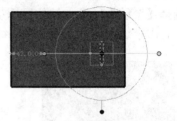
图 6-119 向右移动图素

(7) 右键单击三维球外侧水平手柄,在弹出的快捷菜单中选择【生成线性阵列】命令,如图 6-120 所示。

(8) 在弹出的【阵列】对话框中输入【数量】为 13,【距离】为 7,如图 6-121 所示。

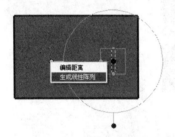
图 6-120 生成线性阵列

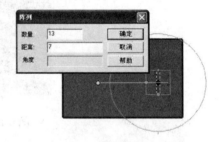
图 6-121 设置阵列数量和距离

(9) 单击【确定】按钮后,结果如图 6-122 所示。

(10) 从设计环境右侧的【设计元素库】中的【钣金】中选择【圆孔】图素,按住鼠标左键将其拖放至侧板上,并使其竖直位置尺寸为 15,水平位置尺寸为 20,如图 6-123 所示。

图 6-122 阵列结果

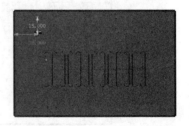
图 6-123 添加【圆孔】图素

（11）将光标移动到圆孔尺寸调节按钮处，按钮黄色加亮显示，光标变成小手状。右键单击此按钮，在弹出的右键快捷菜单中选择【加工属性】命令，弹出【冲孔属性】对话框，选中【自定义】单选按钮，设置【直径】为20，如图6-124所示。

图 6-124 设置圆孔尺寸

（12）单击【确定】按钮后，结果如图6-125所示。

（13）从设计环境右侧的【设计元素库】中的【图素】中选择【孔类长方体】图素，按住鼠标左键将其拖放至圆孔处，如图6-126所示。

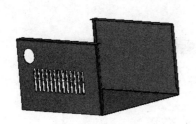

图 6-125 生成圆孔图素

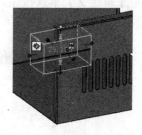

图 6-126 添加孔类长方体

（14）利用孔类长方体的操作手柄调整孔类长方体图素的尺寸如图6-127所示。

图 6-127 调整孔类长方体尺寸

（15）从设计环境右侧的【设计元素库】中的【钣金】中选择【散热孔】图素，按住鼠标左键将其拖放至底板中心点，并将其竖直为 74 的位置尺寸修改为 24，另一个尺寸修改为 120，如图 6-128 所示。

（16）利用【三维球】工具，将散热孔绕自身旋转 90°，结果如图 6-129 所示。

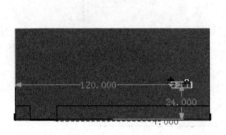
图 6-128　添加散热孔

图 6-129　调整散热孔方向

（17）将光标移动到散热孔尺寸调节按钮处，按钮黄色加亮显示，光标变成小手状。右键单击此按钮，在弹出的右键快捷菜单中选择【加工属性】命令，弹出【形状属性】对话框，选中【自定义】单选按钮，设置【长度（OL）】为 20、【长度（IL）】为 6、【半径】为 1、【深度】为 6、【宽度】为 7，如图 6-130 所示。

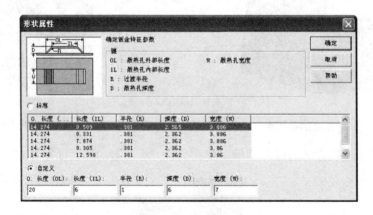
图 6-130　设置散热孔尺寸

（18）单击【确定】按钮后，散热孔尺寸变化，并从设计环境右侧的【设计元素库】中的【钣金】中选择【圆孔】图素，按住鼠标左键将其拖放至散热孔上，结果如图 6-131 所示。

（19）打开【三维球】工具，利用三维球工具将散热孔复制到左侧 100mm 处，如图 6-132 所示。

图 6-131 添加圆孔

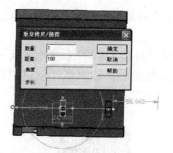
图 6-132 复制散热孔

（20）单击【确定】按钮后，完成散热孔的复制，结果如图 6-133 所示。

（21）同样利用三维球将散热孔以底板中心为对称点复制，生成对称的散热孔，结果如图 6-134 所示。

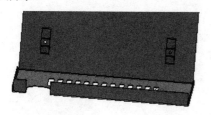
图 6-133 完成复制

图 6-134 生成 4 个散热孔

5．生成自定义轮廓

（参考用时：15 分钟）

（1）从设计环境右侧的【设计元素库】中的【钣金】中选择【自定义轮廓】图素，按住鼠标左键将其拖放至另一侧侧板适当位置，并右击该"自定义轮廓"，在弹出的快捷菜单中选择【编辑草图截面】命令，利用二维编辑工具绘制如图 6-135 所示的图形。

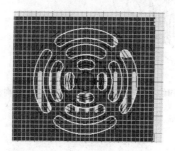
图 6-135 绘制自定义轮廓线

（2）绘图完成后，单击【编辑草图截面】对话框中的【完成造型】按钮，结果如图 6-136 所示。

（3）从设计环境右侧的【设计元素库】中的【钣金】中选择【折弯】图素，按住鼠标左键将其拖放至底板长边中点，创建两个对称的折弯造型，结果如图 6-137 所示。至此电源盒钣金件设计完成。

图 6-136　生成自定义轮廓

图 6-137　完成电源盒造型

6.4　课后练习

完成如图 6-138 所示钣金件的设计。

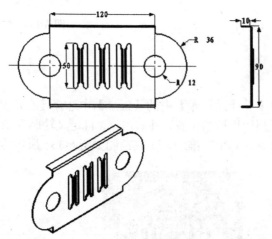

说明：型孔为长 50 的标准卡式导向孔，两边的折弯为向外折弯，折弯板料长度为 10。

图 6-138　练习题用图

第 7 章 装配设计

【本章导读】

装配设计是在零件设计的基础上，进一步对零件进行组合和配合，以满足机器的使用要求和实现设计功能，装配设计的内容重点不在几何造型设计，而在于几何体的空间位置关系，CAXA 实体设计的装配功能非常强大，可以利用【三维球】、【约束/非约束装配】、【智能标注】、【空间坐标】等工具实现任何实体或曲面的复杂装配，如果需要，也可以自动生成装配工程图纸。但需要注意的是对于复杂装配件设计，不要轻易使用渲染功能，由于复杂装配体的渲染对计算机的性能要求很高，所以一般是在当所有的装配设计工作都已完成的情况下，可以尝试对可见零件的渲染设计。有时，在装配过程中可能会产生干涉或发现某个零件设计上的缺陷，因此系统还提供了干涉检查和允许对零件进行修改的功能。

本章通过对中轴组件、减震器、滚轮和换向变速机构等实例的讲解，让读者通过 4 个小时的实例学习掌握 CAXA 实体设计中装配件的装配方法，其中包括三维球装配、约束装配和无约束装配等主要方法，读者可以通过本章中的一些实例操作来掌握这几种装配方法，并且了解这几种装配方法的相同和不同之处，在哪种情况下用哪种装配方法最为方便。

序号	实例名称	参考学时（分钟）	知识点
7.1	中轴组件	65	三维球装配、无约束装配
7.2	减震器	55	约束装配、干涉检查
7.3	滚轮	55	约束装配
7.4	换向变速机构	65	综合运用各种装配方法

7.1 中 轴 组 件

零件源文件——见光盘中的"\源文件\第 7 章\ 7.1 中轴组件"文件夹。
录像演示——见光盘中的"\avi\第 7 章\中轴组件.avi"文件。

7.1.1 案例预览

✦（参考用时：65 分钟）

本例属于轴类零件的装配，属于装配设计中较为简单的内容，零件间几乎都有共轴的几何配合关系。装配过程中主要采用了三维球装配和无约束装配两种方法，中轴组件如图 7-1 所示。

图 7-1　中轴组件

7.1.2　案例分析

本例主要是同轴的配合关系，装配方法比较简单，首先通过【插入零件/装配】调入所需零件，然后利用三维球装配方法来装配中轴套和中轴杆，接下来采用【无约束装配】依次进行中轴碗、滚珠、中轴档、垫圈和左脚蹬的装配；然后利用【镜像】命令来复制已装配零件，最后进行右脚蹬和销钉的装配。

7.1.3　常用命令

【插入零件/装配】在 CAXA 实体设计，可以利用已有的零部件生成装配件。

【无约束装配】采用【无约束装配】工具可参照源零件和目标零件快速定位源零件。

【三维球装配】除外侧平移操纵件外，【三维球】工具还有一些位于其中心的定位操纵件。这些工具为操作对象提供了相对于其他操作对象上的选定面、边或点的快速轴定位功能，也提供了操作对象的反向或镜像功能。利用这些操纵件定位操作可相对于操作对象的 3 个轴实施，就像移动操纵件一样。

7.1.4　设计步骤

1. 新建绘图文件

（参考用时：1 分钟）

（1）启动 CAXA 实体设计 2007 软件，进入三维设计环境。

（2）执行【文件】|【新文件】菜单命令，弹出【新建】对话框，选择"设计"选项，如图 7-2 所示，单击【确定】按钮，弹出【新的设计环境】对话框，如图 7-3 所示，选择"Blank Scene"新建绘图文件，或者单击【标准】工具栏的【默认模板设计环境】按钮 ，进入默认设计环境。

第 7 章 装配设计

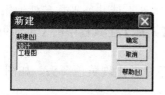

图 7-2 【新建】对话框

图 7-3 【新的设计环境】对话框

2. 零部件的插入

（参考用时：3 分钟）

（1）执行【装配】|【插入零件/装配】菜单命令，或者单击【装配】工具栏中的【插入零件/装配】按钮，弹出【插入零件】对话框，如图 7-4 所示。

（2）选择光盘源文件 7.1 节文件夹下的"中轴零件文件.ics"文件，单击【打开】按钮，则设计环境中出现如图 7-5 所示的中轴零件。

图 7-4 【插入零件】对话框

图 7-5 调入的中轴零件

注释：在图 7-4 所示的对话框中，有一个【作为链接插入】的选项，该选项的功能如下：前面有勾选的时候，插入的零件只记录零件的地址。这样做的优点是整个装配体文件较小，而且原文件修改后装配体中的零件也会随之修改，这样可以非常方便地组织协同设计，但原地址更改后会出现找不到零件的情况。

3. 装配中轴套

☼（参考用时：6分钟）

（1）执行【显示】|【设计树】菜单命令，或者单击【标准】工具栏的【显示设计树】按钮，打开零件设计树，在设计树中选择【中轴套】零件，使其处于装配件编辑状态，然后选择【工具】|【无约束装配】菜单命令，或者单击【装配】工具栏中的【无约束装配】按钮。

（2）选择中轴套零件的端面大圆轮廓，外圆变为绿色，并出现黄色箭头，如图7-6所示。

（3）继续用鼠标选择中轴杆零件的左端外圆轮廓，同样出现黄色箭头，如图7-7所示。

图7-6　选择中轴套外圆　　　　图7-7　选择中轴杆外圆

（4）单击【装配】工具栏中的【无约束装配】按钮，结束无约束装配操作，结果如图7-8所示。

（5）使轴套处于零件编辑状态，单击【三维球】按钮，激活【三维球】工具，然后单击中轴套沿中轴线的方向的定位手柄，向右移动120mm，如图7-9所示。移动完毕后关闭【三维球】工具。

 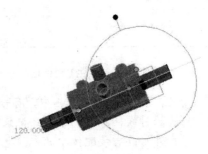

图7-8　无约束装配　　　　图7-9　移动轴套

4. 装配中轴碗

（参考用时：6分钟）

（1）执行【显示】|【设计树】菜单命令，或者单击【标准】工具栏的【显示设计树】按钮，打开零件设计树，在设计树中选择【中轴碗】零件，使其处于装配件编辑状态，然后选择【工具】|【无约束装配】命令，或者单击【装配】工具栏中的【无约束装配】按钮。

（2）选择中轴碗零件左侧的大圆轮廓外圆，如图 7-10 所示的箭头所指的轮廓。

（3）继续用鼠标选择中轴套零件的左端外圆轮廓，出现黄色箭头，如图 7-11 所示。

（4）单击鼠标后，完成的装配效果如图 7-12 所示。

图 7-10 选择中轴碗外圆　　图 7-11 选择轴套外圆　　图 7-12 装配中轴碗

5. 装配滚珠

（参考用时：6分钟）

（1）执行【显示】|【设计树】菜单命令，或者单击【标准】工具栏的【显示设计树】按钮，打开零件设计树，展开设计树中的【滚珠】装配体，选中阵列特征，使其处于装配件编辑状态，单击【三维球】按钮，使三维球处于滚珠中心，并调整滚珠的轴向方向与轴套的轴向方向一致。右击三维球的中心控制手柄，在弹出的快捷菜单中选择【到中心点】命令，如图 7-13 所示。

（2）单击拾取中轴碗端面外圆轮廓，将滚珠装配到轴碗中心处，如图 7-14 所示。

图 7-13 右击三维球定位中心　　图 7-14 定位滚珠

（3）单击滚珠沿中轴线的方向的定位手柄，向右移动 4mm，如图 7-15 所示。移动完毕后关闭【三维球】工具。

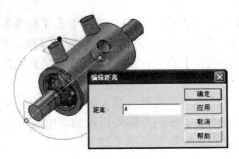

图 7-15　向右移动滚珠

6. 装配中轴挡

（参考用时：6 分钟）

（1）执行【显示】|【设计树】菜单命令，或者单击【标准】工具栏中的【显示设计树】按钮，打开零件设计树，在设计树中选择【中轴挡】零件，使其处于装配件编辑状态，然后选择【工具】|【无约束装配】菜单命令，或者单击【装配】工具栏中的【无约束装配】按钮。

（2）选择中轴挡零件的端面外圆，外圆变为绿色，并出现黄色箭头，如图 7-16 所示。

（3）继续用鼠标选择中轴碗的左外圆，出现黄色箭头，如图 7-17 所示。

图 7-16　选择中轴挡　　　　图 7-17　选择中轴碗外圆

（4）单击鼠标后，完成的装配效果如图 7-18 所示。

图 7-18　装配中轴挡

7. 装配垫圈

（参考用时：10 分钟）

（1）执行【装配】|【插入零件/装配】菜单命令，或者单击【装配】工具栏的【插入零件/装配】按钮，弹出【插入零件】对话框，选择光盘源文件 7.1 节文件夹下的"垫圈.ics"文件，单击【打开】按钮，则设计环境中出现垫圈零件。

（2）执行【显示】|【设计树】菜单命令，单击【标准】工具栏的【显示设计树】按钮，打开零件设计树，在设计树中选择【垫圈】零件，使其处于装配件编辑状态，然后选择【工具】|【无约束装配】菜单命令，或者单击【装配】工具栏中的【无约束装配】按钮。

（3）选择垫圈的外圆，外圆变为绿色，并出现黄色箭头，如图 7-19 所示。

（4）继续用鼠标选择中轴碗的左外圆，完成垫圈的装配，如图 7-20 所示。

图 7-19　选择垫圈外圆　　　图 7-20　装配垫圈

（5）单击【无约束装配】按钮，结束无约束装配。执行【装配】|【插入零件/装配】菜单命令，或者单击【装配】工具栏的【插入零件/装配】按钮，弹出【插入零件】对话框，选择光盘源文件 7.1 节文件夹下的"垫圈 2.ics"文件，单击【打开】按钮，则设计环境中出现第 2 个垫圈零件，如图 7-21 所示。

（6）同前面的操作相似，将垫圈 2 装配到上一垫圈的左侧，结果如图 7-22 所示。

图 7-21　插入垫圈 2　　　图 7-22　装配垫圈 2

8. 装配左脚蹬

（参考用时：10 分钟）

（1）执行【显示】|【设计树】菜单命令，或者单击【标准】工具栏的【显示设计树】按钮，打开零件设计树，在设计树中选择【左脚蹬】零件，使其处于装配件编辑状态，

单击【三维球】按钮，激活【三维球】工具，右击与轴孔平行的定位手柄，在弹出的快捷菜单中选择【与面垂直】命令，如图 7-23 所示。

（2）继续用鼠标选择中轴杆的端面，如图 7-24 所示。

图 7-23　选择【与面垂直】命令　　　　图 7-24　选择端面

（3）右击与水平径向的定位手柄，在弹出的快捷菜单中选择【与边平行】命令，如图 7-25 所示。

（4）继续用鼠标选择中轴杆上凹槽上的边，如图 7-26 所示。

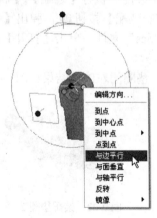

图 7-25　选择【与边平行】命令　　　　图 7-26　选择边

（5）调整三维球到轴孔中心位置，右击三维球的中心手柄，在弹出的快捷菜单中选择【到中心点】命令，如图 7-27 所示。

（6）继续用鼠标选择中轴杆的端面，将左脚蹬装配到中轴杆上，如图 7-28 所示。

第 7 章　装配设计　　233

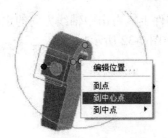

图 7-27　选择【到中心点】命令　　　　图 7-28　装配到中轴杆上

（7）单击左脚蹬沿中轴线方向的定位手柄，向右移动 4mm，如图 7-29 所示。移动完毕后关闭【三维球】工具。

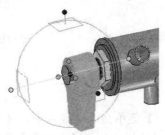

图 7-29　移动左脚蹬

9．镜像复制零件

（参考用时：8 分钟）

（1）在设计树中按住 Shift 键，同时选择【中轴碗】、【滚珠】和【中轴档】3 个零件，如图 7-30 所示。

（2）单击【三维球】按钮，激活【三维球】工具，按空格键，三维球变成白色。右击三维球中心手柄，在弹出的快捷菜单中选择【到中心点】命令，选择中轴套突出圆柱上的圆，使三维球定位到中轴套的中间，如图 7-31 所示。

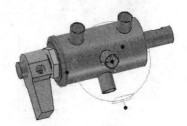

图 7-30　选择零件　　　　　　　　　图 7-31　移动三维球

（3）再次按空格键，使三维球重新附着在零件上，右击中轴线方向的定向手柄，在弹出的快捷菜单中选择【镜像】|【拷贝】命令，如图 7-32 所示。

（4）镜像复制的结果如图 7-33 所示。

图 7-32　复制零件　　　　　　　　　图 7-33　镜像复制结果

10. 装配右脚蹬和销钉

（参考用时：9 分钟）

（1）执行【显示】|【设计树】菜单命令，或者单击【标准】工具栏的【显示设计树】按钮 ，打开零件设计树，在设计树中选择【右脚蹬】零件，使其处于装配件编辑状态，单击【三维球】按钮 ，激活【三维球】工具，右击与轴孔平行的定位手柄，在弹出的快捷菜单中选择【与面垂直】命令，如图 7-34 所示。

（2）继续用鼠标选择中轴杆的右侧端面，调整两个轴孔同轴，并调整三维球定位置轴孔中心处。执行【工具】|【无约束装配】菜单命令，或者单击【装配】工具栏中的【无约束装配】按钮 。单击右脚蹬轴孔轮廓外圆，出现黄色箭头，如图 7-35 所示。

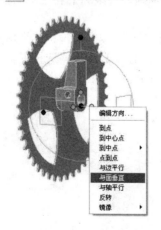

图 7-34　选择【与面垂直】命令　　　　图 7-35　选择轴孔

(3) 继续用鼠标选择右侧中轴档的外圆轮廓，完成右脚蹬的装配如图 7-36 所示。
(4) 同样采用无约束装配方法，将销钉零件装入到销钉孔中，结果如图 7-37 所示。

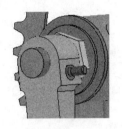

图 7-36　右脚蹬装配　　　　　图 7-37　装配销钉

(5) 用同样方法装配销钉的小垫圈，完成效果如图 7-38 所示。
(6) 接下来装配小螺母零件到垫圈侧面，结果如图 7-39 所示。

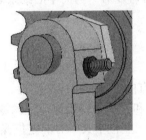
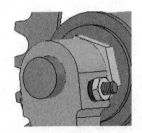

图 7-38　装配小垫圈　　　　图 7-39　装配小螺母　　　　图 7-40　中轴组件

(7) 用同样方法完成另一侧销钉的装配，最终中轴组件装配结果如图 7-40 所示。

7.2　减震器

零件源文件——见光盘中的"\源文件\第 7 章\ 7.2 减震器"文件夹。

7.2.1　案例预览

（参考用时：55 分钟）

本例将练习运用约束装配来添加固定的约束关系，并且在装配件设计完毕后，学习对装配件进行干涉检查和生成剖视图的方法。减震器如图 7-41 所示。

图 7-41　减震器

7.2.2　案例分析

无约束装配和约束装配在零件的装配过程中都是很重要的。无约束装配可以快速地定位零件，而约束装配则是一种"永恒"的约束，可以保留零件或装配件之间的空间关系。本例不但进一步练习了无约束装配的使用方法，而且使读者可以对一些简单的约束装配进行学习和了解。

7.2.3　常用命令

【插入零件/装配】在 CAXA 实体设计中，可以利用已有的零部件生成装配件。

【无约束装配】采用"无约束装配"工具可参照源零件和目标零件快速定位源零件。

【三维球装配】除外侧平移操纵件外，三维球工具还有一些位于其中心的定位操纵件。这些工具为操作对象提供了相对于其他操作对象上的选定面、边或点的快速轴定位功能，也提供了操作对象的反向或镜像功能。利用这些操纵件定位操作可相对于操作对象的 3 个轴实施，就像移动操纵件一样。

【约束装配】约束装配的效果是一种"永恒"的约束，可以保留零件或装配件之间的空间关系。

【干涉检查】可以检查装配件、零件内部、多个装配件和零件之间的干涉现象。

【装配剖视】为设计者提供了利用剖视平面或长方体将零件或装配件进行剖视的工具。

7.2.4　设计步骤

1. 新建绘图文件

（参考用时：1 分钟）

（1）启动 CAXA 实体设计 2007 软件，进入三维设计环境。

（2）执行【文件】|【新文件】菜单命令，弹出【新建】对话框，选择"设计"选项，

如图 7-42 所示,单击【确定】按钮,弹出【新的设计环境】对话框,如图 7-43 所示,选择"Blank Scene"新建绘图文件,或者单击【标准】工具栏的【默认模板设计环境】按钮,进入默认设计环境。

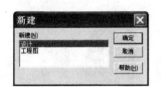

图 7-42 【新建】对话框   图 7-43 【新的设计环境】对话框

2. 零部件的插入

(参考用时: 3 分钟)

(1)执行【装配】|【插入零件/装配】菜单命令,或者单击【装配】工具栏的【插入零件/装配】按钮,弹出【插入零件】对话框,如图 7-44 所示。

(2)选择光盘源文件 7.2 节文件夹下的"减震器零件.ics"文件,单击【打开】按钮,则设计环境中出现如图 7-45 所示的中轴零件。

(3)对调入设计环境中的零件重新命名,在设计树中从左到右依次命名零件为支架、左套筒、旋转件。

图 7-44 【插入零件】对话框   图 7-45 调入的中轴零件

3. 生成右套筒和垫圈

（参考用时：9分钟）

（1）单击左套筒，使之处于零件编辑状态。单击【三维球】按钮，激活【三维球】工具，按空格键，三维球变成白色。右击三维球中心手柄，在弹出的快捷菜单中选择【到中心点】命令，选择旋转件的中点位置，使三维球定位到旋转件的中心，再次按空格键，使三维球重新附着在零件上，如图 7-46 所示。

（2）右击与套筒轴平行的内部定向手柄，在弹出的快捷菜单中选择【镜像】|【拷贝】命令，则生成新的套筒，如图 7-47 所示，并在设计树中将新套筒命名为"右套筒"。

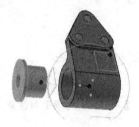 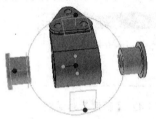

图 7-46 移动三维球至旋转件中心　　　　图 7-47 生成新套筒

（3）执行【生成】|【智能图素】|【拉伸】菜单命令，或者单击【特征生成】工具栏中的【拉伸特征】按钮，左键单击旋转件上表面的中心点，如图 7-48 所示。

（4）在弹出的【拉伸特征向导】对话框中，单击【下一步】按钮直至第 3 步，输入拉伸距离为 0.125，如图 7-49 所示。

 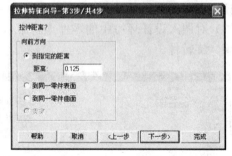

图 7-48 选择中心点　　　　图 7-49 输入拉伸距离

（5）单击【完成】按钮，在旋转体的上表面出现一个栅格截面，如图 7-50 所示。

（6）单击【二维编辑】工具条中的【投影】工具按钮，在旋转面上任意位置单击，则完成投影，如图 7-51 所示。

（7）单击【编辑草图截面】对话框中的【完成造型】按钮，则生成垫圈，激活三维球，将垫圈向上移动 2mm，如图 7-52 所示。

 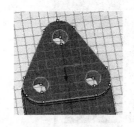 

图 7-50　栅格截面　　　　　　图 7-51　投影垫圈　　　　　　图 7-52　移动垫圈

4. 生成螺栓与螺母

（参考用时：9 分钟）

（1）从设计环境右侧的【设计元素库】中的【工具】中选择【紧固件】图素，按住鼠标左键将其拖放至支架的螺钉孔中心，如图 7-53 所示。

（2）松开鼠标，出现【紧固件】对话框，在【主类型】下拉列表中选择"螺栓"选项，然后在【子类型】下拉列表中选择"六角头螺栓"选项，在【规格表】中选择"GB31.1-1988 六角头螺杆带孔螺栓－A 和 B 级"，如图 7-54 所示。

 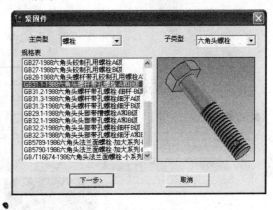

图 7-53　螺栓放置点　　　　　　　　　图 7-54　选择螺栓类型

（3）单击【下一步】按钮，设置六角螺栓的长度为 120，选择直径为 M20，如图 7-55 所示。

（4）单击【确定】按钮，则在螺栓孔位置插入螺栓，如图 7-56 所示。

（5）从设计环境右侧的【设计元素库】中的【工具】中选择【紧固件】图素，按住鼠标左键将其拖放至螺栓的螺纹面中心，如图 7-57 所示。

（6）松开鼠标，出现【紧固件】对话框，在【主类型】下拉列表中选择"螺母"选项，然后在【子类型】下拉列表中选择"六角开槽螺母"选项，如图 7-58 所示。

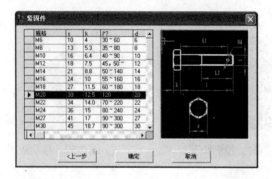
图 7-55 设置螺栓尺寸

图 7-56 插入螺栓

图 7-57 螺母放置点

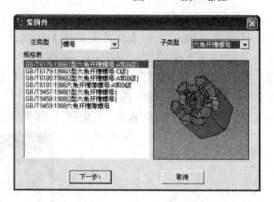
图 7-58 选择螺母类型

（7）单击【下一步】按钮，选择直径为 M20 的螺母，如图 7-59 所示。

（8）单击【确定】按钮，则在螺栓螺纹处生成螺母，如图 7-60 所示。

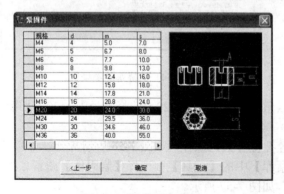
图 7-59 设置螺母直径

图 7-60 生成螺母

（9）单击"销钉"零件，激活三维球，右击三维球中心手柄，在弹出的快捷菜单中选择【到中心点】命令，将销钉装配到销钉孔中，如图 7-61 所示。

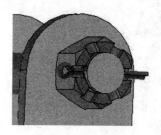

图 7-61　装配销钉

5. 装配套筒

（参考用时：7 分钟）

（1）执行【显示】|【设计树】菜单命令，或者单击【标准】工具栏的【显示设计树】按钮，打开零件设计树，在设计树中选择【右套筒】零件，使其处于装配件编辑状态，然后选择【工具】|【无约束装配】菜单命令，或者单击【装配】工具栏中的【无约束装配】按钮。

（2）选择右套筒配合面的圆周，外圆变为绿色，并出现黄色箭头，如图 7-62 所示。

（3）继续用鼠标选择右套筒相应的旋转件的圆周中心上，同样出现黄色箭头，如图 7-63 所示。

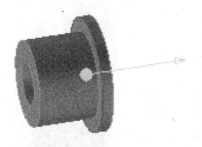

图 7-62　选择套筒圆周

图 7-63　选择旋转体圆周

注释：如果箭头方向有误，会出现装配反向的效果，可按 Tab 键改变黄色箭头的方向，单击左键，则右套筒被装配到旋转件上。

（4）单击鼠标后，完成的装配效果如图 7-64 所示。

（5）单击【无约束装配】按钮，取消无约束装配。采用同样的方法，完成左套筒的装配，结果如图 7-65 所示。

图 7-64　装配右套筒　　　　　　　　　图 7-65　装配左套筒

6. 约束装配垫圈

（参考用时：7 分钟）

（1）执行【显示】|【设计树】菜单命令，或者单击【标准】工具栏的【显示设计树】按钮 ，打开零件设计树，在设计树中选择步骤 3 创建的垫圈，使其处于装配件编辑状态，然后选择【工具】|【定位约束】菜单命令，或者单击【装配】工具栏中的【定位约束】按钮 。

（2）将光标移动到垫圈底面的中心点，单击左键，如图 7-66 所示。

（3）在【选择—约束】工具条中选择"贴合"选项 贴合 ，将光标移动到旋转件表面的中心点上，如图 7-67 所示。

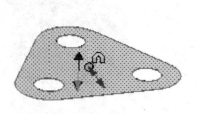

图 7-66　选择垫圈底面　　　　　　　　图 7-67　选择旋转体表面

（4）单击左键，将垫圈贴合到旋转件的顶面，然后在【选择—约束】工具条中单击【确定】按钮 ，即完成约束的装配，结果如图 7-68 所示。

（5）打开设计树，把装配名称改为"旋转装配"，然后将设计树中的"左套筒"、"右套筒"、"旋转件"添加到旋转装配中，如图 7-69 所示。

第 7 章 装配设计

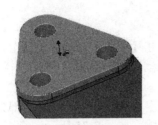

图 7-68 完成垫圈约束装配

图 7-69 创建旋转体装配

7. 无约束装配旋转件

（参考用时：8 分钟）

（1）执行【显示】|【设计树】菜单命令，或者单击【标准】工具栏的【显示设计树】按钮，打开零件设计树，在设计树中选择【旋转装配】，使其处于装配件编辑状态，然后选择【工具】|【无约束装配】菜单命令，或者单击【装配】工具栏中的【无约束装配】按钮。

（2）选择旋转件轴孔的外圆，外圆变为绿色，并出现黄色箭头，如图 7-70 所示。

（3）继续用鼠标选择支架的螺栓孔轮廓，同样出现黄色箭头，如图 7-71 所示。

图 7-70 选择旋转件

图 7-71 选择支架轴孔

（4）单击鼠标后，完成的装配效果如图 7-72 所示。

（5）再利用【约束装配】将螺母贴合到支架上，并相应移动销钉和销钉孔，结果如图 7-73 所示。

图 7-72 装配旋转件

图 7-73 完成螺母装配

8. 干涉检查

☀（参考用时：4 分钟）

(1) 执行【显示】|【设计树】菜单命令，或者单击【标准】工具栏的【显示设计树】按钮 ，打开零件设计树，在设计树中选择所有图素，使其处于装配件编辑状态，如图 7-74 所示。

(2) 执行【工具】|【干涉检查】菜单命令，如果零件间发现干涉，干涉部分就会被加亮显示，并弹出【干涉报告】对话框，显示出干涉区域，如图 7-75 所示。

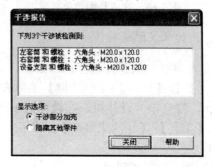

图 7-74 选择装配体　　　　　　　　图 7-75 【干涉报告】对话框

(3) 当零件出现干涉时，可双击零件使其进入智能图素编辑状态，根据需要改变零件的属性及尺寸。

9. 装配剖视

☀（参考用时：7 分钟）

(1) 执行【修改】|【截面】菜单命令，或者单击工具栏中的【截面】按钮 ，激活【选择—生成截面】工具条。从【剖面工具】的下拉列表框中选择所需的剖切方式，在此选择"X–Z 平面"选项，如图 7-76 所示。

图 7-76 【选择—生成截面】工具条

(2) 单击【定义截面工具】按钮 ，在设计环境中选择该平面需要通过的空间点，在此选择旋转体的中点，产生一平面，如图 7-77 所示。

(3) 单击【反转曲面方向】按钮 可以切换剖切的方向，单击【确定】按钮 ，即可完成剖切，如图 7-78 所示。

(4) 在剖切面上单击右键，并在弹出的快捷菜单中选择【隐藏】命令，则剖切面变为不可见状态，结果如图 7-79 所示。

图 7-77　产生剖切面

图 7-78　完成剖切

图 7-79　隐藏剖切面

7.3　滚　　轮

零件源文件——见光盘中的"\源文件\第 7 章\ 7.3 滚轮"文件夹。

7.3.1　案例预览

（参考用时：55 分钟）

本例将主要运用【约束装配】进行零件定位，并练习利用平面镜像二维编辑功能生成完整的二维截面。滚轮装配体如图 7-80 所示。

图 7-80　滚轮装配体

7.3.2　案例分析

本例将首先创建"飞轮"零件。主要运用【等距】、【镜像】等辅助手段生成二维截面轮廓图，通过【旋转特征】来完成飞轮造型。

分析装配关系可以看到，两个支架应与底座分别贴合，并且支架与底座外表面对齐；左、右轴衬则通过与相应的支架通过贴合和同心装配到合适位置；轴和支架也存在着贴合和同心两种装配关系；飞轮则与轴衬存在共轴和贴合关系。利用这些传统的约束装配方法即可将各零件装配到位。

7.3.3 常用命令

【插入零件/装配】在 CAXA 实体设计中，可以利用已有的零部件生成装配件。

【约束装配】约束装配的效果是一种"永恒"的约束，可以保留零件或装配件之间的空间关系。

【贴合】重定位源零件，使其平直面既与目标零件的平直面贴合（采用反方向）又与其共面。

【同心】重定位源零件，使其直线边或轴在其中一个零件有旋转轴时与目标零件的直线边或轴对齐。

【对齐】重定位源零件，使其平直面既与目标零件的平直面对齐（采用相同方向）又与其共面。

7.3.4 设计步骤

1. 新建绘图文件

（参考用时：1 分钟）

（1）启动 CAXA 实体设计 2007 软件，进入三维设计环境。

（2）执行【文件】|【新文件】菜单命令，弹出【新建】对话框，选择"设计"选项，如图 7-81 所示，单击【确定】按钮，弹出【新的设计环境】对话框，如图 7-82 所示，选择"Blank Scene"新建绘图文件，或者单击【标准】工具栏的【默认模板设计环境】按钮，进入默认设计环境。

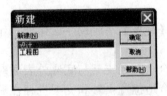

图 7-81 【新建】对话框

图 7-82 【新的设计环境】对话框

2. 零部件的插入

（参考用时：3 分钟）

（1）执行【装配】|【插入零件/装配】菜单命令，或者单击【装配】工具栏的【插入零件/装配】按钮，弹出【插入零件】对话框，如图 7-83 所示。

（2）选择光盘源文件 7.3 节文件夹下的"滚轮零件.ics"文件，单击【打开】按钮，则设计环境中出现如图 7-84 所示的滚轮零件。

（3）在滚轮零件中，包含有底座 1 个，支架 2 个，轴 1 个，轴衬 2 个，共 6 个零件。

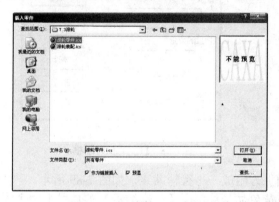

图 7-83 【插入零件】对话框

图 7-84 调入的滚轮零件

3. 生成飞轮零件

（参考用时：18 分钟）

（1）单击【特征生成】工具条中的【旋转特征】按钮，拾取右轴衬的中心点作为新建零件的参考坐标原点，如图 7-85 所示。

（2）弹出【旋转特征向导】对话框，在第 1 步中选择【独立实体】单选按钮，如图 7-86 所示，单击【下一步】按钮，直至单击【完成】按钮完成旋转特征的设置。

图 7-85 选择参考点

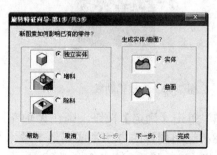

图 7-86 选择【独立实体】单选按钮

（3）此时设计环境中出现编辑截面栅格，单击【三维球】按钮，激活三维球，将栅格绘图平面旋转至 Y 轴与右轴衬轴线重合，如图 7-87 所示。

（4）鼠标拾取 Y 轴坐标线，使其呈黄色显示，单击【二维编辑】工具栏中的【等距】按钮，弹出【等距】对话框，输入距离为 12.7，数量为 1，选中【切换方向】复选框，如图 7-88 所示。

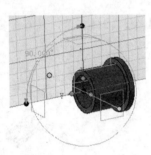
图 7-87 旋转栅格面

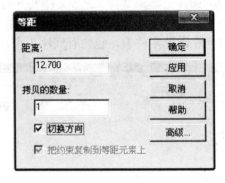
图 7-88 【等距】对话框

（5）单击【确定】按钮，则在 Y 轴上方生成一平行辅助线，如图 7-89 所示。

（6）鼠标拾取 X 轴坐标线，使其呈黄色显示，单击【二维编辑】工具栏中的【等距】按钮，弹出【等距】对话框，输入距离为 29.369，数量为 1，如图 7-90 所示。

图 7-89 生成辅助线

图 7-90 【等距】对话框

（7）单击【确定】按钮，则在 X 轴左侧生成一竖直辅助线，如图 7-91 所示。

（8）运用同样的方法生成其他 5 条水平等距线，距离 Y 轴分别为 15.875、22.225、44.45、47.625、50.8，结果如图 7-92 所示。

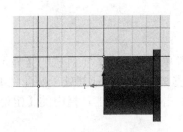
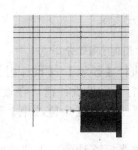

图 7-91　生成竖直辅助线　　　　　图 7-92　生成其他 5 条水平辅助线

（9）运用同样的方法生成其他 2 条竖直等距线，距离 X 轴分别为 4.7625、22.225，结果如图 7-93 所示。

（10）单击【二维绘图】工具栏中的【连续直线】按钮 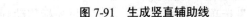，连接辅助线交点，绘制轮廓的右半部分，如图 7-94 所示。

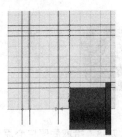

图 7-93　生成竖直辅助线　　　　　　图 7-94　绘制轮廓

（11）按住 Shift 键，拾取生成的轮廓右半部分的所有直线段，拾取到的直线显示为黄色加亮，单击【二维编辑】工具栏中的【镜像】按钮，拾取最左边的竖直辅助线作为镜像轴，即可得到完整的轮廓，如图 7-95 所示。

（12）连接轮廓断点，单击【编辑草图截面】对话框中的【完成造型】按钮，此时设计环境中生成飞轮造型，如图 7-96 所示。

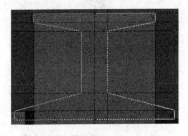

图 7-95　镜像轮廓　　　　　　　图 7-96　生成飞轮零件

4. 装配支架

(参考用时：10分钟)

(1) 执行【显示】|【设计树】菜单命令，或者单击【标准】工具栏的【显示设计树】按钮，打开零件设计树，在设计树中选择【右支架】零件，使其处于装配件编辑状态，然后选择【工具】|【定位约束】菜单命令，或者单击【装配】工具栏中的【定位约束】按钮。

(2) 将光标移动到右支架底面的中心点，单击左键，如图7-97所示。

(3) 在【选择—约束】工具条中选择"贴合"选项，将光标移动到底座右侧的面中心点，如图7-98所示。

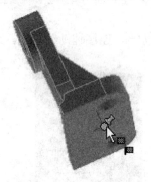
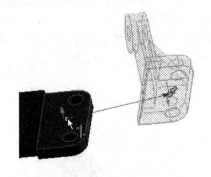

图7-97　选择底面中心点　　　　图7-98　拾取底座中心点

(4) 单击左键，则支架底面贴合到底座上，与底座表面共面，然后在【选择—约束】工具条中选择【确定】按钮，即完成约束装配，结果如图7-99所示。

(5) 继续对右支架添加约束，选择右支架的定位螺钉孔中心，在【选择—约束】工具条中选择"同心"选项，将光标移动到底座的对应装配孔中心，单击【确定】按钮，即完成右支架的约束装配，如图7-100所示。

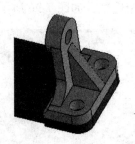

图7-99　支架与底面贴合　　　　图7-100　定位孔同心约束

（6）运用同样的方法完成左支架的约束装配，结果如图 7-101 所示。

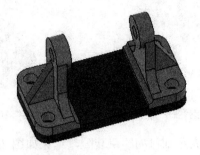

图 7-101　左支架装配

5. 装配定位轴衬与轴

（参考用时：15 分钟）

（1）执行【显示】|【设计树】菜单命令，或者单击【标准】工具栏的【显示设计树】按钮 ，打开零件设计树，在设计树中选择【右轴衬】零件，使其处于装配件编辑状态，然后选择【工具】|【定位约束】菜单命令，或者单击【装配】工具栏中的【定位约束】按钮 。

（2）将光标移动到右轴衬的轴孔中心点，单击左键，如图 7-102 所示。

（3）在【选择—约束】工具条中选择"同心"选项 同心 ，将光标移动到右支架的轴孔中心点，单击【确定】按钮 ，即完成右轴衬的同心约束装配，如图 7-103 所示。

图 7-102　选择轴衬中心

图 7-103　同心约束

（4）继续添加约束，选择右轴衬的右侧端面，在【选择—约束】工具条中选择"贴合"选项 贴合 ，将光标移动到支架的贴合面，如图 7-104 所示。

（5）单击左键，则右轴衬贴合到右支架上，然后在【选择—约束】工具条中选择【确定】按钮 ，即完成贴合约束装配，结果如图 7-105 所示。

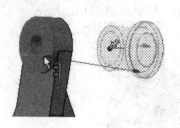 

图 7-104　选择贴合面　　　　　图 7-105　贴合约束

（6）运用同样的方法完成左轴衬的约束装配，结果如图 7-106 所示。

（7）执行【显示】|【设计树】菜单命令，或者单击【标准】工具栏的【显示设计树】按钮，打开零件设计树，在设计树中选择【轴】零件，使其处于装配件编辑状态，然后选择【工具】|【定位约束】菜单命令，或者单击【装配】工具栏中的【定位约束】按钮。

（8）将光标移动到轴的端面圆心点，单击左键，在【选择—约束】工具条中选择"同心"选项 ◆ 同心　　　　，将光标移动到右支架的轴孔中心点，如图 7-107 所示。

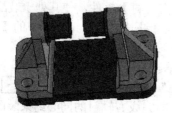 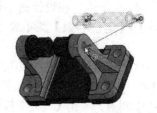

图 7-106　左轴衬装配　　　　　图 7-107　选择轴面圆心和支架孔圆心

（9）继续添加约束，将左轴衬隐藏，选择轴的左侧轴肩贴合面，在【选择—约束】工具条中选择"贴合"选项 贴合　　　，将光标移动到支架的贴合面，如图 7-108 所示。

（10）单击鼠标左键，则轴贴合到支架上，然后在【选择—约束】工具条中选择【确定】按钮，即可完成贴合约束装配，结果如图 7-109 所示。约束完毕后重新显示左轴衬。

图 7-108　选择贴合面　　　　　图 7-109　轴与支架贴合约束

6. 装配飞轮

（参考用时：8分钟）

（1）执行【显示】|【设计树】菜单命令，或者单击【标准】工具栏的【显示设计树】按钮，打开零件设计树，在设计树中选择【飞轮】零件，使其处于装配件编辑状态，然后选择【工具】|【定位约束】菜单命令，或者单击【装配】工具栏中的【定位约束】按钮。

（2）将光标移动到飞轮的轴孔中心，单击左键，如图7-110所示。

（3）在【选择—约束】工具条中选择"同心"选项 同心，将光标移动到轴的端面圆中心处，单击【确定】按钮，即完成飞轮零件的同心约束装配，如图7-111所示。

图7-110 选择轴孔中心　　　　图7-111 飞轮与轴同心约束

（4）继续添加约束，选择飞轮左侧的端面，在【选择—约束】工具条中选择"贴合"选项 贴合，将光标移动到左轴衬的轴肩贴合面，如图7-112所示。

（5）单击左键，则飞轮贴合到轴衬上，然后在【选择—约束】工具条中单击【确定】按钮，即完成贴合约束装配，结果如图7-113所示。至此整个滚轮装配完毕。

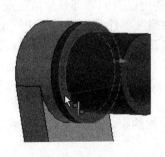 

图7-112 选择左轴衬轴肩贴合面　　　　图7-113 完成滚轮约束装配

7.4 换向变速机构

零件源文件——见光盘中的"\源文件\第 7 章\ 7.4 换向变速机构"文件夹。

7.4.1 案例预览

（参考用时：55 分钟）

本例将通过换向变速机构的综合装配，复习三维球装配、无约束装配和约束装配，并灵活应用这 3 种装配方法。换向变速机构如图 7-114 所示。

图 7-114 换向变速机构

7.4.2 案例分析

本例首先使用【插入零件/装配】命令插入所需的零件和部件，然后在比较确定的装配关系上使用约束装配，其他可用无约束装配和三维球定位。装配完成后，可以在软件中进行干涉检查，避免出现干涉失误。

7.4.3 常用命令

【插入零件/装配】在 CAXA 实体设计，可以利用已有的零部件生成装配件。

【无约束装配】采用"无约束装配"工具可参照源零件和目标零件快速定位源零件。

【三维球装配】除外侧平移操纵件外，三维球工具还有一些位于其中心的定位操纵件。这些工具为操作对象提供了相对于其他操作对象上的选定面、边或点的快速轴定位功能，也提供了操作对象的反向或镜像功能。利用这些操纵件定位操作可相对于操作对象的 3 个轴实施，就像移动操纵件一样。

【约束装配】约束装配的效果是一种"永恒"的约束，可以保留零件或装配件之间的空间关系。

【干涉检查】可以检查装配件、零件内部、多个装配件和零件之间的干涉现象。

7.4.4 设计步骤

1. 新建绘图文件

（参考用时：1 分钟）

（1）启动 CAXA 实体设计 2007 软件，进入三维设计环境。

（2）执行【文件】|【新文件】菜单命令，弹出【新建】对话框，选择"设计"选项，如图 7-115 所示，单击【确定】按钮，弹出【新的设计环境】对话框，如图 7-116 所示，选择"Blank Scene"新建绘图文件，或者单击【标准】工具栏的【默认模板设计环境】按钮，进入默认设计环境。

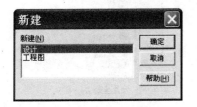

图 7-115 【新建】对话框

图 7-116 【新的设计环境】对话框

2. 零部件的插入

（参考用时：3 分钟）

（1）执行【装配】|【插入零件/装配】菜单命令，或者单击【装配】工具栏的【插入零件/装配】按钮，弹出【插入零件】对话框，如图 7-117 所示。

（2）选择光盘源文件 7.4 节文件夹下的"主轴.ics"文件，单击【打开】按钮，则设计环境中出现主轴零件，用同样方法依次插入主齿轮、支撑垫、轴套和衬套零件，如图 7-118 所示。

（3）执行【显示】|【设计树】菜单命令，或者单击【标准】工具栏的【显示设计树】按钮，打开零件设计树，按 Shift 键，在设计树中依次拾取所有零件，如图 7-119 所示。

（4）单击【装配】工具条中的【装配】按钮，在设计树中所插入零件上形成一个新的"装配"项目，将此装配项目重新命名为"主齿轮副"，如图 7-120 所示。

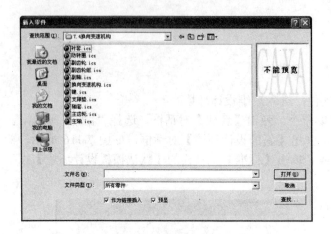

图 7-117 【插入零件】对话框　　　　　图 7-118 调入的零件

　　　　　　　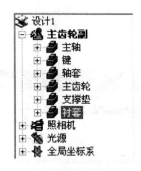

图 7-119 选择全体零件　　　　　　　图 7-120 生成装配

3. 装配轴套

（参考用时：10 分钟）

（1）执行【显示】|【设计树】菜单命令，或者单击【标准】工具栏的【显示设计树】按钮，打开零件设计树，在设计树中选择【轴套】零件，使其处于装配件编辑状态，然后选择【工具】|【定位约束】菜单命令，或者单击【装配】工具栏中的【定位约束】按钮。

（2）将光标移动到轴套的端面孔中心处，单击左键，如图 7-121 所示。

（3）在【选择—约束】工具条中选择"同心"选项 同心，将光标移动到主轴的轴肩处的中点，如图 7-122 所示。

（4）单击左键，则轴套装配到与主轴同轴的位置上，然后在【选择—约束】工具条中单击【确定】按钮，即完成约束装配，结果如图 7-123 所示。

图 7-121　选择轴孔中心　　图 7-122　选择主轴中心　　图 7-123　装配轴套

4. 装配衬套与支撑垫为组件

（参考用时：12 分钟）

（1）执行【显示】|【设计树】菜单命令，或者单击【标准】工具栏的【显示设计树】按钮，打开零件设计树，在设计树中选择【支撑垫】零件，使其处于装配件编辑状态，然后选择【工具】|【定位约束】菜单命令，或者单击【装配】工具栏中的【定位约束】按钮。

（2）将光标移动到支撑垫的上表面，单击左键，如图 7-124 所示。

（3）在【选择—约束】工具条中选择"贴合"选项，将光标移动到衬套的轴肩下表面，如图 7-125 所示。

图 7-124　选择支撑垫上表面　　　　图 7-125　选择称套下表面

（4）单击左键，则支撑垫与衬套的所选表面对齐，然后在【选择—约束】工具条中单击【确定】按钮，即完成约束装配，结果如图 7-126 所示。

（5）执行【显示】|【设计树】菜单命令，或者单击【标准】工具栏的【显示设计树】按钮，打开零件设计树，在设计树中选择【支撑垫】零件，使其处于装配件编辑状态，然后选择【工具】|【定位约束】菜单命令，或者单击【装配】工具栏中的【定位约束】按钮。

（6）将光标移动到支撑垫端面孔中心处，单击左键，在【选择—约束】工具条中选择"同心"选项，再继续选择衬套的端面孔中心，如图 7-127 所示。

（7）单击左键，则支撑垫与衬套同轴，然后在【选择—约束】工具条中单击【确定】按钮，即完成约束装配，结果如图 7-128 所示。

（8）执行【显示】|【设计树】菜单命令，或者单击【标准】工具栏的【显示设计树】

按钮 ![], 打开零件设计树, 在设计树中选择【支撑垫】和【衬套】零件, 使其处于装配件编辑状态, 单击【装配】工具条中的【装配】按钮 ![], 在设计树中所插入零件上形成一个新的组件, 如图 7-129 所示。

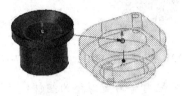

图 7-126　贴合约束　　　　　　　图 7-127　选择共轴圆心

图 7-128　同心约束　　　　　　　图 7-129　添加组件项目

5. 装配衬套与支撑垫组件至主轴

（参考用时：6 分钟）

（1）执行【显示】|【设计树】菜单命令, 或者单击【标准】工具栏的【显示设计树】按钮 ![], 打开零件设计树, 在设计树中选择【组件】, 使其处于装配件编辑状态, 然后选择【工具】|【定位约束】菜单命令, 或者单击【装配】工具栏中的【定位约束】按钮 ![]。

（2）将光标移动到衬套的端面孔中心处, 单击左键, 如图 7-130 所示。

（3）在【选择—约束】工具条中选择"同心"选项 ![同心], 将光标移动到主轴的端面中心处, 如图 7-131 所示。

图 7-130　选择轴心　　　　　　　图 7-131　选择主轴端面圆心

（4）单击左键，则组件与主轴同轴，然后在【选择—约束】工具条中单击【确定】按钮 ，即完成约束装配，结果如图 7-132 所示。

（5）单击【无约束装配】按钮 ，使支撑垫的下端面与主轴的顶面对齐，单击【无约束装配】按钮 ，退出无约束装配，单击【三维球】按钮 ，激活三维球，将组件沿主轴方向向内侧移动 230mm，如图 7-133 所示。

图 7-132　同轴约束　　　　　　　　图 7-133　移动组件

6. 装配主齿轮与键

（参考用时：10 分钟）

（1）执行【显示】|【设计树】菜单命令，或者单击【标准】工具栏的【显示设计树】按钮 ，打开零件设计树，在设计树中选择【主齿轮】零件，使其处于装配件编辑状态，然后选择【工具】|【定位约束】菜单命令，或者单击【装配】工具栏中的【定位约束】按钮 。

（2）将光标移动到主齿轮的齿轮孔中心处，单击左键，在【选择—约束】工具条中选择"同心"选项 同心 ，将光标移动到主轴的端面中心处，如图 7-134 所示。

（3）单击左键，则主齿轮与主轴同轴，然后在【选择—约束】工具条中单击【确定】按钮 ，即完成约束装配，结果如图 7-135 所示。

图 7-134　选择同心点　　　　　　　图 7-135　同心约束

（4）选中主齿轮，单击【三维球】按钮，激活三维球，按空格键使三维球与主齿轮分离，选中与主轴方向一致的坐标轴，单击右键，在弹出的快捷菜单中选择【与面垂直】命令，如图 7-136 所示。

（5）拾取主齿轮键槽底面，按空格键使三维球与主齿轮附着。重复以上操作，在选择所需垂直的表面时，选择主轴键槽底面，结果如图 7-137 所示。

图 7-136　调整三维球方向

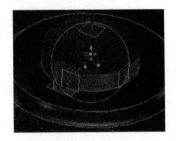
图 7-137　与键槽方向一致

（6）拖动三维球调整主齿轮沿主轴轴向移动，与轴衬组件贴合，如图 7-138 所示。

（7）安装键。利用约束装配将键的两个垂直平面分别与键槽的垂直平面相贴合，结果如图 7-139 所示。

图 7-138　主轴与齿轮贴合

图 7-139　键的约束

（8）拖动三维球调整键沿轴向移动，插入键槽中，如图 7-140 所示。

（9）最终装配结果如图 7-141 所示。

图 7-140　插入键槽

图 7-141　完成装配

7. 干涉检查

（参考用时：8 分钟）

（1）执行【显示】|【设计树】菜单命令，或者单击【标准】工具栏的【显示设计树】按钮，打开零件设计树，在设计树中选择所有图素，使其处于装配件编辑状态。

（2）执行【工具】|【干涉检查】菜单命令，如果零件间发生干涉，干涉部分就会被加亮显示，并弹出【干涉报告】对话框，显示出干涉区域。如图 7-142 所示。

（3）利用三维球将键拉出一段距离，并且添加主轴与轴套零件的贴合约束，重新执行【工具】|【干涉检查】菜单命令，结果显示干涉完全消除了，如图 7-143 所示。

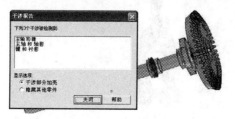

图 7-142　干涉检查

图 7-143　消除干涉

8. 装配副齿轮副

（参考用时：15 分钟）

（1）执行【装配】|【插入零件/装配】菜单命令，或者单击【装配】工具栏的【插入零件/装配】按钮，弹出【插入零件】对话框，如图 7-144 所示。

（2）选择光盘源文件 7.4 节文件夹下的"副齿轮组.ics"文件，单击【打开】按钮，则设计环境中出现副齿轮组件，运用三维球命令，将副齿轮组与主齿轮组装配到一起，结果如图 7-145 所示。

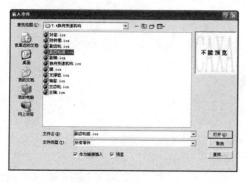

图 7-144　插入副齿轮组

图 7-145　完成装配

7.5 课后练习

完成如图 7-146 所示的零件装配,并检验干涉情况。

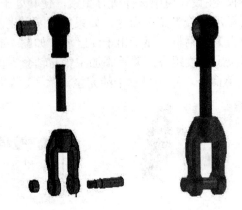

图 7-146 练习题用图

第 8 章 渲染设计

【本章导读】

如今,在产品设计、工业设计中,越来越注重产品的外观。为了使设计完成的零件或产品的外观具有真实逼真的效果,可以通过渲染和灯光的效果来实现。渲染设计就是将设计元素库中的颜色、纹理、光亮度等图素直接拖放到零件上,即可对零件进行渲染。

本章通过对桌面、圆珠笔实例的讲解,让读者通过 1.5 个小时的实例学习掌握 CAXA 实体设计中智能渲染设计的方法和光照渲染运用技巧。读者可以通过本章中的实例渲染操作来掌握各个渲染工具的应用方法及技巧,以便制作出形象逼真的零件及产品。

序号	实例名称	参考学时(分钟)	知识点
8.1	桌面	45	颜色、纹理、贴图、透明
8.2	圆珠笔	45	提取效果、应用效果、光源

8.1 桌 面

零件源文件——见光盘中的"\源文件\第 8 章\8.1 桌面"文件夹。

8.1.1 案例预览

❋（参考用时:45 分钟）

本例将通过对桌面物体进行渲染设计来介绍将设计元素库中的颜色、纹理、贴图等外观设计元素直接拖放到零件上,通过智能渲染向导对零件外观的透明、反射,以及利用光源向导进行光源的设置等对零件进行渲染设计。桌面渲染效果如图 8-1 所示。

图 8-1　桌面渲染效果

8.1.2 案例分析

桌面选用透明玻璃和绿色玻璃,而桌腿采用亮银色的金属感材质进行渲染。台灯的底座选用黑色具有稳定感;灯座部分配合灯的发光效果,即选用较亮金属——变化的铜;灯泡部分强调其发光感,选择很亮的金属——变化的铬来渲染;灯罩选用充满生机的绿色,为了使其透出灯光,还要对灯罩的透明度进行设置,使之呈半透明状;最后对花瓶进行贴图渲染和灯光设置。

8.1.3 常用命令

【智能渲染向导】此向导将在整个渲染过程中逐步进行引导,在各页面中进行选择,即可生成各种智能渲染组合。

【拖放智能渲染元素】CAXA 实体设计有数个智能渲染设计元素库,其中包括颜色、纹理、表面光泽、凸痕和材质。通过拖放图素库中的智能渲染属性,可以方便地设置各种渲染效果。

【透明度】使用透明度属性来生成能够看穿的对象。

【光亮度】光亮度设置决定表面或零件的光亮度方式。

【颜色】选择后可以在此定义零件的颜色。如果没有合适的,选择"更多的颜色",可以查看扩展的颜色调色板。

【贴图】贴图是由图像文件中的图像生成的,它与纹理的不同之处在于贴图图像不能够在零件表面上重复。当应用贴图时,只有图像的一个副本显示在规定表面上。

【图像投影】选定一种图像投影方式,可选的投影方式为自动、平面、圆柱、球形。

【添加光源】向设计环境中插入光源,可以更加逼真地表现物体表面效果。

8.1.4 设计步骤

1. 打开文件

(参考用时:1 分钟)

(1)启动 CAXA 实体设计 2007 软件,进入三维设计环境。

(2)执行【文件】|【打开文件】菜单命令,或者单击【标准】工具栏中的【打开】按钮,弹出【打开】对话框,在光盘源文件的 8.1 文件夹中选择"桌面.ics"文件,如图 8-2 所示。

(3)单击【打开】按钮,则在设计环境中出现未经渲染处理的桌面及桌面物体,如图 8-3 所示。

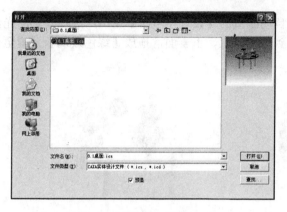

图 8-2 【打开】对话框　　　　　　　　　图 8-3 未经渲染零件

（4）执行【设计元素】|【打开】菜单命令，弹出【打开】对话框，在 CAXA 安装目录下的"\CAXASolid\Catalogs"子目录下，找到标准安装时没有打开的元素，在此选择"金属"，如图 8-4 所示。

（5）单击【打开】按钮，则在设计环境的右侧设计元素库中增加相应的元素项，如图 8-5 所示。

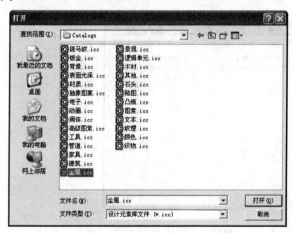
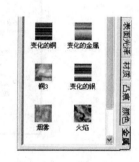

图 8-4 添加元素库　　　　　　　　　图 8-5 增加金属库

2. 桌子的渲染

（参考用时：10 分钟）

（1）单击【选择】工具条，设定为"面"选择状态 面 ▼ 。选中桌面的上表面，该面绿色显示表明处于面操作状态，如图 8-6 所示。

（2）移动鼠标到窗口右侧，展开自动隐藏的【设计元素库】窗口，选择【表面光泽】库，单击【清澈玻璃】元素将其拖放到台面的上、下表面，拖放【绿色玻璃】元素至台面的侧周面，结果如图 8-7 所示。

图 8-6 选择桌面

图 8-7 添加玻璃元素到桌面

> 注释：此时已向桌子的各表面添加了智能渲染元素，但由于系统默认状态为简化显示，观察渲染的真实效果，需要打开【真实渲染】。在窗口空白处右击鼠标，在弹出的快捷菜单中选择【渲染】命令，弹出【设计环境属性】对话框，选择【真实感图】、【光线跟踪】和【反走样】，取消勾选【显示零件边界】复选框，勾选【允许简化】复选框，如图 8-8 所示。

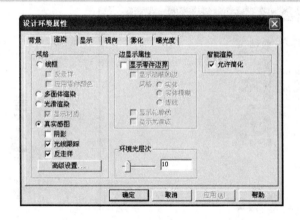
图 8-8 【设计环境属性】对话框

（3）选择【真实感图】智能渲染后，窗口底部左侧的状态提示栏显示计算机在进行智能渲染计算的进程 智能渲染:完成43%，稍等片刻，即完成智能渲染真实显示，如图 8-9 所示。

（4）继续渲染桌腿，从【设计元素库】中选择【金属】库，依次单击【铬】元素将其拖放到桌子的各个腿上，渲染结果如图 8-10 所示。

第 8 章　渲染设计　　267

图 8-9　渲染真实图　　　　　　　　图 8-10　桌腿渲染

3．台灯的渲染

（参考用时：11 分钟）

（1）选中台灯的底座，使其处于面操作状态。移动鼠标到窗口右侧，展开自动隐藏的【设计元素库】窗口，选择【表面光泽】库，单击【亮黑色】元素将其拖放到台灯的底座上，结果如图 8-11 所示。

　注释：可以使用旋转、放大显示底座局部，并按下 Shift 键的同时拾取底座的表面各曲面，一次完成渲染元素的拖放添加。

（2）选中台灯的灯座，使其处于面操作状态。移动鼠标到窗口右侧，展开自动隐藏的【设计元素库】窗口，选择【金属】库，单击【变化的铜】元素将其拖放到台灯的灯座上，结果如图 8-12 所示。

图 8-11　底座渲染　　　　　　　　图 8-12　灯座渲染

（3）选中台灯的灯泡，使其处于面操作状态。移动鼠标到窗口右侧，展开自动隐藏的【设计元素库】窗口，选择【金属】库，单击【铬】元素将其拖放到台灯的灯泡上，结果如图 8-13 所示。

（4）选中台灯的灯罩，使其处于面操作状态。移动鼠标到窗口右侧，展开自动隐藏的【设计元素库】窗口，选择【表面光泽】库，单击【亮绿色】元素将其拖放到台灯的灯罩上，结果如图 8-14 所示。

图 8-13 灯泡渲染　　　　　图 8-14 灯罩渲染

（5）在灯罩表面上右击，在弹出的快捷菜单中选择【智能渲染】命令，弹出【智能渲染属性】对话框，选择【透明度】选项卡，在【透明度】选项下拖动滑块，使其数值为 45，如图 8-15 所示。

（6）单击【确定】按钮，完成台灯的渲染，结果如图 8-16 所示。

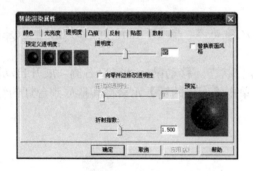 

图 8-15 调节透明度　　　　　图 8-16 灯罩透明度渲染

4. 花瓶的渲染

（参考用时：12 分钟）

（1）选中花瓶的表面，使其处于面操作状态。移动鼠标到窗口右侧，展开自动隐藏的【设计元素库】窗口，选择【表面光泽】库，单击【亮紫色】元素将其拖放到花瓶体外表面，结果如图 8-17 所示。

（2）在花瓶表面上右击，在弹出的快捷菜单中选择【智能渲染】命令，弹出【智能渲染属性】对话框，选择【颜色】选项卡，选择【图像材质】单选按钮，单击【浏览文件】打开【选择图像文件】对话框，选取一图像文件并单击【打开】按钮，返回【智能渲染属性】对话框，如图 8-18 所示。

图 8-17　添加亮紫色

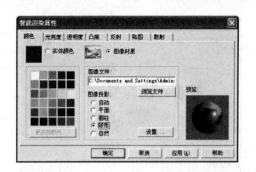
图 8-18　添加图像材质

（3）在【智能渲染属性】对话框中选择【图像投影】方式为【球形】，单击【设置】按钮弹出【球形映射】对话框，设置投影图像大小为原图像的水平比例 50、垂直比例 50，如图 8-19 所示。

（4）单击【确定】按钮，返回【智能渲染属性】对话框，单击【确定】按钮，完成球形投影贴图，结果如图 8-20 所示。

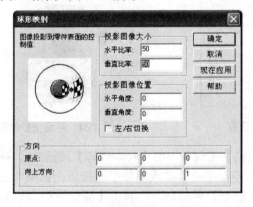
图 8-19　【球形映射】对话框

图 8-20　球形投影贴图

（5）在【智能渲染属性】对话框中选择【图像投影】方式为【圆柱】，单击【设置】按钮弹出【圆柱映射】对话框，设置投影图像大小为原图像的水平比例 300、垂直比例 300，如图 8-21 所示。

（6）单击【确定】按钮，返回【智能渲染属性】对话框，单击【确定】按钮，完成圆柱投影贴图，结果如图 8-22 所示。

（7）在【智能渲染属性】对话框中选择【图像投影】方式为【平面】，单击【设置】按钮弹出【平面投影】对话框，设置投影图像宽度为 100，如图 8-23 所示。

（8）单击【确定】按钮，返回【智能渲染属性】对话框，单击【确定】按钮，完成平面投影贴图，结果如图 8-24 所示。

图 8-21 【圆柱映射】对话框

图 8-22 圆柱投影贴图

图 8-23 【平面投影】对话框

图 8-24 平面投影贴图

（9）单击拾取贴图，单击【智能渲染】工具条上的【移动纹理】按钮 ，弹出长方体形"平面投影"框及其红色拖放手柄，拖动手柄移动或缩放平面投影，如图 8-25 所示。

（10）还可以通过【生成】|【智能渲染】菜单命令，利用【智能渲染向导】对话框来完成贴图投影，【智能渲染向导】第 1 步对话框中可以设置零件颜色，如图 8-26 所示。

图 8-25 移动纹理

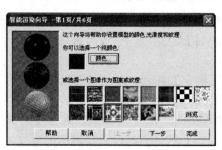

图 8-26 【智能渲染向导】第 1 步

（11）单击【下一步】按钮，弹出【智能渲染向导】第2步对话框，来设置模型的表面光泽形式和透明形式，如图8-27所示。

（12）单击【下一步】按钮，弹出【智能渲染向导】第3步对话框，来设置模型的表面凸痕形式，如图8-28所示。

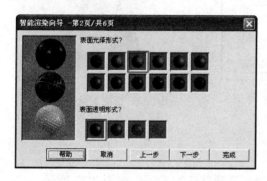

图8-27 【智能渲染向导】第2步

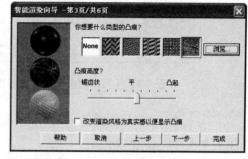

图8-28 【智能渲染向导】第3步

（13）单击【下一步】按钮，弹出【智能渲染向导】第4步对话框，来设置模型的表面反射图像，如图8-29所示。

（14）单击【下一步】按钮，弹出【智能渲染向导】第5步对话框，来设置模型的表面贴图，如图8-30所示。

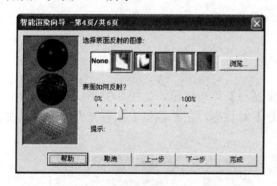

图8-29 【智能渲染向导】第4步

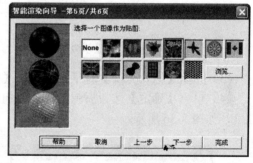

图8-30 【智能渲染向导】第5步

（15）单击【下一步】按钮，弹出【智能渲染向导】第6步对话框，来设置模型映射方法和映射贴图方法，如图8-31所示。

（16）单击【完成】按钮，渲染效果如图8-32所示。

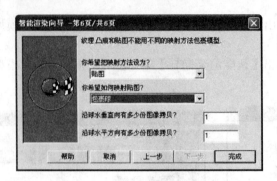

图 8-31 【智能渲染向导】第 6 步　　　　图 8-32 智能渲染完成效果

5. 添加光源

（参考用时：11 分钟）

（1）执行【显示】|【光源】菜单命令，显示系统默认的光源，如图 8-33 所示。

（2）执行【生成】|【光源】菜单命令，在台灯的右上方单击插入光源的位置，如图 8-34 所示。

图 8-33 显示默认光源　　　　图 8-34 单击插入光源位置

（3）弹出【插入光源】对话框，选择【聚光源】单选按钮，如图 8-35 所示。

（4）单击【确定】按钮后弹出【光源向导】对话框，在对话框中设置光源颜色和光源亮度，如图 8-36 所示。

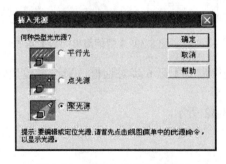
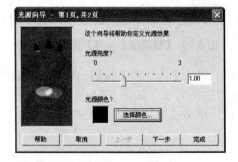

图 8-35 【插入光源】对话框　　　　图 8-36 【光源向导】对话框

（5）单击【下一步】按钮，弹出【光源向导】第 2 步对话框，选择【否】单选按钮，如图 8-37 所示。

（6）单击【完成】按钮，则完成光源的设置和添加，渲染效果如图 8-38 所示。

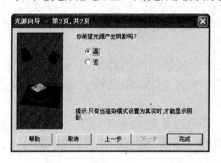

图 8-37 【光源向导】对话框第 2 步

图 8-38 光源的渲染效果

8.2 圆珠笔

零件源文件——见光盘中的"\源文件\第 8 章\ 8.2 圆珠笔"文件夹。

8.2.1 案例预览

（参考用时：45 分钟）

本例将通过对圆珠笔进行渲染设计来介绍零件和表面的智能渲染属性表，以及使用智能渲染向导渲染零件或表面的步骤和方法，圆珠笔渲染效果如图 8-39 所示。

图 8-39 圆珠笔渲染

8.2.2 案例分析

首先对笔体和笔夹零件进行初步渲染，确定产品的渲染基调；然后为产品设置光源，利用主光源、填充光源和背景光源组成典型的三点光场景，通过调整光源属性，将场景照亮，使产品产生投射阴影，同时加强景深、增强场景的纵深感；最后对产品的渲染进行细化处理，增强零件显示的质感和真实感,并设置设计环境的渲染风格,加强零件的渲染效果。

8.2.3 常用命令

【智能渲染向导】此向导将在整个渲染过程中逐步进行引导,在各页面中进行选择,即可生成各种智能渲染组合。

【拖放智能渲染元素】CAXA 实体设计有数个智能渲染设计元素库,其中包括颜色、纹理、表面光泽、凸痕和材质。通过拖放图素库中的智能渲染属性,可以方便地设置各种渲染效果。

【提取效果】单击"提取效果",然后单击某一对象处,则此对象的渲染效果被提取。

【应用效果】选择零件或表面,则提取的效果会应用到此零件或表面上。

【移动贴图】重新定位贴图的位置。

【图像投影】选定一种图像投影方式,可选的投影方式为自动、平面、圆柱、球形。

【添加光源】向设计环境中插入光源,可以更加逼真地表现物体表面效果。

8.2.4 设计步骤

1. 打开文件

(参考用时:1 分钟)

(1) 启动 CAXA 实体设计 2007 软件,进入三维设计环境。

(2) 执行【文件】|【打开文件】菜单命令,或者单击【标准】工具栏中的【打开】按钮 ,弹出【打开】对话框,在光盘源文件的 8.2 文件夹中选择"圆珠笔.ics"文件,如图 8-40 所示。

(3) 单击【打开】按钮,则在设计环境中出现未经渲染处理的圆珠笔造型,如图 8-41 所示。

图 8-40 【打开】对话框　　　　　　　图 8-41 未经渲染零件

2. 设置环境背景

☀ （参考用时：2 分钟）

（1）在设计环境中单击右键，在弹出的快捷菜单中选择【背景】命令，弹出【设计环境属性】对话框，选择【背景】选项卡，在【纯颜色】区域中选择合适的背景颜色，如图 8-42 所示。

（2）单击【渲染】选项卡，取消【显示零件边界】复选框的勾选，以更真实地显示渲染效果，如图 8-43 所示。

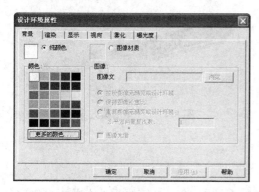

图 8-42 【背景】选项卡

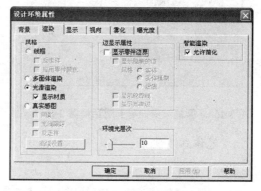

图 8-43 【渲染】选项卡

3. 笔帽初步渲染

☀ （参考用时：9 分钟）

（1）单击笔帽零件至零件编辑状态，执行【生成】|【智能渲染】菜单命令，弹出【智能渲染向导】对话框，如图 8-44 所示。

（2）在【智能渲染向导】的第 1 步中单击【颜色】按钮，出现【颜色】对话框，选择 RGB 值为 15、15、15 的自定义颜色为笔帽颜色，如图 8-45 所示。

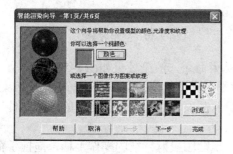

图 8-44 【智能渲染向导】对话框

图 8-45 选择渲染颜色

（3）单击【下一步】按钮，弹出【智能渲染向导】第 2 步对话框，选择一种合适的表面光泽形式，该笔帽拟采用具有亚光质感的硬塑材料，选用具有与材质较为接近的光泽形式，作为初步表面光亮度设置，并选择透明度为 0 的特征球，如图 8-46 所示。

（4）其他渲染属性采用默认值即可，单击【完成】按钮，结束初步渲染，渲染效果如图 8-47 所示。

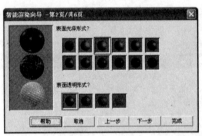 

图 8-46 【智能渲染向导】对话框第 2 步　　　　图 8-47 初步渲染效果

4. 笔体初步渲染

（参考用时：12 分钟）

（1）单击【智能渲染】工具栏中的【提取效果】按钮，在笔帽零件上单击左键，复制该对象的所有智能渲染属性，如图 8-48 所示。

（2）此时，系统自动激活【应用效果】功能，光标提示变为，在笔体上单击左键，将笔帽零件的全部渲染属性赋给笔体零件，如图 8-49 所示。

图 8-48　提取效果　　　　图 8-49　应用效果

（3）单击【应用效果】按钮或按下 Esc 键结束命令，渲染效果如图 8-50 所示。

（4）单击笔体零件至表面编辑状态，单击右键，在弹出的快捷菜单中选择【智能渲染】命令，弹出【智能渲染属性】对话框，单击【贴图】选项卡，选择贴图使用的图像文件，设置【图像投影】方式为【圆柱】投影，如图 8-51 所示。

（5）选择贴图，单击【移动贴图】按钮，出现贴图投射特征的操作手柄，拖拽手柄可动态调整投射特征，如图 8-52 所示。

第 8 章 渲染设计

(6) 再次单击【移动贴图】按钮 或按 Esc 键结束命令，渲染结果如图 8-53 所示。

图 8-50 渲染结果

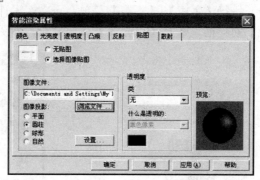

图 8-51 【贴图】选项卡

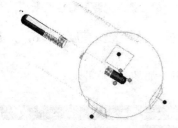

图 8-52 移动贴图

图 8-53 渲染结果

(7) 选中笔夹，使其处于零件操作状态。移动鼠标到窗口右侧，展开自动隐藏的【设计元素库】窗口，选择【表面光泽】库，单击【镜子】元素将其拖放到笔夹零件上，结果如图 8-54 所示。

图 8-54 笔夹渲染

5. 添加光源

（参考用时：11 分钟）

(1) 执行【显示】|【光源】菜单命令，显示系统默认的光源，将设计环境中的默认光

源全部删除,如图8-55所示。

(2) 执行【生成】|【光源】菜单命令,在设计环境中单击插入光源的位置,弹出【插入光源】对话框,选择【点光源】单选按钮,如图8-56所示。

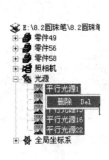

图8-55 删除光源

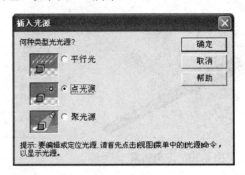

图8-56 【插入光源】对话框

(3) 单击【确定】按钮,弹出【光源向导】对话框,设置光源亮度为1.8,光源颜色为白色,如图8-57所示。

(4) 单击【下一步】按钮,选择【是】单选按钮,如图8-58所示。

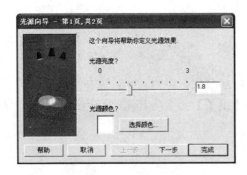

图8-57 设置光源亮度

图8-58 选择产生阴影

(5) 为方便调整光源位置,将设计环境分割。在设计环境中单击右键,在弹出的快捷菜单中选择【水平分割】命令,再在已分割的视图中右键选择【垂直分割】命令,将窗口分割成为4个部分,选择【工具】|【运行加载工具】|【标准视图】菜单命令,分别将视图设为左、俯、左和轴侧视向,如图8-59所示。

(6) 为观察渲染效果,调整渲染风格。在设计环境中单击右键,在弹出的快捷菜单中选择【渲染】命令,弹出【设计环境属性】对话框,选择【真实感图】、【阴影】、【光线跟踪】和【反走样】,如图8-60所示。

第 8 章 渲染设计

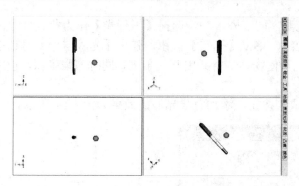

图 8-59 窗口分割

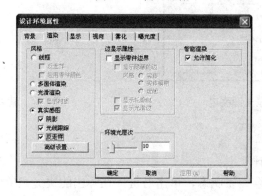

图 8-60 改变渲染风格

(7) 设置填充光源，同步骤 (2)，选择【点光源】单选按钮，单击【确定】按钮，弹出【光源向导】对话框，设置光源亮度为 1.5，稍低于主光源亮度，光源颜色为灰色，如图 8-61 所示。

(8) 单击【完成】按钮，添加填充光源的效果如图 8-62 所示。

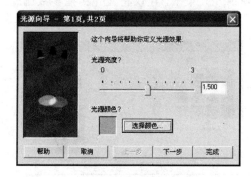

图 8-61 设置填充光源亮度

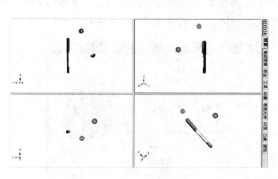

图 8-62 填充光源效果

(9) 设置背景光源，同步骤（2），选择【平行光】作为背景灯光，照亮物体的边界，使物体具有较亮的边缘，单击【确定】按钮，弹出【光源向导】对话框，设置光源亮度为 1.2，光源颜色为白色，使物体从背景中凸现出来，同时加强景深，使物体看上去更有纵深感，如图 8-63 所示。

(10) 单击【完成】按钮，添加背景光源的效果如图 8-64 所示。

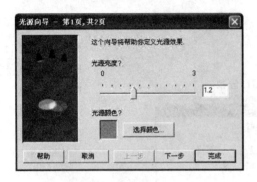

图 8-63　设置背景光源亮度　　　　　　图 8-64　背景光源效果

6. 细化渲染

（参考用时：10 分钟）

(1) 单击笔体零件至编辑状态，单击右键，在弹出的快捷菜单中选择【零件属性】命令，弹出【零件】对话框，单击【渲染】选项卡，向右拖动【表面粗糙度】滑块，提高零件表面的显示精度，如图 8-65 所示。

(2) 用同样方法，调整笔帽和笔夹的渲染属性。单击笔体零件至其表面编辑状态，在零件上单击右键，在弹出的快捷菜单中选择【智能渲染】命令，弹出【智能渲染属性】对话框，选择【光亮度】选项卡，由于笔体材料为亚光材质，表面光滑度一般，建议将漫反射强度调整到偏低的位置；为使笔体零件产生的反射光亮集中，建议将光亮传播参数调高，缩小反射区域，设置参数如图 8-66 所示。

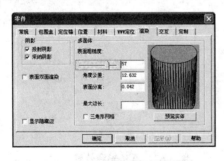　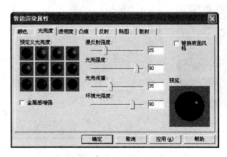

图 8-65　调整表面粗糙度　　　　　　图 8-66　调整光亮度

（3）调整笔体贴图表面的渲染属性。笔体贴图面具有平滑、光亮的特点，设置参数如图 8-67 所示。

（4）调整笔夹的散射强度。在笔夹的零件编辑状态下，单击右键，在弹出的快捷菜单中选择【智能渲染属性】命令，在【散射】选项卡中，拖动【散射度】的调节滑块调节散射光的强度，增强金属表面的反射强度，增加表面亮度，如图 8-68 所示。

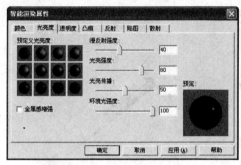

图 8-67　调整表面光亮度　　　　　　　图 8-68　调整散射度

（5）为使光源投影清晰、准确，调整光源属性。在设计树的"主光源"节点上单击右键，在弹出的快捷菜单中选择【光源属性】命令，弹出【点光源特征】对话框，如图 8-69 所示。

（6）单击【高级设置】按钮，弹出【高级阴影设置】对话框，选择【光线跟踪】单选按钮，如图 8-70 所示。

注释：当投影出现模糊、花斑、锯齿等现象时，应通过调节阴影缓冲区参数或使用光线跟踪功能来解决。

图 8-69　设置点光源特征　　　　　　　图 8-70　选择光线跟踪

（7）对零件在设计环境中的整体显示进行调整。在设计环境中单击右键，在弹出的快捷菜单中选择【曝光度】命令，弹出【设计环境属性】对话框，在【曝光度】选项卡中，依据零件在设计环境中的当前显示效果,调整零件的亮度、对比度和灰度,如图 8-71 所示。

(8)关闭光源显示,以便更好地显示零件。选中【透视】选项,使零件的显示更具有真实感,如图 8-72 所示。

(9)如需输出图像文件,选择【文件】|【输出】|【图像】菜单命令,选择存储文件夹,选择图像文件的类型,单击【确定】按钮,将图像保存到文件夹。

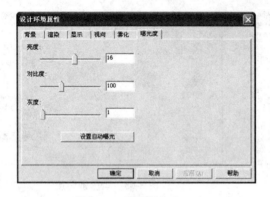

图 8-71　设置曝光度

图 8-72　渲染结果

8.3　课后练习

完成如图 8-73 所示的产品渲染。源文件在光盘中。

图 8-73　练习题用图

第 9 章 动 画 设 计

【本章导读】

CAXA 实体设计 2007 提供的动画设计,可以形象地展示产品内部的运动关系和结构关系,并可生动地描述各零件的预期动态效果。计算机的动画设计是在生成对象的一系列独立图像的基础上,定义预期的运动轨迹与时间后连续播放的动态效果。

本章通过对风车、陀螺运动、产品装配、齿轮传动和机械手等实例的讲解,让读者通过 2.5 个小时的实例学习掌握 CAXA 实体设计中智能动画向导、智能动画编辑器的使用方法以及如何自定义动画路径,读者可以通过本章的实例动画设计操作来掌握设计动画的基本操作方法及如何设置动画属性,以便使设计的产品具有动态效果,能更好地全方位地为客户展现自己的产品或零件。

序号	实例名称	参考学时(分钟)	知识点
9.1	风车	18	智能动画、旋转运动
9.2	陀螺运动	17	定义轨迹、延长路径
9.3	产品装配	60	装配动画、拆卸动画
9.4	齿轮传动	37	机构传动、编辑帧
9.5	机械手	18	配合运动、综合运用

9.1 风 车

零件源文件——见光盘中的"\源文件\第 9 章\ 9.1 风尘"文件夹。

9.1.1 案例预览

✦(参考用时:18 分钟)

CAXA 实体设计可以将【智能动画】拖放到零件上,可以使用预定义动画功能快速地为零件添加动画,还可以通过编辑属性进行优化,或定义动画的起点位置。预定义动画包括基本的旋转和直线动画,以及一些复杂动画,例如弹跳。在本例中,将以风车造型为例讲解 CAXA 实体设计中的简单动画设计,实现风车的旋转运动,风车如图 9-1 所示。

图 9-1 风车动画

9.1.2 案例分析

风车的运动是公转与自转同时进行,在本例中风车没有添加任何装配,则动画设计要在零件与智能图素这两个层次之间实现公转与自转的配合。首先添加扇叶部分的公转,然后再依次添加各个扇叶零件的自转运动。

9.1.3 常用命令

【智能动画】利用智能动画向导,您可以创建三种类型的动画,绕某一坐标轴旋转、沿某一坐标轴移动、或自定义动画。这些运动的定义都是以定位锚为基准的。如,添加绕高度向旋转动画,则物体围绕自身的定位锚的长轴选转。

【旋转】零件可以绕选定的轴进行旋转运动。

【输出动画】可以将动画过程输出制作为 AVI 格式的视频文件。

9.1.4 设计步骤

1. 打开文件

(参考用时:1 分钟)

(1)启动 CAXA 实体设计 2007 软件,进入三维设计环境。

(2)执行【文件】|【打开文件】菜单命令,或者单击【标准】工具栏中的【打开】按钮,弹出【打开】对话框,在光盘源文件的 9.1 文件夹中选择"风车.ics"文件,如图 9-2 所示。

(3)单击【打开】按钮,则在设计环境中出现风车造型,打开设计树,可以看到有"底座"和"扇叶部分"两个零件;同时,在"扇叶部分"中又有 8 个被重命名的扇叶,如图 9-3 所示。

第 9 章 动画设计

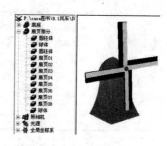

图 9-2 【打开】对话框　　　　　图 9-3 打开"风车"零件

2. 添加公转

（参考用时：6 分钟）

（1）打开设计树，单击【扇叶部分】零件，则该零件显示为零件状态，单击【智能动画】工具条中的【智能动画】按钮 ，弹出【智能动画向导】对话框，选择【旋转】单选按钮，并在下拉列表中选择"绕高度方向轴"，角度保持为 360，如图 9-5 所示。

注释：若设计环境中没有【智能动画】工具条，则执行【显示】|【工具条】菜单命令，弹出【自定义…】对话框，在【显示工具条】区域中选中【智能动画】及前面的复选框，如图 9-4 所示。

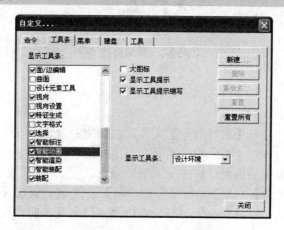

图 9-4 【自定义…】对话框

（2）单击【下一步】按钮，弹出【智能动画向导】第 2 页对话框，设置动画持续时间为 8，如图 9-6 所示。

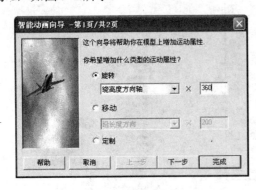

图 9-5 【智能动画向导】第 1 页　　　　图 9-6 【智能动画向导】第 2 页

（3）单击【完成】按钮，则在【扇叶部分】上添加了绕高度方向的旋转，设计环境中出现旋转轴，如图 9-7 所示。

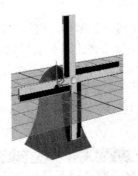

图 9-7 添加公转

3. 添加扇叶自转

（参考用时：11 分钟）

（1）打开设计树，打开【扇叶部分】零件，在智能图素状态下选择"扇叶 01"，则该零件显示为零件状态，如图 9-8 所示。观察它的定位锚，由于在零件造型时已经考虑到了动画的添加，所以定位锚的位置恰好在所需旋转轴上。

（2）单击【智能动画】工具条中的【智能动画】按钮，弹出【智能动画向导】对话框，选择【旋转】单选按钮，并在下拉列表中选择"绕高度方向轴"，角度设置为 1440，如图 9-9 所示。

注释：添加扇叶的自转运动需要注意的是，需要将 8 个扇叶全部添加自定义动画后再进行播放，若在添加过程中播放将会有不良影响。

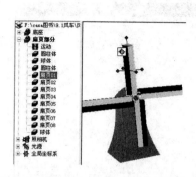 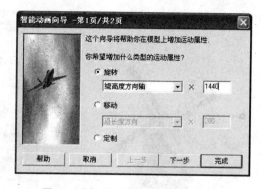

图 9-8 智能图素状态下选择"扇叶 01"　　　图 9-9 【智能动画向导】第 1 页

（3）单击【下一步】按钮，弹出【智能动画向导】第 2 页对话框，设置动画持续时间为 8，如图 9-10 所示。

（4）单击【完成】按钮，则在"扇叶 01"上添加了绕高度方向的自转，设计环境中出现旋转轴，如图 9-11 所示。

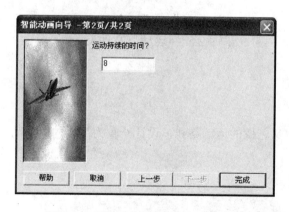 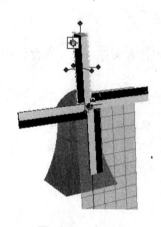

图 9-10 【智能动画向导】第 2 页　　　图 9-11 添加自转

（5）用同样的方法顺序为其他 7 个扇叶添加旋转动画，这一个动画即添加成功。

（6）单击【智能动画】工具条中的【打开】按钮 ○，进入了动画播放状态。单击【播放】按钮 ▶，可以看到风车的运动，如图 9-12 所示。

（7）若要将动画输出，可以执行【文件】|【输出】|【动画】菜单命令，弹出【输出动画】对话框，选择保存路径、名称和保存类型，单击【保存】按钮，即可完成动画的输出，如图 9-13 所示。

图 9-12　播放动画

图 9-13　输出动画

9.2　陀螺运动

零件源文件——见光盘中的"\源文件\第 9 章\ 9.2 陀螺运动"文件夹。

9.2.1　案例预览

（参考用时：17 分钟）

陀螺是一种常见的玩具，本例将定义陀螺的运动路线，设计一较为简单的运动动画，陀螺如图 9-14 所示。

图 9-14　陀螺运动

9.2.2　案例分析

陀螺的运动有自身的自转运动，还有在平面的轨迹平移运动，考虑到实际情况，在运动过程中还伴随有陀螺的跳动。所以首先自定义运动路径，再利用关键帧定义跳动高度。

最后完成动画视频的输出。

9.2.3 常用命令

【智能动画】利用智能动画向导，可以创建 3 种类型的动画，绕某一坐标轴旋转、沿某一坐标轴移动、或自定义动画。这些运动的定义都是以定位锚为基准的。例如，添加绕高度向旋转动画，则物体围绕自身的定位锚的长轴选转。

【动画路径与关键帧】实体设计的动画设计中，实体的运动路径是由动画路径控制的，而动画路径是由关键帧组成的。所以，改变关键帧的方向与位置，即可改变实体的运动路径。

【输出动画】可以将动画过程输出制作为 AVI 格式的视频文件。

9.2.4 设计步骤

1. 打开文件

（参考用时：1 分钟）

（1）启动 CAXA 实体设计 2007 软件，进入三维设计环境。

（2）执行【文件】|【打开文件】菜单命令，或者单击【标准】工具栏中的【打开】按钮，弹出【打开】对话框，在光盘源文件的"9.2 陀螺"文件夹中选择"陀螺.ics"文件，如图 9-15 所示。

（3）单击【打开】按钮，则在设计环境中出现陀螺造型，打开设计树，可以看到有"陀螺"、"底面"、"墙面 1"和"墙面 2"四个零件；陀螺是动画的主要零件，如图 9-16 所示。

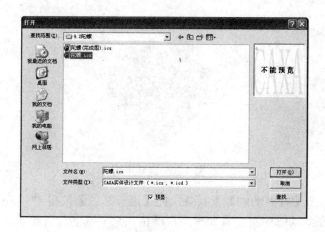

图 9-15 【打开】对话框

图 9-16 打开"陀螺"零件

2. 添加自定义运动

（参考用时：11 分钟）

（1）打开设计树，单击【陀螺】零件，则该零件显示为零件状态，单击【智能动画】工具条中的【智能动画】按钮，弹出【智能动画向导】对话框，选择【定制】单选按钮，如图 9-17 所示。

（2）单击【下一步】按钮，弹出【智能动画向导】第 2 页对话框，设置动画持续时间为 5，如图 9-18 所示。

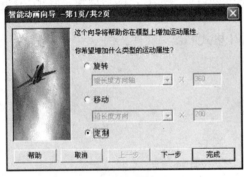

图 9-17 【智能动画向导】第 1 页

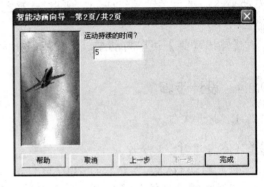

图 9-18 【智能动画向导】第 2 页

（3）单击【完成】按钮，在陀螺零件上出现二维运动截面，如图 9-19 所示。但由于平面方向不正确，还需要调整平面方向。

（4）单击【三维球】按钮，将运动平面绕轴旋转至与地面平行，结果如图 9-20 所示。

图 9-19 产生运动平面

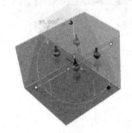

图 9-20 旋转平面

（5）关闭【三维球】工具，单击【智能动画】工具条上的【延长路径】按钮，在地面上任意位置添加一些关键帧。在此动画中对位置要求不很严格，只要基本符合陀螺的运动规律即可，如图 9-21 所示。

（6）在实际运动中，陀螺运动会有一些弹跳，可以直接拖动关键帧上方的方形手柄，调整关键帧高度，如图 9-22 所示。

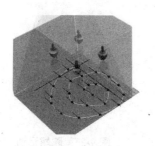 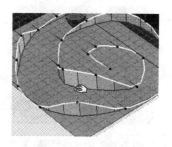

图 9-21　添加自定义路径　　　　图 9-22　调整关键帧高度

3．添加陀螺自转

（参考用时：5 分钟）

（1）打开设计树，单击【陀螺】零件，则该零件显示为零件状态，单击【智能动画】工具条中的【智能动画】按钮，弹出【智能动画向导】对话框，选择【旋转】单选按钮，并在下拉列表中选择"绕高度方向轴"，角度保持为 3600，如图 9-23 所示。

（2）单击【下一步】按钮，弹出【智能动画向导】第 2 页对话框，设置动画持续时间为 5，如图 9-24 所示。

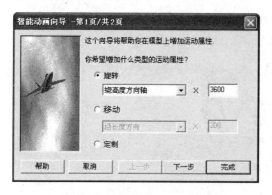 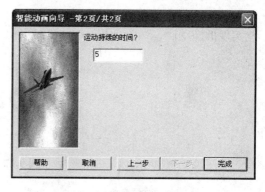

图 9-23　【智能动画向导】第 1 页　　　　图 9-24　【智能动画向导】第 2 页

（3）单击【完成】按钮，在陀螺零件上出现二维运动截面，看到旋转轴不在所要求的方向上，因此打开【三维球】，将旋转轴调整到竖直方向上，如图 9-25 所示。

（4）关闭【三维球】，单击【智能动画】工具条中的【打开】按钮，进入了动画播放状态。单击【播放】按钮，可以看到陀螺的运动，如图 9-26 所示。

（5）若要将动画输出，可以执行【文件】|【输出】|【动画】菜单命令，弹出【输出动画】对话框，选择保存路径和名称、保存类型，单击【保存】按钮，即可完成动画的输出。

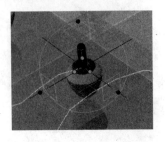
图 9-25 调整旋转轴

图 9-26 陀螺运动

9.3　产　品　装　配

零件源文件——见光盘中的"\源文件\第 9 章\ 9.3 产品装配"文件夹。

9.3.1　案例预览

（参考用时：60 分钟）

本例将制作一个简单的产品装配动画，即用动画表现装配的完整过程，并利用反转功能实现拆卸动画，装配效果如图 9-27 所示。

图 9-27 陀螺运动

9.3.2　案例分析

本例中的装配件主要由 5 部分组成，在装配中，底座零件始终保持静止，其他 4 个零件均通过添加自定义动画最终装配到底座零件上。在装配过程中，利用了较为简单的三维球定位功能，使 4 个零件分别定位到底座的配合特征点上。再通过添加自定义路径，分步骤地将零件装配成组件，并利用【反转】命令生成装配件的拆卸动画。

9.3.3 常用命令

【智能动画】利用智能动画向导,可以创建 3 种类型的动画,绕某一坐标轴旋转、沿某一坐标轴移动或自定义动画。这些运动的定义都是以定位锚为基准的。例如,添加绕高度向旋转动画,则物体围绕自身的定位锚的长轴选转。

【动画路径与关键帧】实体设计的动画设计中,实体的运动路径是由动画路径控制的,而动画路径是由关键帧组成的。所以,改变关键帧的方向与位置,即可改变实体的运动路径。

【延长路径】增加点延长当前的动画路径。

9.3.4 设计步骤

1. 打开文件

(参考用时:1 分钟)

(1)启动 CAXA 实体设计 2007 软件,进入三维设计环境。

(2)执行【文件】|【打开文件】菜单命令,或者单击【标准】工具栏中的【打开】按钮 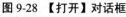,弹出【打开】对话框,在光盘源文件的"9.3 产品装配"文件夹中选择"未装配.ics"文件,如图 9-28 所示。

(3)单击【打开】按钮,则在设计环境中出现 5 个未装配零件,打开设计树,将它们重命名为"底座"、"方形插件"、"圆柱"、"长方键"和"双圆柱插件",如图 9-29 所示。

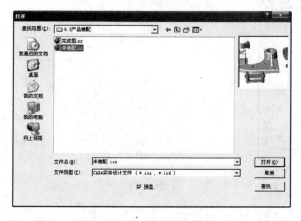

图 9-28 【打开】对话框

图 9-29 打开"未装配"零件

2. 装配方形插件

(参考用时:12 分钟)

(1)确定定位锚位置。单击"方形插件"至零件状态,鼠标拾取其定位锚,单击【三维球】按钮，激活三维球工具，将其重新定位到如图9-30所示的位置。

（2）关闭三维球。在"方形插件"处于零件状态下，单击【智能动画】工具条中的【智能动画】按钮，弹出【智能动画向导】对话框，选择【定制】单选按钮，如图9-31所示。

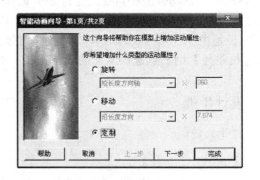

图9-30　移动定位锚　　　　　　　　图9-31　【智能动画向导】第1页

（3）单击【下一步】按钮，弹出【智能动画向导】第2页对话框，设置动画持续时间为4，如图9-32所示。

（4）单击【完成】按钮，在方形插件零件上出现二维运动平面，如图9-33所示。

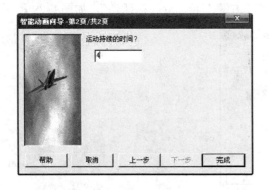

图9-32　【智能动画向导】第2页　　　　图9-33　产生运动平面

（5）单击【智能动画】工具条上的【延长路径】按钮，在装配路线上的任意位置单击，添加两个关键帧，然后关闭该功能，如图9-34所示。

（6）调整第2个关键帧的位置。鼠标拾取该关键帧，光标变为小手形状，单击【三维球】按钮，激活三维球工具，右击三维球的中心定位手柄，在弹出的快捷菜单中选择【到点】命令，如图9-35所示。

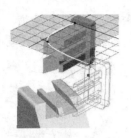

图 9-34　添加关键帧　　　　　图 9-35　选择【到点】命令

（7）然后单击拾取底座插槽中的对应装配贴合点，如图 9-36 所示。
（8）则方形插件被定位到所选择的特征点，效果如图 9-37 所示。

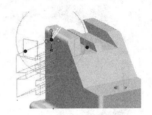

图 9-36　选择装配点　　　　　图 9-37　定位到点

（9）右击图中右侧的内部定位手柄，在弹出的快捷菜单中选择【与边平行】命令，如图 9-38 所示。
（10）然后单击拾取底板插槽的槽边，如图 9-39 所示。

图 9-38　选择【与边平行】命令　　　　　图 9-39　拾取边

（11）继续利用【三维球】工具，将方形插件旋转至最终装配方位，如图 9-40 所示。
（12）拖动三维球的外操作手柄，将第 2 个关键帧的位置向底座后方移动距离为 5，如图 9-41 所示。
（13）采用同样的调整方法，调整第 3 个关键帧位置，打开【三维球】工具，将第 3 个关键帧的位置移动到装配的最终位置，如图 9-42 所示。这样"方形插件"关键帧的位置就确定下来了。

（14）通过【智能动画】工具条上的控制按钮，播放方形插件的动画，可以看到现在动画的路径是弧形的。右击方形插件的路径，在弹出的快捷菜单中选择【动画路径属性】命令，如图 9-43 所示。

图 9-40　调整方位

图 9-41　移动三维球

图 9-42　调整第 3 帧位置

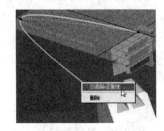

图 9-43　选择【动画路径属性】命令

（15）弹出【动画路径属性】对话框，在【常规】选项卡中将【插值类型】改为【直线】，如图 9-44 所示。

（16）单击【确定】按钮，动画的路径如图 9-45 所示。再进行动画的播放，可以看到，方形插件按照设计的路径进行装配。

> 注释：此例中所有自定义路径的【插值类型】均设置为【直线】。

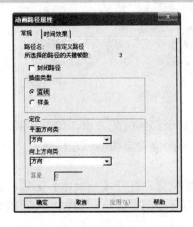

图 9-44　【动画路径属性】对话框

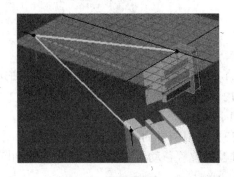

图 9-45　调整结果

3. 装配圆柱轴

（参考用时：12 分钟）

（1）在"圆柱"处于零件状态下，单击【智能动画】工具条中的【智能动画】按钮，弹出【智能动画向导】对话框，选择【定制】单选按钮，然后直接单击【完成】按钮，不做任何修改。

（2）单击【智能动画】工具条上的【延长路径】按钮，在装配路线上的任意位置单击，添加一个关键帧，然后关闭该功能。调整第 2 个关键帧的位置。鼠标拾取该关键帧，光标变为小手形状，单击【三维球】按钮，激活三维球工具，右击三维球内部与圆柱轴平行的操作手柄，在弹出的快捷菜单中选择【与轴平行】命令，如图 9-46 所示。

（3）单击拾取"底座"零件上圆柱孔的端面圆周，如图 9-47 所示。

图 9-46　选择【与轴平行】命令

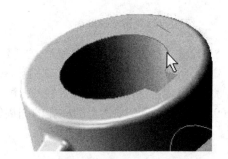

图 9-47　拾取圆柱孔轮廓

（4）调整圆柱轴的方向后，结果如图 9-48 所示。

（5）右击三维球内部与圆柱轴键槽底面垂直的操作手柄，在弹出的快捷菜单中选择【与面垂直】命令，如图 9-49 所示。

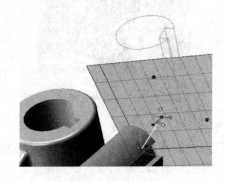

图 9-48　圆柱与圆孔同轴

图 9-49　选择【与面垂直】命令

（6）拾取"底座"零件上圆柱孔键槽的底面，结果如图9-50所示。

（7）则此时圆柱轴的键槽与圆柱孔键槽的方向调整一致，关闭三维球，如图9-51所示。

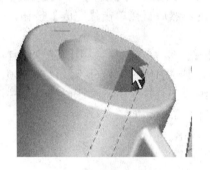 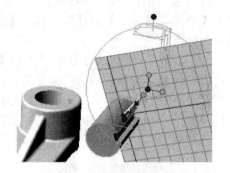

图9-50　拾取键槽底面　　　　　　　　　图9-51　调整键槽方向一致

（8）单击【智能动画】工具条上的【延长路径】按钮，在装配路线上的任意位置单击，添加一个关键帧，然后关闭功能。调整该关键帧位置，激活【三维球】工具，右击三维球内部中心控制点，在弹出的快捷菜单中选择【到中心点】命令，如图9-52所示。

（9）拾取"底座"零件上圆柱孔的圆周轮廓，则圆柱被定位到圆孔上方，结果如图9-53所示。

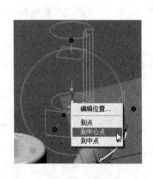 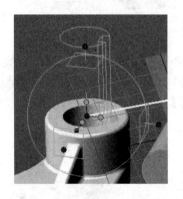

图9-52　选择【到中心点】命令　　　　　　图9-53　调整轴孔同轴

（10）拖动三维球上方的操作手柄，将圆柱轴向上移动一段距离，如图9-54所示。

（11）关闭三维球，继续单击【智能动画】工具条上的【延长路径】按钮，在装配路线上的任意位置单击，添加第4个关键帧，然后关闭该功能。调整该关键帧位置，激活【三维球】工具，右击三维球内部中心控制点，在弹出的快捷菜单中选择【到中心点】命令，如图9-55所示。

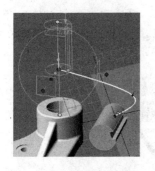

图 9-54 向上移动三维球

图 9-55 选择【到中心点】命令

（12）拾取"底座"零件上圆柱孔底面的圆周轮廓，如图 9-56 所示。

（13）则此时圆柱体被定位到最终装配位置上，圆柱体的装配路径定义完毕，结果如图 9-57 所示。

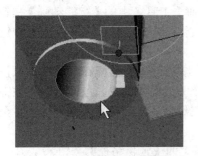

图 9-56 拾取底面圆周

图 9-57 自定义路径

（14）执行【显示】|【智能动画编辑器】菜单命令，弹出【智能动画编辑器】对话框，在该对话框中可以看到"方形插件"和"圆柱"两个自定义动画的进度条，将"圆柱"进度条调整到"方形插件"动画之后，如图 9-58 所示。

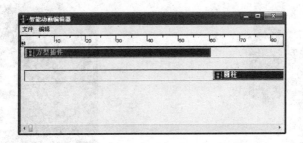

图 9-58 【智能动画编辑器】对话框

（15）单击【智能动画】工具条中的【打开】按钮，进入动画播放状态。单击【播放】按钮，可以看到"方形插件"和"圆柱"零件的装配动画，结果如图 9-59 所示。

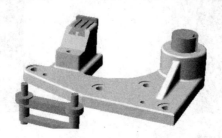

图 9-59 装配效果

4. 装配长方键

（参考用时：12 分钟）

（1）单击"长方键"至零件状态，单击【智能动画】工具条中的【智能动画】按钮，弹出【智能动画向导】对话框，选择【定制】单选按钮，然后直接单击【完成】按钮，不做任何修改。

（2）单击【智能动画】工具条上的【延长路径】按钮，在装配路线上的任意位置单击，添加一个关键帧，然后关闭该功能。调整第 2 个关键帧的位置。鼠标拾取该关键帧，光标变为小手形状，单击【三维球】按钮，激活三维球工具，将长方键绕轴旋转至如图 9-60 所示的方位。

（3）关闭三维球，继续单击【智能动画】工具条上的【延长路径】按钮，在装配路线上的任意位置单击，添加第 3 个关键帧，然后关闭该功能。调整该关键帧位置，激活【三维球】工具，右击三维球内部中心控制点，在弹出的快捷菜单中选择【到点】命令，如图 9-61 所示。

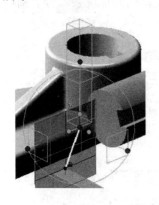

图 9-60 编辑第 2 个关键帧

图 9-61 编辑第 3 个关键帧

（4）拾取"底座"零件上圆柱孔键槽上的点，如图 9-62 所示。

（5）则此时长方键移动到"底座"键槽之上，并拖动三维球的竖直操作手柄，将长方键向上移动一段距离，结果如图 9-63 所示。

图 9-62　选择底座键槽上的点

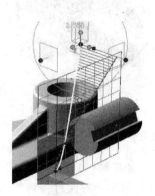

图 9-63　向上移动长方键

（6）关闭三维球，继续单击【智能动画】工具条上的【延长路径】按钮，在装配路线上的任意位置单击，添加第 4 个关键帧，然后关闭该功能。调整该关键帧位置，激活【三维球】工具，右击三维球内部中心控制点，在弹出的快捷菜单中选择【到点】命令，如图 9-64 所示。

（7）拾取"底座"零件上圆柱孔底面键槽上的点，如图 9-65 所示。

图 9-64　编辑第 4 个关键帧

图 9-65　选择圆柱孔底面键槽上的点

（8）则此时长方键被定位到最终装配位置上，长方体的装配路径定义完毕，结果如图 9-66 所示。

（9）在【智能动画编辑器】中将【长方键】的进度条调整到【圆柱】零件装配动画之后；单击【智能动画】工具条中的【打开】按钮，进入动画播放状态。单击【播放】按钮，可以看到"长方键"零件的装配动画，结果如图 9-67 所示。

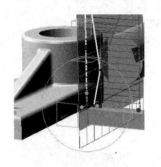
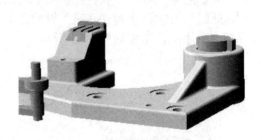

图 9-66　自定义路径　　　　　　　　图 9-67　长方键装配结果

5. 装配双圆柱插件

☀（参考用时：15 分钟）

（1）单击"双圆柱插件"至零件状态，单击【智能动画】工具条中的【智能动画】按钮 ，弹出【智能动画向导】对话框，选择【定制】单选按钮，然后直接单击【完成】按钮，不做任何修改。

（2）单击【智能动画】工具条上的【延长路径】按钮 ，在装配路线上的任意位置单击，添加两个关键帧，然后关闭该功能。调整第 3 个关键帧的位置。鼠标拾取该关键帧，光标变为小手形状，单击【三维球】按钮 ，激活三维球工具，右击三维球内部中心控制点，在弹出的快捷菜单中选择【到点】命令，如图 9-68 所示。

（3）拾取"底座"零件上装配孔的圆周轮廓，如图 9-69 所示。

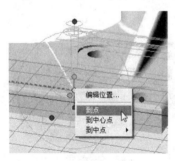
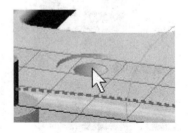

图 9-68　编辑关键帧　　　　　　　　图 9-69　选择孔轮廓

（4）则此时"双圆柱插件"的一个定位轴被定位到孔中心，并利用三维球操作，将圆柱插件向上移动一段距离，如图 9-70 所示。

（5）还需要将零件绕高度轴进行旋转才能将另一定位轴装配到孔中心。编辑第 1 个关键帧，激活【三维球】工具，右击三维球内部沿两根圆柱轴连线方向的定位手柄，在弹出的快捷菜单中选择【到中点】|【点到点】命令，如图 9-71 所示。

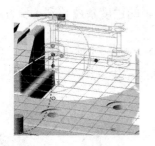 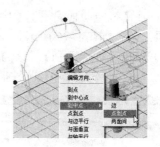

图 9-70　移动三维球　　　　　　　　图 9-71　三维球定向

(6) 拾取"底座"零件上装配孔的圆心,如图 9-72 所示。
(7) 则此时前 3 个关键帧的位置都编辑完毕,结果如图 9-73 所示。

 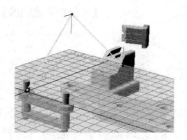

图 9-72　选择中心点　　　　　　　　图 9-73　自定义路线

(8) 单击【智能动画】工具条上的【延长路径】按钮 ，在装配路线上的任意位置单击,添加第 4 个关键帧,然后关闭该功能。调整第 4 个关键帧的位置。鼠标拾取该关键帧,光标变为小手形状,单击【三维球】按钮 ，激活三维球工具,右击三维球内部中心控制点,在弹出的快捷菜单中选择【到点】命令,如图 9-74 所示。
(9) 拾取"底座"零件上装配孔的圆中心点,则此时"双圆柱插件"被定位到最终装配位置上,结果如图 9-75 所示。

 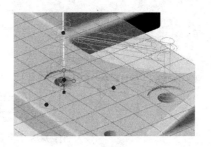

图 9-74　编辑第 4 个关键帧　　　　　图 9-75　最终装配位置

（10）在【智能动画编辑器】中将【双圆柱插件】动画的进度条调整到【长方键】零件装配动画之后，如图 9-76 所示。

（11）单击【智能动画】工具条中的【打开】按钮 ○，进入动画播放状态。单击【播放】按钮 ▶，可以看到"双圆柱插件"零件的装配动画，结果如图 9-77 所示。

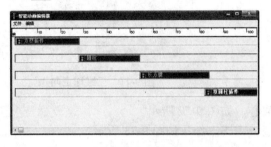
图 9-76 【智能动画编辑器】对话框

图 9-77 装配结果

6. 零件拆卸

（参考用时：8 分钟）

（1）以【圆柱】零件为例，演示拆卸过程动画的实现过程。单击【圆柱】零件的自定义路径，右击鼠标弹出【动画路径属性】对话框，在【时间效果】选项卡中将【类】改为【直线】，此时，参数项激活，选择【重复】数量为 1，选中【反转】复选框，如图 9-78 所示。

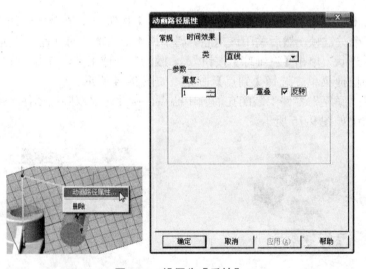
图 9-78 设置为【反转】

（2）单击【确定】按钮，播放装配动画，发现圆柱轴的装配过程反向变成了拆卸动画。

用同样方法对其他零件进行反转设置，并打开【智能动画编辑器】，将动画顺序进行调整，结果如图 9-79 所示。再进行动画播放，则此时的动画即为拆卸动画。

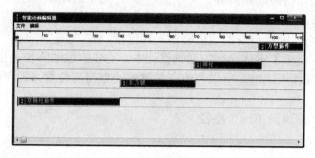

图 9-79　重新排列动画顺序

9.4　齿轮传动

零件源文件——见光盘中的"\源文件\第 9 章\9.4 齿轮运动"文件夹。

9.4.1　案例预览

（参考用时：37 分钟）

齿轮传动是一种应用非常广泛的机械传动，主要用于传递两根轴之间的运动和力。传动稳定、可靠，工作寿命长。齿轮传动如图 9-80 所示。

图 9-80　齿轮传动

9.4.2　案例分析

齿轮传动属于轮系机构传动，本例要添加的是两个齿轮的运动模拟动画。首先添加主齿轮旋转运动，再根据齿轮啮合传动的运动特点添加从动齿轮的旋转运动，最终完成两个齿轮的配合传动。

9.4.3 常用命令

【智能动画】利用智能动画向导，可以创建 3 种类型的动画，绕某一坐标轴旋转、沿某一坐标轴移动或自定义动画。这些运动的定义都是以定位锚为基准的。例如，添加绕高度向旋转动画，则物体围绕自身的定位锚的长轴选转。

【动画路径与关键帧】实体设计的动画设计中，实体的运动路径是由动画路径控制的，而动画路径是由关键帧组成的。所以，改变关键帧的方向与位置，即可改变实体的运动路径。

【下一个路径】前进到下一个路径。

9.4.4 设计步骤

1. 新建绘图文件

（参考用时：1 分钟）

（1）启动 CAXA 实体设计 2007 软件，进入三维设计环境。

（2）执行【文件】|【新文件】菜单命令，弹出【新建】对话框，选择"设计"选项，如图 9-81 所示，单击【确定】按钮，弹出【新的设计环境】对话框，如图 9-82 所示，选择"Blank Scene"新建绘图文件，或者单击【标准】工具栏的【默认模板设计环境】按钮，进入默认设计环境。

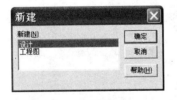

图 9-81 【新建】对话框

图 9-82 【新的设计环境】对话框

2. 创建齿轮

（参考用时：15 分钟）

（1）从设计环境右侧的【设计元素库】中的【工具】库中选择【齿轮】图素，按住鼠标左键将其拖入设计环境中释放，弹出【齿轮】对话框，将【齿数】更改为 24，【齿廓】改为"渐开线"，【厚度】改为 20，【孔半径】改为 10，选择"分度圆半径"且设为 25，如图 9-83 所示。

（2）单击【确定】按钮，设计环境中出现所创建的主齿轮，如图 9-84 所示。

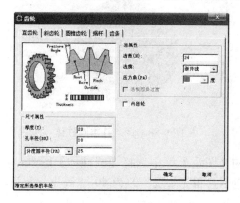

图 9-83　【齿轮】对话框　　　　　　　　　图 9-84　创建主齿轮

（3）继续从设计环境右侧的【设计元素库】中的【工具】库中选择【齿轮】图素，按住鼠标左键将其拖入设计环境中释放，弹出【齿轮】对话框，将【齿数】更改为 48，【齿廓】改为"渐开线"，【厚度】改为 20，【孔半径】改为 0，选择"分度圆半径"且设为 50，如图 9-85 所示。

（4）单击【确定】按钮，设计环境中出现第 2 个齿轮——从动齿轮，如图 9-86 所示。

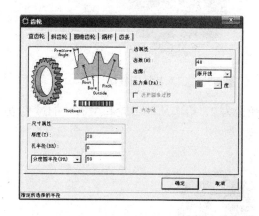

图 9-85　【齿轮】对话框　　　　　　　　　图 9-86　创建从动齿轮

（5）展开设计树，将刚刚创建的两个齿轮更名为"主齿轮"和"从动齿轮"，如图 9-87 所示。

（6）从设计环境右侧的【设计元素库】中的【图素】库中选择【孔类圆柱体】图素，按住鼠标左键将其拖放至齿轮面的中心点，并编辑包围盒将"长度"改为 80，"高度"改为 5，结果如图 9-88 所示。

图 9-87　齿轮重新命名

图 9-88　调入孔类圆柱体

（7）从设计环境右侧的【设计元素库】中的【图素】库中选择【圆柱体】图素，按住鼠标左键将其拖放至齿轮面的中心点，并编辑包围盒将"长度"改为 40，"高度"改为 15，结果如图 9-89 所示。

（8）对齿轮的另一侧进行同样的操作。再从设计环境右侧的【设计元素库】中的【图素】库中选择【孔类圆柱体】图素，按住鼠标左键将其拖放至齿轮面的中心点，并编辑包围盒将"长度"改为 20，"高度"改为 50，结果如图 9-90 所示。

图 9-89　调入圆柱体

图 9-90　调入孔类圆柱体

（9）单击【圆角过渡】按钮，将过渡半径设为 2，拾取从动齿轮和主齿轮的过渡边，单击【确定】按钮，完成圆角过渡，如图 9-91 所示。

图 9-91　圆角过渡

3. 装配齿轮

（参考用时：8 分钟）

（1）鼠标拾取主齿轮，单击【三维球】按钮 ，激活三维球工具，右击三维球内部中心控制点，在弹出的快捷菜单中选择【到中心点】命令，如图 9-92 所示。

（2）单击拾取从动齿轮孔类圆柱体的圆周轮廓，如图 9-93 所示。

图 9-92　选择【到中心点】命令

图 9-93　拾取圆周轮廓

（3）单击则主齿轮被定位到从动齿轮的所选圆心处，如图 9-94 所示。

（4）拖动三维球的水平操作手柄，将主齿轮向左移动 75（两齿轮分度圆半径之和），结果如图 9-95 所示。

图 9-94　定位主齿轮

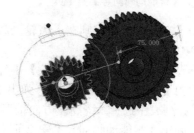
图 9-95　平移主齿轮

（5）此时的两齿轮在齿的啮合处还存在着干涉，如图 9-96 所示。可以通过三维球，调整主齿轮绕轴向旋转，逐步调整直至完全啮合，如图 9-97 所示。

图 9-96　干涉现象

图 9-97　齿轮啮合

4. 添加齿轮传动动画

（参考用时：13 分钟）

(1) 打开设计树，单击【主齿轮】零件，则该零件显示为零件状态，单击【智能动画】工具条中的【智能动画】按钮，弹出【智能动画向导】对话框，选择【旋转】单选按钮，并在下拉列表中选择"绕高度方向轴"，角度保持为 360，如图 9-98 所示。

(2) 单击【下一步】按钮，弹出【智能动画向导】第 2 页对话框，设置动画持续时间为 60，这样可以让动画更加清楚，如图 9-99 所示。

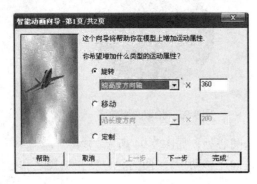
图 9-98 【智能动画向导】第 1 页

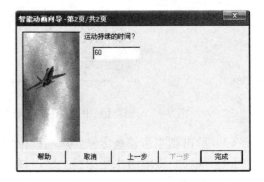
图 9-99 【智能动画向导】第 2 页

(3) 单击【完成】按钮，则在主齿轮上添加了绕高度方向的旋转，设计环境中出现旋转轴，如图 9-100 所示。

(4) 打开设计树，单击【从动齿轮】零件，则该零件显示为零件状态，单击【智能动画】工具条中的【智能动画】按钮，弹出【智能动画向导】对话框，选择【旋转】单选按钮，并在下拉列表中选择"绕高度方向轴"，角度更改为 180，如图 9-101 所示。单击【下一步】按钮，弹出【智能动画向导】第 2 页对话框，设置动画持续时间为 60。

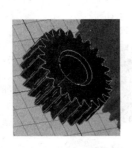
图 9-100 主齿轮旋转轴

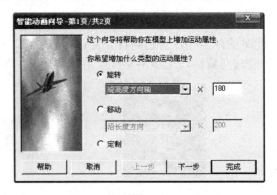
图 9-101 【智能动画向导】第 1 页

（5）单击【完成】按钮，则在从动齿轮上添加了绕高度方向的旋转，设计环境中出现旋转轴，如图 9-102 所示。

（6）单击【智能动画】工具条中的【打开】按钮 ，进入动画播放状态。单击【播放】按钮 ，可以看出齿轮传动具有明显的干涉，这是由于添加动画时没有考虑到旋转方向而导致的。

（7）若要解决此问题，可在零件状态下选择"从动齿轮"，在【智能动画】工具条中单击【下一个路径】按钮 ，在出现的智能参考平面中，右击关键帧，在弹出的快捷菜单中选择【关键帧属性】命令，如图 9-103 所示。

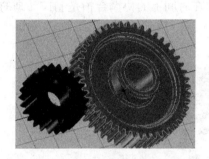

图 9-102　从动齿轮旋转轴　　　　　图 9-103　选择【关键帧属性】命令

（8）弹出【关键帧属性】对话框，选择【位置】选项卡，在【平移】文本框中将"180"更改为"－180"，如图 9-104 所示。

（9）单击【确定】按钮，完成从动齿轮旋转方向的更改，再次播放动画，则此时可以看到两齿轮做很好的啮合传动，如图 9-105 所示。

图 9-104　【关键帧属性】对话框　　　　图 9-105　齿轮传动

9.5 机械手

零件源文件——见光盘中的"\源文件\第 9 章\9.5 机械手"文件夹。

9.5.1 案例预览

☀（参考用时：18 分钟）

机械手的工作原理属于平面四连杆机构的动作原理，机械手各个零件的运动路径较为简单，都是直线或圆弧运动，但各个运动零件在时间上的协调合拍是制作动画的难点。机械手如图 9-106 所示。

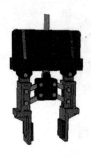

图 9-106 机械手

9.5.2 案例分析

本例中，中间的滑板上、下移动时带动 4 个连杆转动和移动，连杆再带动左右夹在滑槽中做左右往复直线运动，在应用 CAXA 实体设计制作机构动画时，最重要的是要保证滑块、连杆和左右夹这 3 种主要构件在运动时间上的配合与协调。

9.5.3 常用命令

【智能动画】利用智能动画向导，可以创建 3 种类型的动画，绕某一坐标轴旋转、沿某一坐标轴移动或自定义动画。这些运动的定义都是以定位锚为基准的。例如，添加绕高度向旋转动画，则物体围绕自身的定位锚的长轴选转。

【动画路径与关键帧】实体设计的动画设计中，实体的运动路径是由动画路径控制的，而动画路径是由关键帧组成的。所以，改变关键帧的方向与位置，即可改变实体的运动路径。

【智能动画编辑器】智能动画编辑器允许调整动画的长度，使多个智能动作的效果同步。也可以使用智能动画编辑器来访问动画轨迹和关键属性表，以便进行高级动作编辑。

9.5.4 设计步骤

1. 打开文件

（参考用时：1分钟）

（1）启动 CAXA 实体设计 2007 软件，进入三维设计环境。

（2）执行【文件】|【打开文件】菜单命令，或者单击【标准】工具栏中的【打开】按钮，弹出【打开】对话框，在光盘源文件的"9.5 机械手"文件夹中选择"机械手.ics"文件，如图 9-107 所示。

（3）单击【打开】按钮，则在设计环境中出现机械手装配图，参照设计树，可以知道组成机器各个零件的名称，如图 9-108 所示。

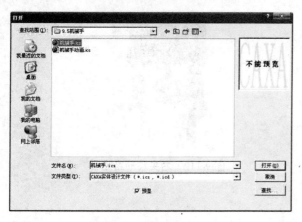

图 9-107 【打开】对话框

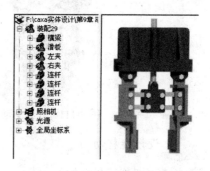

图 9-108 打开"机械手"零件

2. 设计左右夹动画

（参考用时：4分钟）

（1）打开设计树，单击【左夹】零件，则该零件显示为零件状态，单击【智能动画】工具条中的【智能动画】按钮，弹出【智能动画向导】对话框，选择【移动】单选按钮，并在下拉列表中选择"沿宽度方向"选项，移动距离设置为 10，如图 9-109 所示。

（2）单击【完成】按钮，则在左夹上添加了宽度方向上的移动，设计环境中出现移动路径直线，如图 9-110 所示。

（3）单击【智能动画】工具条中的【打开】按钮，进入动画播放状态。单击【播放】按钮，可以看到左夹向右移动 10mm，如图 9-111 所示。

（4）用同样的方法设计右夹向左移动 10mm 的路径定义，在此要特别注意动作方向，可以用三维球调整方向，结果如图 9-112 所示。

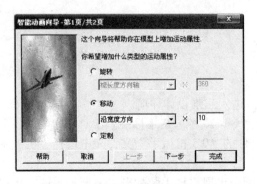

图 9-109 【智能动画向导】第 1 页　　　　图 9-110 移动路径

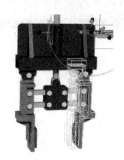

图 9-111 左夹运动　　　　图 9-112 右夹移动路径

3. 设计连杆动画

（参考用时：8 分钟）

（1）打开设计树，单击左上的【连杆】零件，则该零件显示为零件状态，单击【智能动画】工具条中的【智能动画】按钮，弹出【智能动画向导】对话框，选择【移动】单选按钮，并在下拉列表中选择"沿长度方向"，移动距离设置为10，如图 9-113 所示。

（2）单击【完成】按钮，则在连杆上添加了长度方向上的移动，设计环境中出现移动路径直线。由于连杆的运动是由水平移动和绕螺钉的旋转运动合成的，所以还要继续为连杆添加旋转运动。

（3）打开设计树，单击左上的【连杆】零件，则该零件显示为零件状态，单击【智能动画】工具条中的【智能动画】按钮，弹出【智能动画向导】对话框，选择【旋转】单选按钮，并在下拉列表中选择"绕高度方向轴"，旋转角度设置为-30，如图 9-114 所示。

（4）单击【完成】按钮，则在左夹上添加了绕高度向轴的旋转运动，但此时旋转轴位置不正确，需要调整。单击【三维球】按钮，激活三维球工具，右击三维球内部中心控制点，在弹出的快捷菜单中选择【到中心点】命令，如图 9-115 所示。

（5）单击拾取螺栓中心点，如图 9-116 所示。

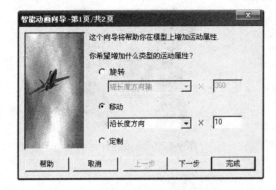

图 9-113 设置水平移动　　　　　图 9-114 设置旋转运动

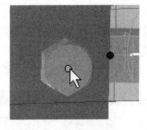

图 9-115 选择【到中心点】命令　　图 9-116 选择螺栓中心点

（6）则此时旋转轴被移动到螺栓中心点处，如图 9-117 所示。

（7）单击【智能动画】工具条中的【打开】按钮 ，进入动画播放状态。单击【播放】按钮 ，可以看到左夹向右移动的同时进行旋转运动，如图 9-118 所示。

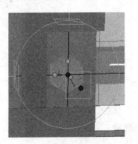

图 9-117 重新定位旋转轴　　　　图 9-118 连杆运动

（8）采用同样的方法完成左下连杆的运动动画设置，完成结果如图 9-119 所示。

（9）继续添加右侧 2 根连杆的运动，右侧连杆运动为向左移动 10mm，绕各自螺栓旋转 30°，结果如图 9-120 所示。

 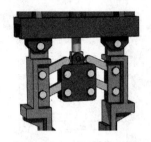

图 9-119　左侧连杆运动　　　　　　图 9-120　4 根连杆运动

4. 设计滑板动画

☀ (参考用时：3 分钟)

（1）打开设计树，单击【滑板】零件，则该零件显示为零件状态，单击【智能动画】工具条中的【智能动画】按钮，弹出【智能动画向导】对话框，选择【移动】单选按钮，并在下拉列表中选择"沿宽度方向"，移动距离设置为 12，如图 9-121 所示。

（2）单击【完成】按钮，则在滑板上添加了宽度方向上的移动，设计环境中出现移动路径直线，此时若移动方向相反，则可以利用三维球工具进行移动，如图 9-122 所示。

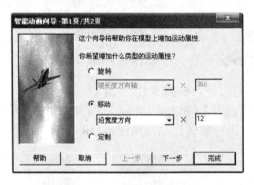 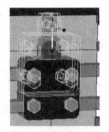

图 9-121　设置滑板移动　　　　　　图 9-122　滑板运动路径

（3）单击【智能动画】工具条中的【打开】按钮，进入动画播放状态。单击【播放】按钮，可以看到滑板、连杆和左右夹同时进行运动，如图 9-123 所示。

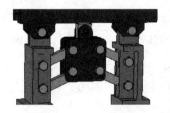

图 9-123　滑板运动

5. 时间效果编辑

（参考用时：2分钟）

（1）执行【显示】|【智能动画编辑器】菜单命令，弹出【智能动画编辑器】对话框，在该对话框中可以看到左右夹、连杆和滑板的动画条，右击其中一个动画条，在弹出的快捷菜单中选择【属性】命令，如图9-124所示。

（2）弹出【片段属性】对话框，在【长度】文本框内输入12，如图9-125所示。

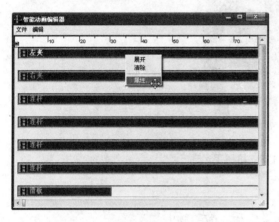 

图9-124　【智能动画编辑器】对话框　　　　　图9-125　设置片段长度

（3）用同样的方法完成其他片段长度的设置，将片段长度均设为12。

（4）双击片段，打开所有的零件动画片段，右击其中的"宽度移动"、"高度旋转"等选项，在弹出的快捷菜单中选择【属性】命令，如图9-126所示。

（5）弹出【片段属性】对话框，在【时间效果】选项卡中，设置重复次数为5，选中【重叠】和【反转】复选框，如图9-127所示。

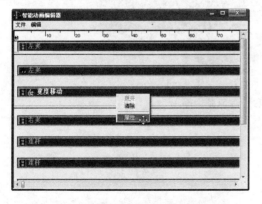 

图9-126　【智能动画编辑器】对话框　　　　　图9-127　设置时间效果

（6）单击【确定】按钮，即可完成时间效果的设置。

（7）单击【智能动画】工具条中的【打开】按钮 ○，进入动画播放状态。单击【播放】按钮 ▶，机械手进行重复的往复运动，如图9-128所示。

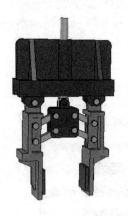

图9-128 机械手运动

9.6 课后练习

完成如图9-129所示的零件装配。

图9-129 练习题用图

第 10 章 综合实例——球阀

【本章导读】

本章通过球阀实例的讲解,让读者通过 4.5 个小时的实例学习,能够综合运用前面章节所学到的各种实体造型方法,创建所需实体造型;并利用所学到的装配方法生成装配体,最后生成动画或工程图文件。

序号	实例名称	参考学时(分钟)	知识点
10.1	创建球阀零件	190	零件设计
10.2	装配球阀	50	装配
10.3	球阀爆炸动画	30	动画

10.1 创建球阀零件

零件源文件——见光盘中的"\源文件\第 10 章"文件夹。

录像演示——见光盘中的"\avi\第 10 章\球阀装配.avi"文件。

10.1.1 案例预览

(参考用时:190 分钟)

本例主要讲述球阀装配件的创建过程,具体内容包括无约束实体的建立和零件的表面编辑方法、设计元素库的操作方法。综合运用前面章节所学到的绘图技巧,球阀零件如图 10-1 所示。

图 10-1 球阀

10.1.2 案例分析

球阀的设计过程如下。

【建立阀芯、密封圈】使用球体作为阀芯的基础造型，编辑截面轮廓获得准确形状，使用孔类圆柱体除料生成阀芯的完整造型。密封圈的实体生产过程与阀芯类似。

【生成外方内圆柱体，并保存到设计元素库】生成常用的外方内圆柱体的参数化实体造型，将其保存到设计元素库，以供调用。

【建立阀体、阀盖】生成两零件的共有特征——连接板，使用圆柱体、球体、自定义孔等标准智能图素，生成阀体、阀盖零件的实体造型。

【建立阀杆、填料压盖】使用圆柱体、长方体等标准智能图素，生成阀杆的基础造型，使用"面匹配"表面编辑功能，生成阀杆头部的部分球面特征。

【建立扳手】使用自己建立的设计元素库中的外圆内方柱体，编辑参数生成扳手的底部特征；使用圆柱体、条状体等图素生成手柄部分的基础造型；利用自定义截面除料，生成扳手的实体造型。

【建立连接件】使用【工具】元素库中的【紧固件】加载参数而成。

10.1.3 建立阀芯、密封圈

1. 新建绘图文件

（参考用时：1 分钟）

（1）启动 CAXA 实体设计 2007 软件，进入三维设计环境。

（2）执行【文件】|【新文件】菜单命令，弹出【新建】对话框，选择"设计"选项，如图 10-2 所示，单击【确定】按钮，弹出【新的设计环境】对话框，如图 10-3 所示，选择"Blank Scene"新建绘图文件，或者单击【标准】工具栏的【默认模板设计环境】按钮，进入默认设计环境。

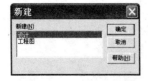

图 10-2 【新建】对话框

图 10-3 【新的设计环境】对话框

2. 创建阀芯

（参考用时：21 分钟）

（1）阀芯的工程图如图 10-4 所示。

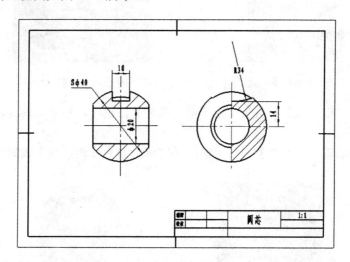

图 10-4 阀芯工程图

（2）从设计环境右侧的【设计元素库】中的【图素】库中选择【球体】图素，按住鼠标左键将其拖入设计环境中释放，编辑其包围盒尺寸至直径为 40，如图 10-5 所示。

（3）在球体处于图素编辑状态下，右击球体，在弹出的快捷菜单中选择【编辑草图截面】命令，如图 10-6 所示。

图 10-5 编辑球体尺寸

图 10-6 选择【编辑草图截面】命令

（4）在截面编辑状态下，绘制两条水平直线，并单击【水平约束】按钮，将两条直线约束为水平线，如图 10-7 所示。

（5）单击【尺寸约束】按钮，将两条水平直线距离圆弧中心的距离约束为16，结果如图10-8所示。

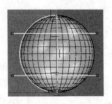

图10-7 绘制水平直线

图10-8 约束尺寸

（6）单击【二维编辑】工具条中的【曲线裁剪】按钮，将多余曲线裁剪掉，形成如图10-9所示的截面。

（7）单击【编辑草图截面】对话框中的【完成造型】按钮，则生成如图10-10所示的圆台体造型。

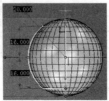

图10-9 裁剪曲线

图10-10 完成造型

（8）从设计环境右侧的【设计元素库】中的【图素】库中选择【孔类圆柱体】图素，按住鼠标左键将其拖放至零件端面的中心位置，编辑其包围盒尺寸至直径为20，形成通孔，如图10-11所示。

（9）继续从设计环境右侧的【设计元素库】中的【图素】库中选择【孔类圆柱体】图素，按住鼠标左键将其拖放至零件端面的中心位置，调整包围盒使其成为直径68、高10的孔形圆柱体。激活【三维球】工具，并将三维球重新定位至该孔形圆柱体的中心位置，最后再将三维球和孔形圆柱体一起定位到步骤（7）所创建的圆台造型中心，如图10-12所示。

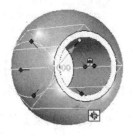

图10-11 形成通孔

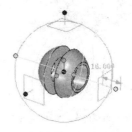

图10-12 继续调入孔类圆柱体

（10）鼠标拖动三维球的上方操作手柄，将其向上移动48，结果如图10-13所示。

（11）关闭【三维球】工具，形成阀芯零件造型，执行【文件】|【另存为】菜单命令，弹出【另存为】对话框，输入文件名为"阀芯"，选择保存路径，单击【保存】按钮，即可完成文件的保存，如图10-14所示。

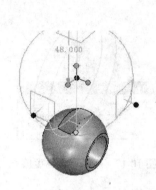

图10-13　向上移动孔类圆柱体

图10-14　【另存为】对话框

3. 创建密封圈

（参考用时：18分钟）

（1）密封圈的工程图如图10-15所示。

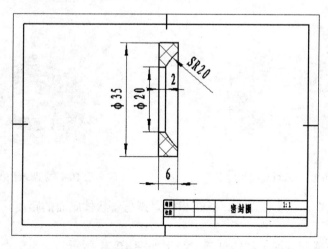

图10-15　密封圈工程图

（2）新建一个设计环境，从设计环境右侧的【设计元素库】中的【高级图素】库中选择【管状体】图素，按住鼠标左键将其拖入设计环境中；单击零件进入图素编辑状态，在图素上单击右键，在弹出的快捷菜单中选择【智能图素属性】命令，弹出【拉伸特征】对话框，选择【变量】选项卡，填写参数如图10-16所示。

（3）在智能图素状态下，右击高度值，编辑高度值为6，如图10-17所示。

图10-16 修改变量参数

图10-17 编辑零件高度值

（4）单击【确定】按钮，生成密封圈基础造型，如图10-18所示。

（5）从设计环境右侧的【设计元素库】中的【图素】库中选择【孔类球体】图素，按住鼠标左键将其拖放至管状体底面中心位置，并使用包围盒，将球体直径调整至40；激活三维球工具，将球体向上移动一段距离，如图10-19所示。

图10-18 编辑高度尺寸

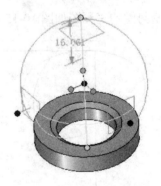

图10-19 调入孔类球体

（6）单击【线性标注】按钮，标注相交圆弧与管状体底面的距离，并将其编辑为2，如图10-20所示。

（7）至此，完成密封圈零件的创建，结果如图10-21所示。

图 10-20 线性标注　　　　　　　图 10-21 密封圈

10.1.4 建立阀体、阀盖

1. 创建阀体连接板

（参考用时：15 分钟）

（1）执行【文件】|【新文件】菜单命令，弹出【新建】对话框，选择"设计"选项，单击【确定】按钮，弹出【新的设计环境】对话框，选择"Blank Scene"新建绘图文件，或者单击【标准】工具栏的【默认模板设计环境】按钮，进入默认设计环境。

（2）从设计环境右侧的【设计元素库】中的【图素】库中选择【长方体】图素，按住鼠标左键将其拖入设计环境中释放，鼠标拾取智能图素编辑状态下的零件包围盒手柄单击右键，在弹出的快捷菜单中选择【编辑包围盒】命令，弹出【编辑包围盒】对话框，输入长度为 75、宽 75、高 12，如图 10-22 所示。

（3）单击【确定】按钮，完成长方体图素尺寸编辑，结果如图 10-23 所示。

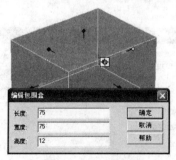
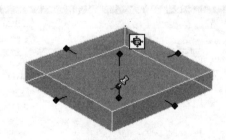

图 10-22 编辑包围盒　　　　　　　图 10-23 编辑结果

（4）在图素编辑状态下，在长方体上单击右键，在弹出的快捷菜单中选择【编辑草图截面】命令，进入截面编辑状态。单击【尺寸约束】按钮，将长方体的长和宽尺寸进行约束，如图 10-24 所示。

（5）单击【二维绘图】工具条中的【圆：圆心+半径】按钮 ⊙，在长方体中心位置绘制一圆，并利用【尺寸约束】将圆的半径尺寸、圆心距水平轴线和竖直轴线的距离值进行约束，如图 10-25 所示。

图 10-24　约束长和宽尺寸　　　　　　　图 10-25　绘制圆

（6）在设计环境中单击右键，在弹出的快捷菜单中选择【参数】命令，在弹出的【参数表】对话框中，对照设计环境中的变量显示，将矩形的长度参数更名为 sidelength；建立宽度参数的表达式为 sidelength，使矩形的宽度与长度相等；将圆的半径参数更名为 holeradius，建立其到水平、竖直线的距离表达式为 0.5*sidelength，使其始终位于矩形的中心位置，如图 10-26 所示。

（7）单击【编辑草图截面】对话框中的【完成造型】按钮，回到三维设计环境。在图素编辑状态，在图素位置单击右键，在弹出的快捷菜单中选择【参数】命令，弹出【参数表】对话框，单击【增加参数】按钮，弹出【增加参数】对话框，输入【参数名称】为 bodyheight，【参数值】为 10；用同样方法增加另一参数，【参数名称】为 bodyblend，【参数值】为 5，如图 10-27 所示。

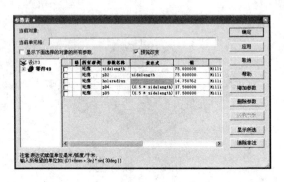

图 10-26　【参数表】对话框　　　　　　　图 10-27　【增加参数】对话框

（8）单击【确定】按钮返回到【参数表】对话框，可以看到已经添加两个自定义参数，如图 10-28 所示。

（9）建立参数关联。在图素上单击右键，在弹出的快捷菜单中选择【智能图素属性】命令，弹出【拉伸特征】对话框，选择【包围盒】选项卡，选中【显示公式】复选框，将【高度】参数改为 bodyheight，如图 10-29 所示。

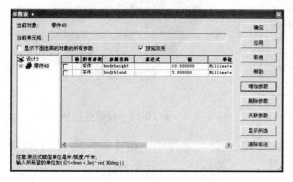

图 10-28 【参数表】对话框　　　　　　图 10-29 【拉伸特征】对话框

（10）选择【棱边编辑】选项卡，选中【显示公式】复选框，在【哪个边】区域中选择"侧面边"，选择【圆角过渡】单选按钮，将【半径】参数改为 bodyblend，如图 10-30 所示。

（11）单击【确定】按钮，则可以看到完成建立的造型如图 10-31 所示。

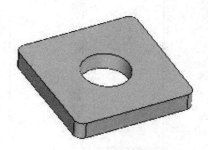

图 10-30 【拉伸特征】对话框　　　　　　图 10-31 造型结果

（12）在图素上单击右键，在弹出的快捷菜单中选择【参数】命令，弹出【参数表】对话框，依次修改参数，sidelength 为 75、bodyheight 为 12、bodyblend 为 12.5、holeradius 为 21.5，结果如图 10-32 所示。

（13）单击【确定】按钮，生成阀体连接板造型，如图 10-33 所示。

图 10-32　修改参数值

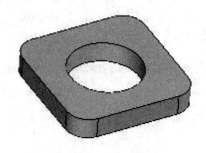

图 10-33　阀体连接板

（14）执行【设计元素】|【新建】菜单命令，在设计元素库中出现【设计元素 1】选项卡。单击该选项卡，拖拽设计环境中的零件到设计元素库中，并在图素的名称上双击，将其更名为"外方内圆柱"，如图 10-34 所示。

（15）执行【设计元素】|【保存】菜单命令，弹出【另存为】对话框，选择 CAXA 实体安装目录下的 CATALOGS 目录，以合适的文件名保存该图素库，如图 10-35 所示。

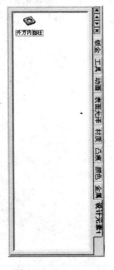

图 10-34　新建元素库

图 10-35　保存元素库

2．生成阀体

（参考用时：40 分钟）

（1）阀体的工程图如图 10-36 所示。

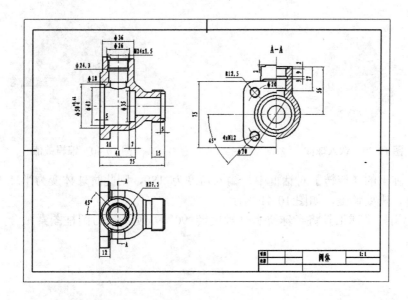

图 10-36 阀体工程图

（2）从设计环境右侧的【设计元素库】中的【图素】库中选择【圆柱体】图素，按住鼠标左键将其拖放至端盖表面中心位置，鼠标拾取智能图素编辑状态下的零件包围盒手柄单击右键，在弹出的快捷菜单中选择【编辑包围盒】命令，弹出【编辑包围盒】对话框，输入【长度】为55、【高度】为21-12+8，如图10-37所示。

（3）单击【确定】按钮，生成的圆柱体造型如图10-38所示。

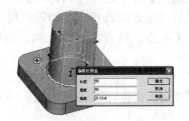

图 10-37 编辑包围盒

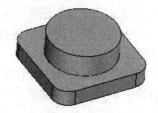

图 10-38 编辑结果

（4）从设计环境右侧的【设计元素库】中的【图素】库中选择【球体】图素，按住鼠标左键将其拖放至圆柱端面中心位置，鼠标拾取智能图素编辑状态下的零件包围盒手柄单击右键，在弹出的快捷菜单中选择【编辑包围盒】命令，将直径调整为55，如图10-39所示。

（5）单击操作手柄切换标志，切换到图素编辑状态，右键单击方形旋转操作手柄，在弹出的快捷菜单中选择【编辑数值】命令，如图10-40所示。

 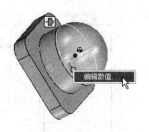

图 10-39　调入球体　　　　　　　图 10-40　编辑数值

（6）在弹出的【旋转】对话框中，输入角度为 180，则此时球体变为半球，但半球方位并不正确，需要调整，如图 10-41 所示。

（7）使用三维球工具将半球绕水平轴旋转 90°，使半球与圆柱图素贴合，结果如图 10-42 所示。

 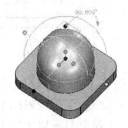

图 10-41　改变旋转角度　　　　　　图 10-42　旋转球体

（8）从设计环境右侧的【设计元素库】中的【图素】库中选择【圆柱体】图素，按住鼠标左键将其拖放至端盖底面中心位置，鼠标拾取智能图素编辑状态下的零件包围盒手柄单击右键，在弹出的快捷菜单中选择【编辑包围盒】命令，将直径调整为 32，高度为 60，如图 10-43 所示。

（9）在圆柱体图素的底部操作手柄上单击右键，在弹出的快捷菜单中选择【到中心点】命令，然后拾取步骤（2）创建的圆柱体顶圆，使图素底面定位在该面上，如图 10-44 所示。

 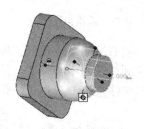

图 10-43　调入圆柱体　　　　图 10-44　编辑圆柱底面到指定面

（10）从设计环境右侧的【设计元素库】中的【工具】库中选择【自定义螺纹】图素，按住鼠标左键将其拖放至上步创建的圆柱体端面圆周轮廓上，如图10-45所示。

（11）弹出【自定义螺纹】对话框，输入直径36、长度为15、螺距2，如图10-46所示。

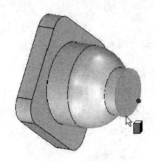

图10-45 调入自定义螺纹　　　　图10-46 【自定义螺纹】对话框

（12）单击【确定】按钮即完成自定义螺纹的生成，如图10-47所示。

（13）在螺纹处于智能图素状态下，右键单击图素，在弹出的快捷菜单中选择【智能图素属性】命令，弹出【智能图素属性】对话框，选择【棱边编辑】选项卡，在【哪个边】区域中选择"终止边"，选择【倒角】单选按钮，输入倒角值为1.5，如图10-48所示。

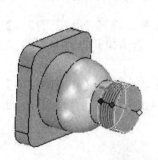

图10-47 生成螺纹　　　　　图10-48 设置倒角

（14）单击【确定】按钮，可以看到螺纹端面生成倒角，如图10-49所示。

（15）从设计环境右侧的【设计元素库】中的【图素】库中选择【圆柱体】图素，按住鼠标左键将其拖放至连接板底面的中心位置，并利用包围盒编辑其直径为36、高为56，如图10-50所示。

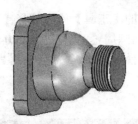 

图 10-49　生成螺纹倒角　　　图 10-50　调入圆柱体

（16）拖动左侧的三维球手柄，将圆柱体向右移动 21，如图 10-51 所示。

（17）从设计环境右侧的【设计元素库】中的【图素】库中选择【孔类圆柱体】图素，按住鼠标左键将其拖放至连接板底面的中心位置，并利用包围盒编辑其直径为 50、高为 5，如图 10-52 所示，并将原连接板上直径为 35 的孔高度调整至 41。

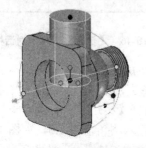 

图 10-51　移动圆柱体　　　图 10-52　调入孔类圆柱体

（18）从设计环境右侧的【设计元素库】中的【图素】库中选择【孔类圆柱体】图素，按住鼠标左键将其拖放至螺纹轴端面中心位置，并利用包围盒编辑其直径为 28.5、高为 5，如图 10-53 所示。

（19）从设计环境右侧的【设计元素库】中的【图素】库中选择【孔类圆柱体】图素，按住鼠标左键将其拖放至连接板底面的中心位置，并利用包围盒编辑其直径为 43、高为 34，如图 10-54 所示。

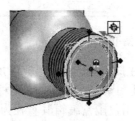 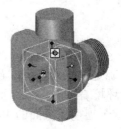

图 10-53　调入孔类圆柱体　　　图 10-54　调入孔类圆柱体

(20) 从设计环境右侧的【设计元素库】中的【图素】库中选择【孔类圆柱体】图素，按住鼠标左键将其拖放至螺纹轴端面中心位置，并利用包围盒编辑其直径为20，高度足够大，形成通孔，如图10-55所示。

(21) 从设计环境右侧的【设计元素库】中的【图素】库中选择【孔类圆柱体】图素，按住鼠标左键将其拖放至步骤（15）创建的圆柱体顶面中心位置，并利用包围盒编辑其直径为18，高度足够大，形成通孔，如图10-56所示。

图 10-55　调入孔类圆柱体　　　图 10-56　调入孔类圆柱体

(22) 单击【特征生成】工具栏中的【拉伸特征】按钮，设置拉伸距离2，拾取步骤（15）创建的圆柱体顶面中心作为坐标原点，绘制如图10-57所示的扇形环。

(23) 单击【完成造型】按钮，则生成如图10-58所示的实体造型。

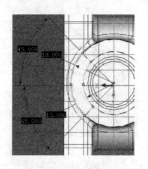
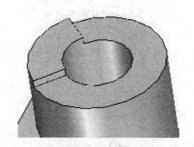

图 10-57　绘制二维草图　　　图 10-58　完成造型

(24) 从设计环境右侧的【设计元素库】中的【工具】库中选择【自定义孔】图素，按住鼠标左键将其拖放至步骤（15）创建的圆柱体顶面中心位置，弹出【定制孔】对话框，选择孔类型为"沉头孔"，输入"孔直径"为24，"孔深度"为11，"沉头深度"为2，"沉头直径"为26；在【螺纹选项】区域中，选中【螺纹线】复选框，如图10-59所示。

(25) 单击【确定】按钮，则在指定位置生成螺纹孔，如图10-60所示。

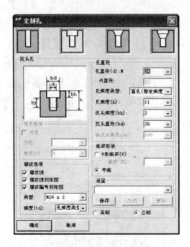

图 10-59 【定制孔】对话框　　　　图 10-60 完成定制孔

（26）从设计环境右侧的【设计元素库】中的【图素】库中选择【孔类圆柱体】图素，按住鼠标左键将其拖放至螺纹孔底面中心位置，并利用包围盒编辑其直径为 24.3，高度为 3，如图 10-61 所示。

（27）从设计环境右侧的【设计元素库】中的【图素】库中选择【孔类圆柱体】图素，按住鼠标左键将其拖放至上步创建的孔底部中心，并利用包围盒编辑其直径为 20，高度为 13，形成如图 10-62 所示的孔。

图 10-61 调入孔类圆柱体　　　　图 10-62 调入孔类圆柱体

（28）从设计环境右侧的【设计元素库】中的【工具】库中选择【自定义孔】图素，按住鼠标左键将其拖放至连接板的圆角圆心处，弹出【定制孔】对话框，选择孔类型为"简单孔"，输入"孔直径"为 12，"孔深度类型"为"通孔"，在【螺纹选项】区域中，选中【螺纹线】复选框，如图 10-63 所示。

（29）单击【确定】按钮，则在指定位置生成螺纹孔，利用【线性标注】功能，标注螺纹孔中心距连接板中心距离为 35，如图 10-64 所示。

第 10 章 综合实例——球阀

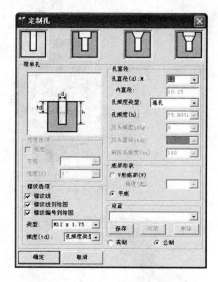

图 10-63 【定制孔】对话框

图 10-64 生成螺纹孔

（30）在"自定义孔"处于智能图素状态下，单击【三维球】按钮，按下空格键，将三维球重新定位至连接板中心位置，再次按空格键，如图 10-65 所示。

（31）鼠标拾取连接板轴孔轴向三维球操作手柄，在三维球内部右键旋转该轴，释放鼠标后在弹出的快捷菜单中选择【拷贝】命令，如图 10-66 所示。

图 10-65 重新定位三维球

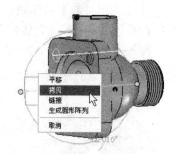

图 10-66 复制孔

（32）弹出【重复拷贝/链接】对话框，在【数量】文本框内输入 3,【角度】文本框内为 90°，如图 10-67 所示。

（33）单击【确定】按钮，则复制生成 3 个螺纹孔，结果如图 10-68 所示。

（34）单击【圆角过渡】按钮，输入过渡半径为 5，单击拾取如图 10-69 所示的圆弧曲线，单击【确定】按钮，完成圆角造型。

（35）继续单击【圆角过渡】按钮，输入过渡半径为 8，单击拾取如图 10-70 所示的圆弧曲线,单击【确定】按钮,完成圆角造型。

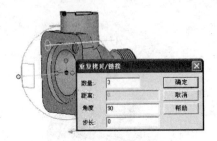

图 10-67 【重复拷贝/链接】对话框

图 10-68 复制结果

图 10-69 圆角过渡

图 10-70 圆角过渡

（36）继续单击【圆角过渡】按钮,输入过渡半径为 2,单击拾取如图 10-71 所示的圆弧曲线,单击【确定】按钮,完成圆角造型。

（37）至此,阀体零件创建完毕,单击【保存】按钮,保存零件,结果如图 10-72 所示。

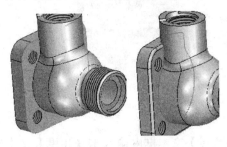

图 10-71 圆角过渡

图 10-72 阀体

3. 生成阀盖

（参考用时：25 分钟）

（1）阀盖的工程图如图 10-73 所示。

第 10 章 综合实例——球阀

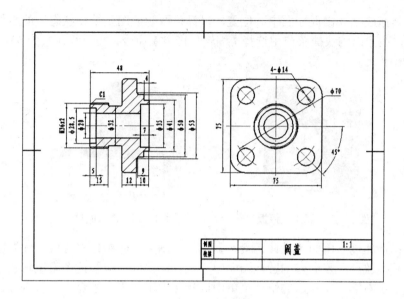

图 10-73 阀盖工程图

（2）从设计环境右侧的【设计元素库】中的【我的元素】库中选择【外方内圆柱体】图素，按住鼠标左键将其拖放至设计环境中，在零件处于智能图素状态下，在零件上单击右键，在弹出的快捷菜单中选择【参数】命令，弹出【参数表】对话框。依零件图修改其参数 sidelength 为 75、bodyheight 为 12、bodyblend 为 12.5、holeradius 为 10，如图 10-74 所示。

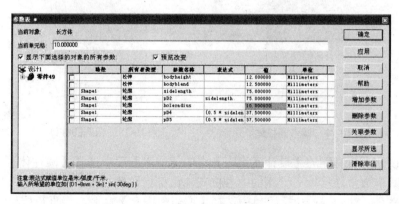

图 10-74 参数表

（3）单击【确定】按钮，生成阀盖的连接板，如图 10-75 所示。
（4）从设计环境右侧的【设计元素库】中的【图素】库中选择【圆柱体】图素，按住鼠标左键将其拖放至连接板端面中心位置，鼠标拾取智能图素编辑状态下的零件包围盒手柄单击右键，在弹出的快捷菜单中选择【编辑包围盒】命令，将直径调整为53，高度为1，如图10-76所示。

图10-75 阀盖连接板

图10-76 调入圆柱体

（5）从设计环境右侧的【设计元素库】中的【图素】库中选择【圆柱体】图素，按住鼠标左键将其拖放至上步创建的圆柱端面中心位置，鼠标拾取智能图素编辑状态下的零件包围盒手柄单击右键，在弹出的快捷菜单中选择【编辑包围盒】命令，将直径调整为50，高度为5，如图10-77所示。

（6）继续从设计环境右侧的【设计元素库】中的【图素】库中选择【圆柱体】图素，按住鼠标左键将其拖放至上步创建的圆柱端面中心位置，鼠标拾取智能图素编辑状态下的零件包围盒手柄单击右键，在弹出的快捷菜单中选择【编辑包围盒】命令，将直径调整为41，高度为4，如图10-78所示。

图10-77 调入圆柱体

图10-78 调入圆柱体

（7）从设计环境右侧的【设计元素库】中的【图素】库中选择【圆柱体】图素，按住鼠标左键将其拖放至连接板另一侧的中心位置，鼠标拾取智能图素编辑状态下的零件包围盒手柄单击右键，在弹出的快捷菜单中选择【编辑包围盒】命令，将直径调整为32，高度为11，如图10-79所示。

（8）从设计环境右侧的【设计元素库】中的【工具】库中选择【自定义螺纹】图素，按住鼠标左键将其拖放至上步创建的圆柱体端面圆周轮廓上，如图10-80所示。

图 10-79　调入圆柱体　　　　　　图 10-80　调入自定义螺纹

（9）弹出【自定义螺纹】对话框，输入直径 36，长度为 15，螺距 2，如图 10-81 所示。
（10）单击【确定】按钮，即完成自定义螺纹的生成，如图 10-82 所示。

 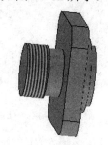

图 10-81　【自定义螺纹】对话框　　　　图 10-82　生成自定义螺纹

（11）单击【边倒角】按钮 ，在工具条中选择倒角类型为"两边距离"，并设置距离为 1，拾取自定义螺纹的轮廓曲线，如图 10-83 所示。单击【确定】按钮 ，即完成自定义螺纹的倒角。

（12）从设计环境右侧的【设计元素库】中的【图素】库中选择【孔类圆柱体】图素，按住鼠标左键将其拖放至自定义螺纹轴的端面中心位置，鼠标拾取智能图素编辑状态下的零件包围盒手柄单击右键，在弹出的快捷菜单中选择【编辑包围盒】命令，将直径调整为 28.5，高度为 5，如图 10-84 所示。

 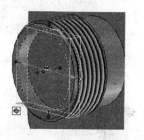

图 10-83　选择倒角边　　　　　　图 10-84　调入孔类圆柱体

（13）从设计环境右侧的【设计元素库】中的【图素】库中选择【孔类圆柱体】图素，按住鼠标左键将其拖放至上一步创建的孔底面中心位置，鼠标拾取智能图素编辑状态下的零件包围盒手柄单击右键，在弹出的快捷菜单中选择【编辑包围盒】命令，将直径调整为20，设为通孔，如图10-85所示。

（14）继续从设计环境右侧的【设计元素库】中的【图素】库中选择【孔类圆柱体】图素，按住鼠标左键将其拖放至另一侧中心位置，鼠标拾取智能图素编辑状态下的零件包围盒手柄单击右键，在弹出的快捷菜单中选择【编辑包围盒】命令，将直径调整为35，高度为7，如图10-86所示。

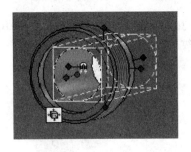 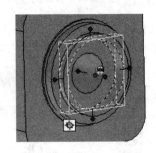

图10-85 调入孔类圆柱体　　　　　图10-86 调入孔类圆柱体

（15）从设计环境右侧的【设计元素库】中的【图素】库中选择【孔类圆柱体】图素，按住鼠标左键将其拖放至连接板的圆角圆心位置，鼠标拾取智能图素编辑状态下的零件包围盒手柄单击右键，在弹出的快捷菜单中选择【编辑包围盒】命令，将直径调整为14，设为通孔，如图10-87所示。

（16）单击【线性标注】按钮，标注孔距连接板中心距离为35，如图10-88所示。

图10-87 调入孔类圆柱体　　　　　图10-88 标注距离

（17）在"孔类圆柱体"处于智能图素状态下，单击【三维球】按钮，按下空格键，将三维球重新定位至连接板中心位置，再次按空格键，如图10-89所示。

（18）鼠标拾取连接板轴孔轴向三维球操作手柄，在三维球内部右键旋转该轴，释放鼠标后在弹出的快捷菜单中选择【拷贝】命令，如图10-90所示。

图 10-89　定位三维球　　　　图 10-90　复制孔

（19）弹出【重复拷贝/链接】对话框，在【数量】文本框内输入 3,【角度】文本框内为 90°，如图 10-91 所示。

（20）单击【确定】按钮，则复制生成 3 个通孔，结果如图 10-92 所示。

图 10-91　【重复拷贝/链接】对话框　　　　图 10-92　复制结果

（21）单击【圆角过渡】按钮 ，输入过渡半径为 2，鼠标拾取如图 10-93 所示的圆弧曲线，单击【确定】按钮 ，完成圆角造型。

（22）至此，阀盖零件创建完毕，单击【保存】按钮，保存零件，结果如图 10-94 所示。

图 10-93　圆角过渡　　　　图 10-94　阀盖

10.1.5　建立填料压盖、阀杆

1. 创建填料压盖

（参考用时：16 分钟）

（1）填料压盖的工程图如图 10-95 所示。

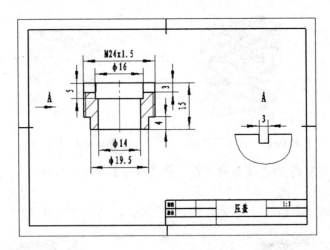

图 10-95 填料压盖工程图

（2）从设计环境右侧的【设计元素库】中的【图素】库中选择【圆柱体】图素，按住鼠标左键将其拖放至设计环境中，鼠标拾取智能图素编辑状态下的零件包围盒手柄单击右键，在弹出的快捷菜单中选择【编辑包围盒】命令，将直径调整为 19.5，高度为 4，如图 10-96 所示。

（3）从设计环境右侧的【设计元素库】中的【工具】库中选择【自定义螺纹】图素，按住鼠标左键将其拖放至上步创建的圆柱体端面圆周轮廓上，如图 10-97 所示。

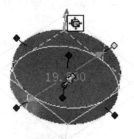

图 10-96 调入圆柱体

图 10-97 调入自定义螺纹

（4）弹出【自定义螺纹】对话框，输入直径 24，长度为 11，螺距 1.5，如图 10-98 所示。

（5）单击【确定】按钮即完成自定义螺纹的生成，如图 10-99 所示。

（6）从设计环境右侧的【设计元素库】中的【图素】库中选择【孔类圆柱体】图素，按住鼠标左键将其拖放至自定义螺纹端面中心位置，利用【编辑包围盒】命令，将直径调整为 14，设为通孔，如图 10-100 所示。

(7) 继续从设计环境右侧的【设计元素库】中的【图素】库中选择【孔类圆柱体】图素，按住鼠标左键将其拖放至自定义螺纹端面中心位置，利用【编辑包围盒】命令，将直径调整为 16，高度为 5，如图 10-101 所示。

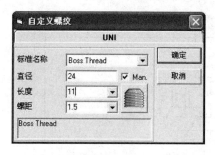

图 10-98 【自定义螺纹】对话框

图 10-99 生成自定义螺纹

图 10-100 调入孔类圆柱体

图 10-101 调入孔类圆柱体

(8) 从设计环境右侧的【设计元素库】中的【图素】库中选择【孔类长方体】图素，按住鼠标左键将其拖放至自定义螺纹端面中心位置，利用【编辑包围盒】命令，将其宽度和高度调整为 3，长度足够长；并利用【三维球】将长方体定位到中心处，如图 10-102 所示。

(9) 关闭三维球，得到"填料压盖"零件，如图 10-103 所示。

图 10-102 调入孔类长方体

图 10-103 填料压盖

2. 创建阀杆

（参考用时：24 分钟）

（1）阀杆的工程图如图 10-104 所示。

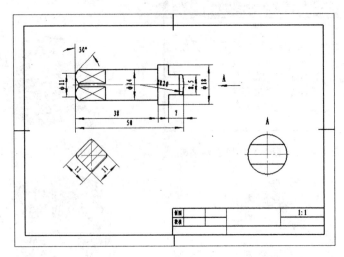

图 10-104　阀杆工程图

（2）从设计环境右侧的【设计元素库】中的【图素】库中选择【圆柱体】图素，按住鼠标左键将其拖放至设计环境中，鼠标拾取智能图素编辑状态下的零件包围盒手柄单击右键，在弹出的快捷菜单中选择【编辑包围盒】命令，将直径调整为 14，高度为 38，如图 10-105 所示。

（3）单击【边倒角】按钮，在工具栏中输入 1.5*tn(30deg) ▶ 1.5，单击拾取圆柱端面轮廓，单击【确定】按钮，完成边倒角，如图 10-106 所示。

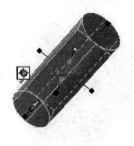

图 10-105　调入圆柱体

图 10-106　边倒角

(4) 从设计环境右侧的【设计元素库】中的【图素】库中选择【圆柱体】图素,按住鼠标左键将其拖放至圆柱另一侧端面中心,鼠标拾取智能图素编辑状态下的零件包围盒手柄单击右键,在弹出的快捷菜单中选择【编辑包围盒】命令,将直径调整为 18,高度为 5,如图 10-107 所示。

(5) 单击【拉伸特征】按钮,单击拾取上步创建的圆柱端面中心,弹出【拉伸特征向导】对话框,在第 1 步对话框中选择【增料】和【实体】单选按钮,单击【下一步】按钮,到第 3 步对话框中输入拉伸距离为 6,如图 10-108 所示。

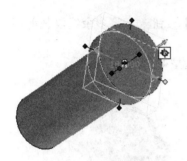
图 10-107 调入圆柱体

图 10-108 【拉伸特征向导】对话框

(6) 在二维平面编辑环境中,单击拾取竖直坐标轴,呈黄色显示;单击【二维编辑】工具条中的【等距】按钮,弹出【等距】对话框,输入"距离"为 4.25,"数量"为 1,如图 10-109 所示。

(7) 同样利用【等距】命令,绘制竖直坐标轴另一侧的竖直直线,如图 10-110 所示。

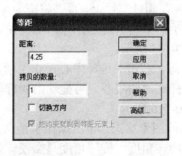
图 10-109 【等距】对话框

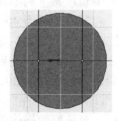
图 10-110 绘制两条竖直线

(8) 单击【二维编辑】工具条中的【投影】按钮,单击拾取圆,则轮廓圆被投影到二维平面上,如图 10-111 所示。

(9) 单击【二维绘图】工具条中的【两点线】图标,连接竖直辅助线的交点,绘制两条竖直平行直线,如图 10-112 所示。

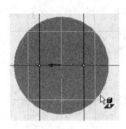 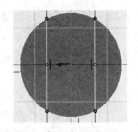

图 10-111　投影圆　　　　　　　图 10-112　绘制直线

（10）单击【二维编辑】工具条中的【裁剪曲线】按钮，将多余线段裁剪掉，结果如图 10-113 所示。

（11）单击【完成造型】按钮，则生成阀杆顶部造型如图 10-114 所示。

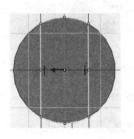 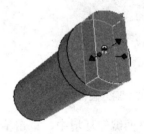

图 10-113　裁剪曲线　　　　　　图 10-114　完成造型

（12）从设计环境右侧的【设计元素库】中的【图素】库中选择【球体】图素，按住鼠标左键将其拖放至设计环境中，注意不要放置在阀杆零件上，否则将成为零件的一个特征。鼠标拾取智能图素编辑状态下的零件包围盒手柄单击右键，在弹出的快捷菜单中选择【编辑包围盒】命令，将球径调整为 40，如图 10-115 所示。

（13）单击【三维球】按钮，激活三维球，右击三维球中心操作手柄，在弹出的快捷菜单中选择【到中心点】命令，然后拾取阀杆底面圆圆心，再拖动沿阀杆轴向的三维球操作手柄，将球体沿轴向向上移动 30，如图 10-116 所示。

（14）关闭三维球，单击零件直至处于智能图素状态，单击操作手柄切换标志，切换到图素编辑状态，拖动旋转操作手柄调整旋转角度，旋转角度只需使球体表面能覆盖阀杆头部平面即可，如图 10-117 所示。

（15）单击"球体"零件至表面编辑状态，右击鼠标，在弹出的快捷菜单中选择【生成】|【曲面】命令，然后将"球体"零件删除，得到曲面如图 10-118 所示。

图 10-115　调入球体　　　　　图 10-116　移动球体

图 10-117　调整旋转角度　　　图 10-118　生成曲面

（16）若阀杆顶部平面超出曲面，可以适当将阀杆顶部造型缩短高度，然后单击【表面匹配】按钮，首先拾取阀杆顶部表面，然后单击【选择匹配面】按钮，拾取球面，如图 10-119 所示。

（17）单击【确定】按钮，生成阀杆头部球形表面，将曲面删除，如图 10-120 所示。

图 10-119　表面匹配　　　　　图 10-120　生成球形表面

（18）从设计环境右侧的【设计元素库】中的【图素】库中选择【孔类长方体】图素，按住鼠标左键将其拖放至阀杆底部的象限点上。鼠标拾取智能图素编辑状态下的零件包围盒手柄单击右键，在弹出的快捷菜单中选择【编辑包围盒】命令，将长方体的长、宽、高均设为 11。激活三维球，将长方体以轴向为旋转轴旋转 45°，如图 10-121 所示。

（19）在"孔类长方体"处于智能图素状态下，单击【线性标注】按钮，标注孔类长方体右侧面距轴端距离为 14，如图 10-122 所示。

图 10-121　旋转三维球　　　　　图 10-122　线性标注

（20）在"孔类长方体"处于智能图素状态下，单击【线性标注】按钮，标注孔类长方体切割轴形成的平面距端面中心距离为 5.5，如图 10-123 所示。

（21）单击【三维球】按钮，按下空格键，将三维球重新定位至轴端面中心，再次按空格键，单击拾取轴向三维球操作手柄，在三维球内部右键旋转该轴，释放鼠标后在弹出的快捷菜单中选择【拷贝】命令，在弹出的【重复拷贝/链接】对话框中的【数量】文本框内输入 3，【角度】文本框为 90°，如图 10-124 所示。

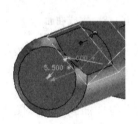 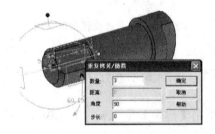

图 10-123　标注距离　　　　　图 10-124　复制孔类长方体

（22）单击【确定】按钮，完成阀杆零件的绘制，如图 10-125 所示。

图 10-125　阀杆

10.1.6　建立扳手

扳手的工程图如图 10-126 所示。

第 10 章 综合实例——球阀

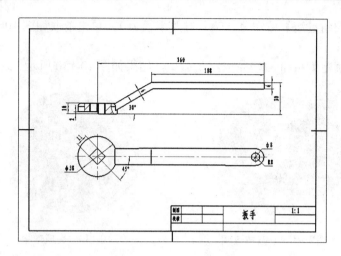

图 10-126 扳手工程图

1. 创建扳手头部

☀ （参考用时：10 分钟）

（1）新建一个设计环境，开始新的设计。从设计环境右侧的【设计元素库】中的【图素】库中选择【圆柱体】图素，按住鼠标左键将其拖放至设计环境中，鼠标拾取智能图素编辑状态下的零件包围盒手柄单击右键，在弹出的快捷菜单中选择【编辑包围盒】命令，将直径调整为 38，高度为 10，如图 10-127 所示。

（2）从设计环境右侧的【设计元素库】中的【图素】库中选择【孔类长方体】图素，按住鼠标左键将其拖放至圆柱体端面中心，鼠标拾取智能图素编辑状态下的零件包围盒手柄单击右键，在弹出的快捷菜单中选择【编辑包围盒】命令，将其长和宽均调整为 11，如图 10-128 所示。

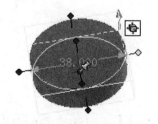

图 10-127 调入圆柱体

图 10-128 调入孔类长方体

⚐ 注释：若长方体没有位于圆柱中心，可以利用【线性标注】功能，标注长方体面距中心的距离为 5.5mm。

(3) 单击【圆角过渡】按钮,输入过渡半径为 1,单击拾取如图 10-129 所示的圆弧线。

(4) 单击【确定】按钮,完成圆角造型,结果如图 10-130 所示。

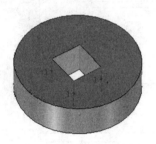
图 10-129 圆角过渡

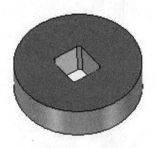
图 10-130 完成效果

2. 创建手柄

(参考用时: 14 分钟)

(1) 从设计环境右侧的【设计元素库】中的【图素】库中选择【圆柱体】图素,按住鼠标左键将其拖放至柱体顶面中心,鼠标拾取智能图素编辑状态下的零件包围盒手柄单击右键,在弹出的快捷菜单中选择【编辑包围盒】命令,将直径调整为 16,高度为 6,如图 10-131 所示。

(2) 单击【三维球】按钮,激活三维球,拖动三维球右侧手柄,将图素向右侧移动 152mm,再拖动顶部手柄,向上移动 14mm,结果如图 10-132 所示。

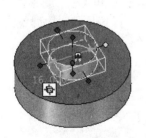
图 10-131 调入圆柱体

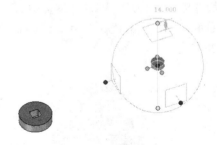
图 10-132 移动图素

(3) 从设计环境右侧的【设计元素库】中的【图素】库中选择【条状体】图素,按住鼠标左键将其拖放至柱体表面,并按住 Shift 键拖动手柄,使上下表面与柱体上下表面对齐,另一侧面与柱体中心面对齐;鼠标拾取智能图素编辑状态下的零件包围盒手柄单击右键,在弹出的快捷菜单中选择【编辑包围盒】命令,调整尺寸长度为长 6、高 100、宽度大于 20 即可,如图 10-133 所示。

（4）单击【三维球】按钮，激活三维球，右键拖动三维球左侧手柄，将图素向左侧移动，释放鼠标后在弹出的快捷菜单中选择【拷贝】命令，如图10-134所示。

图10-133　调入条状体

图10-134　复制条状体

（5）在弹出的【重复拷贝/链接】对话框中，输入【数量】为1，【距离】为100，如图10-135所示。

（6）单击【确定】按钮，完成条状体的复制，结果如图10-136所示。

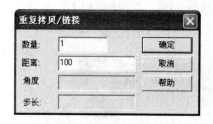

图10-135　【重复拷贝/链接】对话框

图10-136　复制结果

（7）单击【三维球】按钮，激活三维球，单击拾取连接板宽度向的操作手柄，将鼠标放入三维球内部，变为带有旋转箭头的小手标志，拖动三维球旋转30°，结果如图10-137所示。

（8）适当调整条状体图素长度，使之恰好与头部接触，且不与方孔产生干涉，结果如图10-138所示。

图10-137　旋转条状体

图10-138　调整长度

（9）单击【拉伸特征】按钮，单击拾取板状图素的顶面作为开始点，弹出【拉伸特征向导】对话框，选择【除料】单选按钮，如图10-139所示。

（10）单击【下一步】按钮，在【拉伸特征向导】第3步对话框中，选择【贯穿】单选按钮，如图10-140所示。

图10-139 选择【除料】

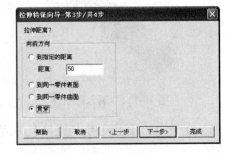

图10-140 选择【贯穿】

（11）单击【完成】按钮，进入二维草绘环境中，单击【二维编辑】工具栏中的【投影】按钮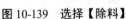，右键拾取左侧和右侧的圆弧边界，建立关联性投影线，如图10-141所示。

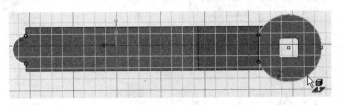

图10-141 投影圆弧线

（12）单击【二维绘图】工具条中的【两点线】按钮，连接两段圆弧的端点，形成两条直线，然后绘制如图10-142所示的矩形边界。

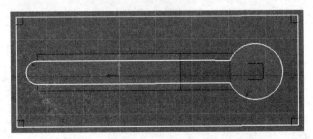

图10-142 绘制直线和矩形

（13）单击【完成造型】按钮，则生成扳手的主体造型，如图10-143所示。

（14）从设计环境右侧的【设计元素库】中的【图素】库中选择【孔类圆柱体】图素，

按住鼠标左键将其拖放至手柄端部的圆弧中心，鼠标拾取智能图素编辑状态下的零件包围盒手柄单击右键，在弹出的快捷菜单中选择【编辑包围盒】命令，将直径调整为 8，设为通孔，如图 10-144 所示。

图 10-143　完成造型

图 10-144　调入孔类圆柱体

3. 细化造型

（参考用时：6 分钟）

（1）拾取扳手头部的方形孔，单击【三维球】按钮，激活三维球，拾取轴向操作手柄，使方形孔绕轴向旋转 45°，如图 10-145 所示。

（2）从设计环境右侧的【设计元素库】中的【图素】库中选择【孔类长方体】图素，设置高度为 2，拖动其中一面到柱体中心位置，如图 10-146 所示。

图 10-145　旋转方形孔

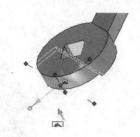
图 10-146　调入孔类长方体

（3）单击【圆角过渡】按钮，输入过渡半径为 2，单击拾取如图 10-147 所示的圆弧曲线，同时将手柄轮廓圆角过渡半径设为 1，如图 10-148 所示。

图 10-147　圆角过渡

图 10-148　圆角过渡

（4）单击【确定】按钮，完成圆角造型，至此扳手造型创建完毕，结果如图 10-149 所示。

图 10-149　扳手

10.2　装配球阀

10.2.1　案例预览

（参考用时：50 分钟）

主要通过前面章节所学的约束装配、无约束装配和三维球定位来完成球阀组件的装配，球阀组件如图 10-150 所示。

图 10-150　球阀装配

10.2.2　案例分析

对装配体中零件位置关系简单的情况，如贴合、共轴、对齐、垂直等，按配对条件使用无约束装配工具快速地对零件定位；对装配体中零件之间比较复杂的位置关系，使用三维球工具将零件定位到正确的位置上；使用剖面工具作为装配的辅助工具，更好地观察零件间的位置关系，并帮助三维球对零件进行定位操作。

10.2.3 装配步骤

1. 新建绘图文件

（参考用时：1 分钟）

（1）启动 CAXA 实体设计 2007 软件，进入三维设计环境。

（2）执行【文件】|【新文件】菜单命令，弹出【新建】对话框，选择"设计"选项，如图 10-151 所示，单击【确定】按钮，弹出【新的设计环境】对话框，如图 10-152 所示，选择"Blank Scene"新建绘图文件，或者单击【标准】工具栏的【默认模板设计环境】按钮，进入默认设计环境。

图 10-151 【新建】对话框

图 10-152 【新的设计环境】对话框

2. 装配球阀和密封圈

（参考用时：9 分钟）

（1）执行【装配】|【插入零件/装配】菜单命令，或者单击【装配】工具条中的【插入零件/装配】按钮，弹出【插入文件】对话框，在目录下选择"阀芯.ics"文件，如图 10-153 所示。

（2）单击【打开】按钮，"阀芯"零件被插入到设计环境中，如图 10-154 所示。

（3）继续单击【装配】工具条中的【插入零件/装配】按钮，插入"密封圈"零件，如图 10-155 所示。

（4）执行【工具】|【无约束装配】菜单命令，或者单击工具条中的【无约束装配】按钮，单击拾取"密封圈"的右侧端面，该面呈绿色显示，并出现黄色箭头，右击该箭头，在弹出的快捷菜单中选择【贴合】命令，如图 10-156 所示。

图 10-153 【插入零件】对话框　　　　图 10-154 插入阀芯零件

图 10-155 插入密封圈　　　　　　　图 10-156 无约束装配

（5）执行【工具】|【无约束装配】菜单命令，单击拾取"密封圈"的轴孔中心，在轴孔中心出现黄色箭头，右击该箭头，在弹出的快捷菜单中选择【共轴】命令，然后拾取"阀芯"零件的右侧轴孔中心，使两孔共轴，如图 10-157 所示。

（6）在"密封圈"零件处于智能编辑状态下，单击【三维球】按钮，激活三维球，按空格键，将三维球定位至"球阀"零件中心位置，再次按空格键，如图 10-158 所示。

图 10-157 共轴装配　　　　　　　　图 10-158 定位三维球

（7）拾取三维球轴孔轴向内部操作手柄，单击右键，在弹出的快捷菜单中选择【镜像】|【拷贝】命令，则完成了密封圈零件的复制，结果如图 10-159 所示。

（8）打开设计树，在设计树中按住 Shift 键拾取所有零件，然后单击【装配】工具条中的【装配】按钮，将所有零件组成一个装配体，如图 10-160 所示。

第 10 章 综合实例——球阀

图 10-159　复制密封圈　　　　　图 10-160　创建装配体

（9）为帮助零件正确定位，在设计树中单击装配体，单击【面/边编辑】工具条中的【截面】按钮，进入截面编辑环境。继续执行【截面】|【截面工具】菜单命令，鼠标拾取中心截面，出现剖切平面，使用三维球将其定位到中心位置，如图 10-161 所示。

（10）单击【确定】按钮，装配体被剖切，隐藏剖切平面后如图 10-162 所示。

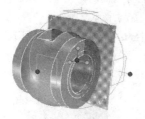 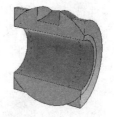

图 10-161　生成剖切面　　　　　图 10-162　剖切装配体

（11）在设计树中单击"截面工具"，右击鼠标，在弹出的快捷菜单中选择【精度模式】命令，精确显示被剖装配体，如图 10-163 所示。

（12）单击拾取右侧的"密封圈"零件，单击【三维球】按钮，激活三维球，鼠标拖动轴向的操作手柄，将"密封圈"零件向外侧移动 3.5mm，如图 10-164 所示。

图 10-163　精度模式　　　　　图 10-164　移动密封圈

（13）用同样的方法移动左侧的密封圈，然后执行【工具】|【干涉检查】菜单命令，系统弹出干涉检查结果对话框，如出现干涉，应检查零件定位的正确性，如图 10-165 所示。

（14）最终完成的"阀芯"和"密封圈"装配体，如图 10-166 所示。

图 10-165　干涉检查　　　　　图 10-166　装配效果

3．装配阀体

（参考用时：5分钟）

（1）执行【装配】|【插入零件/装配】菜单命令，或者单击【装配】工具条中的【插入零件/装配】按钮，弹出【插入】文件对话框，在目录下选择"阀体"零件，单击【打开】按钮，"阀体"零件被插入到设计环境中，如图 10-167 所示。

（2）执行【面/边编辑】工具条中的【截面】按钮，进入截面编辑环境。继续执行【截面】|【截面工具】菜单命令，将阀体零件进行剖切，结果如图 10-168 所示。

图 10-167　插入"阀体"　　　　　图 10-168　剖切显示

（3）在阀体处于零件编辑状态下，执行【工具】|【无约束装配】菜单命令，单击拾取"阀体"的轴孔中心，在轴孔中心出现黄色箭头，右击该箭头，在弹出的快捷菜单中选择【共轴】命令，然后拾取"阀芯"装配体的轴孔中心，使两孔共轴，如图 10-169 所示。

（4）再利用【三维球】操作，使得"阀体"的上方螺纹孔轴心通过"阀芯"装配体的球心，结果如图 10-170 所示。

图 10-169　"共轴"装配　　　　　图 10-170　三维球装配

图 10-159　复制密封圈　　　　　图 10-160　创建装配体

（9）为帮助零件正确定位，在设计树中单击装配体，单击【面/边编辑】工具条中的【截面】按钮，进入截面编辑环境。继续执行【截面】|【截面工具】菜单命令，鼠标拾取中心截面，出现剖切平面，使用三维球将其定位到中心位置，如图10-161所示。

（10）单击【确定】按钮，装配体被剖切，隐藏剖切平面后如图10-162所示。

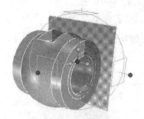 

图 10-161　生成剖切面　　　　　图 10-162　剖切装配体

（11）在设计树中单击"截面工具"，右击鼠标，在弹出的快捷菜单中选择【精度模式】命令，精确显示被剖装配体，如图10-163所示。

（12）单击拾取右侧的"密封圈"零件，单击【三维球】按钮，激活三维球，鼠标拖动轴向的操作手柄，将"密封圈"零件向外侧移动3.5mm，如图10-164所示。

图 10-163　精度模式　　　　　　图 10-164　移动密封圈

（13）用同样的方法移动左侧的密封圈，然后执行【工具】|【干涉检查】菜单命令，系统弹出干涉检查结果对话框，如出现干涉，应检查零件定位的正确性，如图10-165所示。

（14）最终完成的"阀芯"和"密封圈"装配体，如图10-166所示。

图 10-165 干涉检查　　　　　图 10-166 装配效果

3. 装配阀体

（参考用时：5分钟）

（1）执行【装配】|【插入零件/装配】菜单命令，或者单击【装配】工具条中的【插入零件/装配】按钮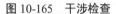，弹出【插入】文件对话框，在目录下选择"阀体"零件，单击【打开】按钮，"阀体"零件被插入到设计环境中，如图 10-167 所示。

（2）执行【面/边编辑】工具条中的【截面】按钮，进入截面编辑环境。继续执行【截面】|【截面工具】菜单命令，将阀体零件进行剖切，结果如图 10-168 所示。

图 10-167 插入"阀体"　　　　　图 10-168 剖切显示

（3）在阀体处于零件编辑状态下，执行【工具】|【无约束装配】菜单命令，单击拾取"阀体"的轴孔中心，在轴孔中心出现黄色箭头，右击该箭头，在弹出的快捷菜单中选择【共轴】命令，然后拾取"阀芯"装配体的轴孔中心，使两孔共轴，如图 10-169 所示。

（4）再利用【三维球】操作，使得"阀体"的上方螺纹孔轴心通过"阀芯"装配体的球心，结果如图 10-170 所示。

图 10-169 "共轴"装配　　　　　图 10-170 三维球装配

4. 装配阀盖

（参考用时：5分钟）

（1）执行【装配】|【插入零件/装配】菜单命令，或者单击【装配】工具条中的【插入零件/装配】按钮，弹出【插入】文件对话框，在目录下选择"阀盖"零件，单击【打开】按钮，"阀盖"零件被插入到设计环境中，如图 10-171 所示。

（2）执行【工具】|【定位约束】菜单命令，或者单击工具条中的【定位约束工具】按钮，在工具条中选择约束方式为"贴合" ，然后单击拾取"阀盖"的贴合面和"密封圈"的左侧端面，如图 10-172 所示。

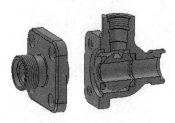

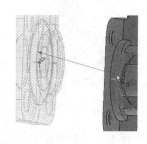

图 10-171 插入"阀盖"　　　　图 10-172 贴合约束

（3）单击【确定】按钮，完成"贴合"约束装配。继续执行【工具】|【定位约束】菜单命令，或者单击工具条中的【定位约束工具】按钮，在工具条中选择约束方式为"同心" ，然后单击拾取"阀盖"的轴孔和"密封圈"的轴孔，完成"同心"约束，结果如图 10-173 所示。

（4）将"阀盖"零件也进行剖切显示，利用【干涉检查】功能检查装配体中是否有干涉现象发生，结果如图 10-174 所示。

图 10-173 同心约束　　　　图 10-174 剖切显示

5. 装配阀杆

（参考用时：5分钟）

（1）执行【装配】|【插入零件/装配】菜单命令，或者单击【装配】工具条中的【插入

零件/装配】按钮📎，弹出【插入】文件对话框，在目录下选择"阀杆"零件，单击【打开】按钮，"阀杆"零件被插入到设计环境中，如图10-175所示。

（2）执行【工具】|【定位约束】菜单命令，或者单击工具条中的【定位约束工具】按钮⚙，在工具条中选择约束方式为"同心" |◆ 同心   ▼|，然后单击拾取"阀杆"的外圆柱面和"阀体"上端轴孔的内圆柱面，完成"同心约束"，结果如图10-176所示。

图10-175 插入"阀杆"　　　　　图10-176 同心约束

（3）继续执行【工具】|【定位约束】菜单命令，或者单击工具条中的【定位约束工具】按钮⚙，在工具条中选择约束方式为"重合" |✚ 重合   ▼|，然后单击拾取"阀杆"的重合装配面和"阀体"的对应重合面，单击【确定】按钮✓，完成"重合约束"，结果如图10-177所示。

（4）装配了"阀杆"零件的装配效果如图10-178所示。

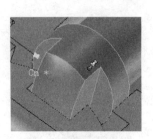 

图10-177 面重合约束　　　　　图10-178 装配效果

6. 装配填料压盖

☀（参考用时：5分钟）

（1）执行【装配】|【插入零件/装配】菜单命令，或者单击【装配】工具条中的【插入零件/装配】按钮📎，弹出【插入文件】对话框，在目录下选择"压盖"零件，单击【打开】按钮，"压盖"零件被插入到设计环境中，如图10-179所示。

（2）执行【工具】|【定位约束】菜单命令，或者单击工具条中的【定位约束工具】按钮，在工具条中选择约束方式为"同心" 同心 ，然后单击拾取"压盖"的内圆柱面和"阀杆"的外圆柱面，单击【确定】按钮，完成"同心约束"，结果如图 10-180 所示。

图 10-179 插入"压盖"

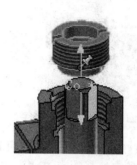

图 10-180 同心约束

（3）继续执行【工具】|【定位约束】菜单命令，或者单击工具条中的【定位约束工具】按钮，在工具条中选择约束方式为"贴合" 贴合 ，然后单击拾取"压盖"的螺纹底面和"阀体"的退刀槽底面，单击【确定】按钮，完成"贴合约束"，如图 10-181 所示。

（4）装配了"填料压盖"零件的装配效果如图 10-182 所示。

图 10-181 贴合约束

图 10-182 装配效果

7．装配扳手

（参考用时：5 分钟）

（1）执行【装配】|【插入零件/装配】菜单命令，或者单击【装配】工具条中的【插入零件/装配】按钮，弹出【插入文件】对话框，在目录下选择"扳手"零件，单击【打开】按钮，"扳手"零件被插入到设计环境中，如图 10-183 所示。

（2）执行【工具】|【定位约束】菜单命令，或者单击工具条中的【定位约束工具】按钮，在工具条中选择约束方式为"贴合" 贴合 ，然后单击拾取"扳手"的

方形孔侧表面和阀杆的端部方形轴端面,单击【确定】按钮,完成"贴合约束";用同样方法进行方形孔另一侧面的贴合,结果如图10-184所示。

图10-183　插入"扳手"

图10-184　贴合约束

（3）继续执行【工具】|【定位约束】菜单命令,或者单击工具条中的【定位约束工具】按钮,在工具条中选择约束方式为"贴合",然后单击拾取"扳手"的底面和"阀体"的上端面,单击【确定】按钮,完成"贴合约束",如图10-185所示。

（4）装配了"扳手"零件的装配效果如图10-186所示。

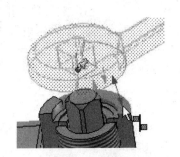
图10-185　贴合约束

图10-186　装配效果

8. 装配螺栓螺母

（参考用时：15分钟）

（1）从设计环境右侧的【设计元素库】中的【工具】库中选择【紧固件】图素,按住鼠标左键将其拖入设计环境中释放,弹出【紧固件】对话框,【主类型】为"螺栓",【子类型】为"六角头螺栓",在【规格表】中选择"GB/T5780－2000 六角头螺栓",如图10-187所示。

（2）单击【下一步】按钮,选择螺栓规格为"M12",其他参数参照图10-188所示进行设置。

第 10 章　综合实例——球阀　363

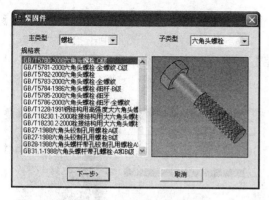

图 10-187　【紧固件】对话框

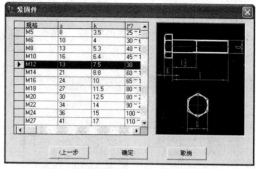

图 10-188　选择螺栓规格

（3）执行【工具】|【定位约束】菜单命令，或者单击工具条中的【定位约束工具】按钮，在工具条中选择约束方式为"同心"，然后单击拾取"螺栓"的圆柱面和"螺栓孔"的内圆柱面，单击【确定】按钮，完成"同心约束"，如图 10-189 所示。

（4）继续执行【工具】|【定位约束】菜单命令，或者单击工具条中的【定位约束工具】按钮，在工具条中选择约束方式为"贴合"，然后单击拾取"螺栓"的头部底面和"阀体"的连接板表面，单击【确定】按钮，完成"贴合约束"，如图 10-190 所示。

图 10-189　同心约束

图 10-190　贴合约束

（5）从设计环境右侧的【设计元素库】中的【工具】库中选择【紧固件】图素，按住鼠标左键将其拖入设计环境中释放，弹出【紧固件】对话框，【主类型】为"螺母"，【子类型】为"六角螺母"，在【规格表】中选择"GB/T41-2000 六角螺母"，如图 10-191 所示。

（6）单击【下一步】按钮，选择螺栓规格为"M12"，如图 10-192 所示。

（7）执行【工具】|【定位约束】菜单命令，或者单击工具条中的【定位约束工具】按钮，在工具条中选择约束方式为"同心"，然后单击拾取"螺母"的内螺纹面和"螺栓"的圆柱面，单击【确定】按钮，完成"同心约束"，如图 10-193 所示。

（8）继续执行【工具】|【定位约束】菜单命令，或者单击工具条中的【定位约束工具】按钮，在工具条中选择约束方式为"贴合"，然后单击拾取"螺母"的端面和"阀体"的连接板表面，单击【确定】按钮，完成"贴合约束"，如图 10-194 所示。

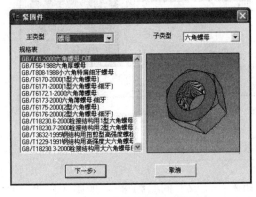

图 10-191 【紧固件】对话框

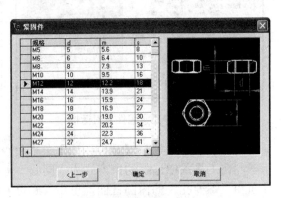

图 10-192 选择螺栓规格

图 10-193 同心约束

图 10-194 完成贴合约束

（9）在设计树中按住 Shift 键选中"螺母"和"螺栓"零件，单击【三维球】按钮，激活三维球，按空格键，将三维球重新定位到阀盖的中心位置，再次按空格键；单击拾取轴向的操作手柄，在三维球内部鼠标右键旋转三维球，释放鼠标后在弹出的快捷菜单中选择相应命令，弹出【重复拷贝/链接】对话框，输入【数量】为3，【角度】为 90，如图 10-195 所示。

（10）单击【确定】按钮后，完成螺栓和螺母的复制，结果如图 10-196 所示。

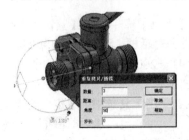

图 10-195 复制螺栓螺母

图 10-196 完成复制

第 10 章 综合实例——球阀

（11）在设计环境中单击右键，在弹出的快捷菜单中选择【渲染】命令，弹出【设计环境属性】对话框，在【渲染】选项卡中选择【真实感图】单选按钮，取消【显示零件边界】复选框的选择，如图 10-197 所示。

（12）单击【确定】按钮后，给各个零件添加合适的颜色，结果如图 10-198 所示。

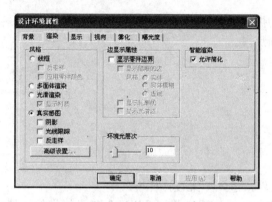
图 10-197 【设计环境属性】对话框

图 10-198 完成复制

10.3 球阀爆炸动画

10.3.1 案例预览

（参考用时：30 分钟）

本节主要利用智能动画向导生成动画片段，完成球阀装配体的爆炸拆解动画。球阀的拆解视图如图 10-199 所示。

图 10-199 球阀拆解视图

10.3.2 案例分析

爆炸动画创建过程如下。
（1）生成螺母、螺柱旋出球阀装配体的动画片段。
（2）生成阀盖移出的动画片段。
（3）生成扳手、填料压盖和阀杆的拆解动画片段。
（4）生成阀芯、密封圈的移出动画片段。
（5）生成视频文件。

10.3.3 装配步骤

1. 打开文件

☀（参考用时：1分钟）

（1）启动 CAXA 实体设计 2007 软件，进入三维设计环境。

（2）执行【文件】|【打开文件】菜单命令，或者单击【标准】工具栏中的【打开】按钮 ，弹出【打开】对话框，在光盘源文件的第 10 章文件夹中选择"球阀装配.ics"文件。

（3）单击【打开】按钮，则在设计环境中出现球阀装配图，参照设计树，可以知道组成机器各个零件的名称，如图 10-200 所示。

图 10-200　球阀装配

2. 生成旋出螺母、螺栓动画

☀（参考用时：8分钟）

（1）打开设计树，单击【螺母】零件，则该零件显示为零件编辑状态，从设计环境右侧的【设计元素库】中的【动画】库中选择【高度向旋转】图素，按住鼠标左键将其拖放至螺母零件上，如图 10-201 所示。

(2)执行【显示】|【智能动画编辑器】菜单命令,弹出【智能动画编辑器】对话框,双击"螺母"片段将其展开,在【高度向旋转】片段上单击右键,在弹出的快捷菜单中选择【属性】命令,如图10-202所示。

图10-201 调入【高度向旋转】图素

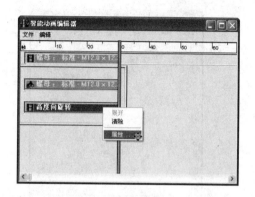

图10-202 【智能动画编辑器】对话框

(3)出现【片段属性】对话框,选择【路径】选项卡,单击【当前关键】的帧调整按钮,将当前关键帧调整为2,如图10-203所示。

(4)单击【关键点设置】按钮,弹出【关键点】对话框,在【关键点参数】下拉列表中选择"平移",在文本框内输入旋转角度为1080,如图10-204所示。

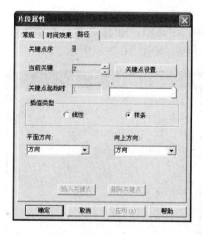

图10-203 【片段属性】对话框

图10-204 【关键点】对话框

(5)单击【智能动画】工具条中的【打开】按钮,进入了动画播放状态。单击【播放】按钮,发现螺母的旋向与拆卸旋向相反;则在该【片段属性】对话框中,选择【时间效果】选项卡,在【类】下拉列表中选择"直线",选中【反转】复选框,如图10-205所示。

（6）单击【确定】按钮，再次播放动画则可看到螺母完成了旋转运动。继续为螺母添加移出运动，从设计环境右侧的【设计元素库】中的【动画】库中选择【高度向移动】图素，按住鼠标左键将其拖放至螺母零件上，则出现移动路径直线，如图 10-206 所示。

图 10-205 【片段属性】对话框

图 10-206 调入【高度向移动】图素

（7）执行【显示】|【智能动画编辑器】菜单命令，弹出【智能动画编辑器】对话框，双击"螺母"片段将其展开，在"高度向移动"片段上单击右键，在弹出的快捷菜单中选择【属性】命令；出现【片段属性】对话框，选择【路径】选项卡，单击【当前关键】的帧调整按钮，将当前关键帧调整为 2，如图 10-207 所示。

（8）单击【关键点设置】按钮，弹出【关键点】对话框，在【关键点参数】下拉列表中选择"位置"，在高度文本框内输入移动距离为 140，如图 10-208 所示。

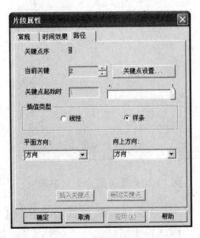

图 10-207 【片段属性】对话框

图 10-208 【关键点】对话框

(9）单击【智能动画】工具条中的【打开】按钮 ，进入动画播放状态。单击【播放】按钮 ，可观看螺母的旋出运动，如图10-209所示。

（10）用同样方法完成其他螺母的动画设置，结果如图10-210所示。

图10-209　螺母旋出动画　　　　　图10-210　旋出动画片段

（11）打开设计树，单击【螺栓】零件，则该零件显示为零件状态，从设计环境右侧的【设计元素库】中的【动画】库中选择【高度向旋转】图素，按住鼠标左键将其拖放至螺栓零件上；再拖拽【高度向移动】图素到螺栓上，结果如图10-211所示。

（12）若旋转方向不正确，可参考步骤（5）进行反向调整。执行【显示】|【智能动画编辑器】菜单命令，弹出【智能动画编辑器】对话框，拖动"螺栓"的动画条，将其拖动到"螺母"动画片段之后，如图10-212所示。

> 注释：若要精确调整动画片段的长度和开始时间，则在螺栓片段上单击右键，在弹出的快捷菜单中选择【属性】命令，在弹出的【片段属性】对话框中调整参数"追踪起点时间：2"、"长度：2"，单击【确定】按钮结束即可。

 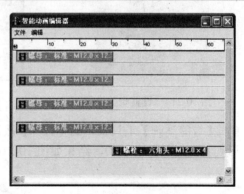

图10-211　设置螺栓动画　　　　　图10-212　调整螺栓片段

（13）单击【智能动画】工具条中的【打开】按钮 ，进入动画播放状态。单击【播放】按钮 ，可观看螺栓的旋出运动。用同样方法完成其他螺栓的动画设置，结果如图10-213所示。

图 10-213　螺栓旋出

3. 生成阀盖移出动画

☼（参考用时：4 分钟）

（1）打开设计树，单击【阀盖】零件，则该零件显示为零件编辑状态，从设计环境右侧的【设计元素库】中的【动画】库中选择【高度向移动】图素，按住鼠标左键将其拖放至阀盖零件上，出现移动路径直线，如图 10-214 所示。

（2）执行【显示】|【智能动画编辑器】菜单命令，弹出【智能动画编辑器】对话框，拖动"阀盖"的动画片段，将其拖动到"螺栓"动画片段之后，如图 10-215 所示。

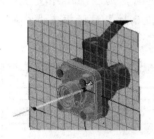

图 10-214　设置阀盖动画

图 10-215　调整阀盖片段

（3）单击【智能动画】工具条中的【打开】按钮 ，进入动画播放状态。单击【播放】按钮 ，可观看阀盖的移出运动，结果如图 10-216 所示。

图 10-216　阀盖移出

4. 生成扳手、填料压盖和阀杆的拆解动画

（参考用时：6分钟）

（1）打开设计树，单击【扳手】零件，则该零件显示为零件状编辑态，单击【智能动画】工具条中的【智能动画】按钮，弹出【智能动画向导】对话框，选择【移动】单选按钮，并在下拉列表中选择"沿高度方向"，移动距离设为150，如图10-217所示。

（2）单击【下一步】按钮，弹出【智能动画向导】第2页对话框，设置动画持续时间为3，如图10-218所示。

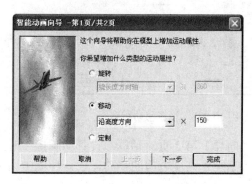

图10-217　【智能动画向导】第1页　　　　图10-218　【智能动画向导】第2页

（3）单击【完成】按钮，则在扳手上添加了高度方向的移动，设计环境中出现移动路径，如图10-219所示。

（4）执行【显示】|【智能动画编辑器】菜单命令，弹出【智能动画编辑器】对话框，拖动"扳手"的动画片段，将其拖动到"阀盖"动画片段之后，如图10-220所示。

 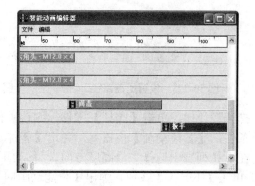

图10-219　设置扳手动画　　　　　　　图10-220　调整扳手片段

（5）单击【智能动画】工具条中的【打开】按钮，进入动画播放状态。单击【播放】

按钮▶，可观看扳手的移出运动，结果如图10-221所示。

（6）打开设计树，单击【填料压盖】零件，则该零件显示为零件编辑状态，单击【智能动画】工具条中的【智能动画】按钮，弹出【智能动画向导】对话框，选择【移动】单选按钮，并在下拉列表中选择"沿高度方向"选项，移动距离设为110，如图10-222所示。

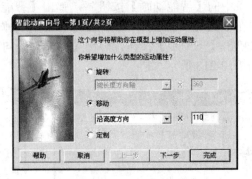

图10-221 扳手移出　　　　　　图10-222 设置移动距离

（7）单击【下一步】按钮，弹出【智能动画向导】第2页对话框，设置动画持续时间为3，单击【完成】按钮，则在【填料压盖】上添加了高度方向的移动，设计环境中出现移动路径，如图10-223所示。

（8）单击【智能动画】工具条中的【打开】按钮，进入动画播放状态。单击【播放】按钮▶，可观看填料压盖的移出运动，结果如图10-224所示。

图10-223 设置压盖路径　　　　　　图10-224 填料压盖移出

（9）打开设计树，单击【阀杆】零件，则该零件显示为零件编辑状态，单击【智能动画】工具条中的【智能动画】按钮，弹出【智能动画向导】对话框，选择【移动】单选按钮，并在下拉列表中选择"沿高度方向"，移动距离设为70，如图10-225所示。

（10）单击【下一步】按钮，弹出【智能动画向导】第2页对话框，设置动画持续时间为3，单击【完成】按钮，则在阀杆上添加了高度方向的移动，设计环境中出现移动路径。单击【智能动画】工具条中的【打开】按钮，进入动画播放状态。单击【播放】按钮▶，可观看阀杆的移出运动,结果如图 10-226 所示。

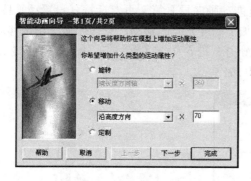

图 10-225　设置移动距离

图 10-226　阀杆移出

5．生成阀芯、密封圈移出动画

（参考用时：6 分钟）

（1）打开设计树,单击【密封圈】零件,则该零件显示为零件状态,单击【智能动画】工具条中的【智能动画】按钮 ,弹出【智能动画向导】对话框,选择【移动】单选按钮,并在下拉列表中选择"沿高度方向",移动距离设为 80,如图 10-227 所示。

（2）单击【下一步】按钮,弹出【智能动画向导】第 2 页对话框,设置动画持续时间为 3,单击【完成】按钮,则在密封圈上添加了高度方向的移动,设计环境中出现移动路径。单击【智能动画】工具条中的【打开】按钮 ,进入动画播放状态。单击【播放】按钮 ,可观看密封圈的移出运动,结果如图 10-228 所示。

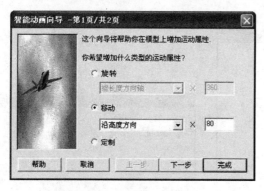

图 10-227　设置移动距离

图 10-228　密封圈移出

（3）打开设计树,单击【阀芯】零件,则该零件显示为零件编辑状态,单击【智能动画】工具条中的【智能动画】按钮 ,弹出【智能动画向导】对话框,选择【移动】单选按钮,并在下拉列表中选择"沿高度方向",移动距离设为 60,如图 10-229 所示。

(4) 单击【下一步】按钮,弹出【智能动画向导】第 2 页对话框,设置动画持续时间为 3,单击【完成】按钮,则在阀芯上添加了高度方向的移动,设计环境中出现移动路径。单击【智能动画】工具条中的【打开】按钮 ,进入动画播放状态。单击【播放】按钮 ,可观看阀芯的移出运动,结果如图 10-230 所示。

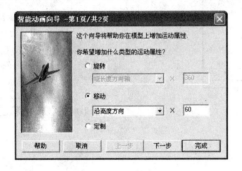
图 10-229　设置移动距离

图 10-230　阀芯移出

6. 生成视频文件

(参考用时:5 分钟)

(1) 执行【文件】|【输出】|【动画】菜单命令,弹出【输出动画】对话框,输入动画名称和保存路径,如图 10-231 所示。

(2) 弹出【动画帧尺寸】对话框,可以根据需要进行参数的设置,如图 10-232 所示。至此球阀的爆炸动画设计完毕。

图 10-231　输出动画

图 10-232　【动画帧尺寸】对话框

10.4 课后练习

完成如图 10-233 所示的零件设计及装配。练习源文件在光盘中。

图 10-233 练习题用图